Steve Pogorzelski | Jesse Harriott | Doug Hardy

Die Monster-Methode

Die Monster-Methode ist den Mitarbeitern von Monster weltweit sowie folgenden Personen gewidmet:

Brenda, Sari und Andrew für all ihre Unterstützung, Inspiration und Liebe.

– S. P. –

Meiner Frau Evelyn, meinem Sohn Jesse und meiner Tochter Eva – ihre bedingungslose Liebe und Unterstützung inspirieren mich jeden Tag.

– J. H. –

Diese Widmung gilt Tommy und Jerry.

– D. H. –

Steve Pogorzelski | Jesse Harriott | Doug Hardy

Die Monster-Methode

Die besten Mitarbeiter finden und langfristig binden

Übersetzung aus dem Amerikanischen von
Almuth Braun

REDLINE | VERLAG

Bibliografische Information der Deutschen Nationalbibliothek

Die Deutsche Nationalbibliothek verzeichnet diese Publikation in der Deutschen Nationalbibliografie.
Detaillierte bibliografische Daten sind im Internet über http://dnb.d-nb.de abrufbar.

ISBN 978-3-86881-014-1

Unsere Web-Adresse:
www.redline-verlag.de

Die amerikanische Originalausgabe erschien 2008 bei McGraw-Hill unter dem Titel Finding Keepers.

Übersetzung: Almuth Braun, Utting
Umschlaggestaltung: Thomas Uhlig, www.coverdesign.net
Satz: Jürgen Echter, Landsberg am Lech
Printed in Austria

Inhalt

Einleitung

Wenn Sie wissen wollen, was einen guten Einstellungsprozess ausmacht, dann fordern Sie ein paar unbekannte Leute auf, Ihnen während Sie schlafen, die Knochen zu brechen, Ihr Bein zu zerlegen und anschließend alle Teile wieder richtig zusammenzusetzen.

Als wir dieses Buch schrieben, erhielt Steve Pogorzelski einen unmittelbaren Eindruck von der Zusammenarbeit einer außergewöhnlichen Gruppe an qualifizierten Mitarbeitern. Das war im Dezember 2006, als Steve sich im England Baptist Hospital (NEBH) in Boston einer Hüftoperation unterzog.

Das Krankenhaus gilt als Fachklinik für orthopädische Chirurgie und dessen Ärzte führen jedes Jahr 5.000 Operationen durch. Es beschäftigt eine Vielzahl von Krankenschwestern, Physiotherapeuten und Verwaltungskräften. Menschen mit diesen Fähigkeiten können in Boston, einer Stadt, in der Sie keine fünf Häuserblocks entlang fahren können, ohne auf eine renommierte Klinik zu stoßen, unter vielen Arbeitsplätzen wählen. In einem solchen Markt ist es sehr schwierig, die besten Mitarbeiter zu finden und zu halten. Den Managern von NEBH gelingt das jedoch, indem sie nicht nur ihren Patienten eine einzigartige Klinik bieten, sondern auch für ihre Mitarbeiter ein einzigartiger Arbeitgeber sind.

Steve erinnert sich an seine Erfahrung mit NEBH: „Bevor irgendetwas geschieht, nehmen Sie und Ihr Krankenpfleger als erstes an einer zweistündigen informellen Einweisung teil, zu der auch Physiotherapie gehört. Zwei Wochen vor der Operation gehen Sie zu einer Vorbereitungssitzung. Dort teilt man Ihnen mit, dass die Sitzung eineinhalb Stunden dauern wird. Jeder, von der Rezeptionistin bis zum Verwaltungsangestellten, trägt eine Uniform – ganz so als sei die Klinik ein Nobelhotel. Nach einer zügigen Erledigung der Formalitäten werden Sie in einen Raum geführt, in dem ein Physiotherapeut, ein Beschäftigungstherapeut, ein Anästhesist und Medizintechniker auf

Sie warten. Wenn man von den Laborkitteln absieht, könnte man immer noch meinen, man befinde sich in einem noblen Hotel – professionelles Auftreten, keine Wartezeiten. Alle lächeln und weisen Ihnen den Weg mit den Worten: „Hier entlang, Mr. Pogorzelski ..." Danach wird Ihr Blutdruck gemessen, man nimmt Ihnen Blut ab, und im Anschluss werden die üblichen Vorbereitungsarbeiten durchgeführt. Nahtlos reiht sich eine perfekte Prozedur an die nächste, und tatsächlich sind Sie nach eineinhalb Stunden fertig. Später nehmen Sie an einer fortgeschrittenen Therapieklasse teil, die genau zum angegebenen Zeitpunkt beginnt, pünktlich endet, und wenn Sie herauskommen, denken Sie, ‚Das waren die besten zwei Stunden, die ich vor einer Operation habe verbringen können.'"

Wie lange ist es her, dass Sie bei medizinischen Untersuchungen eine vergleichbare Erfahrung gemacht haben?

Im Bewerber-Bereich auf seiner Homepage lädt das NEBH Bewerbungskandidaten ein, „sich das Krankenhaus anzusehen, zu dem jeder aufsieht." Patienten und Besucher werden grundsätzlich als Kunden bezeichnet. Außerdem herrscht eine formelle Kleiderordnung nach dem Motto „Kleider machen Leute": „Wenn Sie ein professionelles Image ausstrahlen, haben Sie die Macht, das New England Baptist Hospital erfolgreich zu machen, oder nicht."

Das New England Baptist Hospital untersuchte seine Vorgehensweise und kam zu einem (für ein Krankenhaus) seltenen Schluss: Durch die Erziehung der Mitarbeiter zu einer veränderten Haltung in Bezug auf den Kundenservice ließen sich bessere Ergebnisse erzielen. Krankenschwestern, Therapeuten und Chirurgen arbeiten besser, wenn die Patienten entspannt sind und Vertrauen zu ihnen haben. Das New England Baptist Hospital verfolgt ein System zur Senkung des Stresspegels bei den Patienten. Das senkt gleichzeitig auch den Stress der Mitarbeiter, was sich wiederum positiv auf den Patientenstress auswirkt.

Wie sieht es mit der Mitarbeiterbindung aus? Steve erinnert sich: „Die Krankenschwester, der Physiotherapeut und die Beschäftigungstherapeutin arbeiteten allesamt seit vielen Jahren an diesem

Krankenhaus. Die Krankenschwester war seit ihrer Ausbildung dort beschäftigt. Ich fragte sie, ob sie jemals daran gedacht habe, an ein anderes Krankenhaus zu wechseln."

Sie antwortete: „Ich würde hier nie weggehen. Ich werde hier als professionelle Kraft behandelt, und nicht als Nachttopfputzerin. Die Ärzte respektieren uns, es sind alle notwendigen Maschinen und Geräte vorhanden, und wenn sie defekt sind, werden sie repariert. Wir befolgen hier gute Standards, sodass es nie irgendwelche Überraschungen gibt ... außer den medizinischen. Und dafür sind wir ja da."

Das New England Baptist Hospital entwickelte eine Methode, wie man die besten Mitarbeiter gewinnt und bindet, indem es einen positiven Kreislauf in Gang setzte, der folgendermaßen lautet: Schaffen Sie einen großartigen Arbeitsplatz mit einer einzigartigen Kultur; nutzen Sie diesen Vorteil, um die richtigen Mitarbeiter zu gewinnen; nutzen Sie diese Mitarbeiter, um die Kultur zu stärken, und die Kultur, um die Mitarbeiter zu binden. Jedes Element dieser Methode – von der Akquise der besten Mitarbeiter über ihre respektvolle Behandlung bis zu ihrer Unterstützung bei der Entwicklung einer Unternehmenskultur, die weitere erstklassige Mitarbeiter anlockt – ist tief in einer Praxis verankert, die wir als Beschäftigungskreislauf bezeichnen.

Die Monster Methode ist Monsters Wegweiser zum Bindungskreislauf. Egal welche Position Sie auf Arbeitgeberseite ausfüllen – Hiringmanager[1*], hochrangige Führungskraft, Personalsachbearbeiter, Unternehmer oder Vollzeitrecruiter –, Sie leisten einen lebenswichtigen Beitrag zu diesem positiven Kreislauf der Anwerbung, Gewinnung und Entwicklung der fähigsten und kompetentesten Mitarbeiter.

Das zentrale Konzept dieses Buches lautet wie folgt: Eine gute Einstellungspolitik ist wie gutes Marketing. Keine Werbung, kein Ver-

---

1 Der „Hiringmanager" nach US-amerikanischem Muster ist der direkte Vorgesetzte eines potenziellen neuen Mitarbeiters. Dabei handelt es sich um keine Position, sondern eine Rolle, die er in seiner Zusammenarbeit mit der für die Mitarbeitergewinnung verantwortlichen Personalfachkraft im Recruiting-Prozess einnimmt. In dieser Rolle bestimmt er nicht nur die spezifischen Inhalte der ausgeschriebenen Stelle, sondern auch das Gehalt des zukünftigen Mitarbeiters. Oft führt der Hiringmanager auch das erste Bewerbungsgespräch (A.d.Ü.).

kauf, kein Sortieren von Bewerbungsmappen etc., sondern Marketing. Das bedeutet auch, dass Sie echtes Verständnis für die Bedürfnisse der benötigten Fachkräfte entwickeln und diesen Rechnung tragen müssen, um als Unternehmen erfolgreich sein zu können. Der einzige Unterschied besteht darin, dass Marketingexperten versuchen, Kunden anzusprechen, Sie dagegen versuchen, die fähigsten potenziellen Mitarbeiter anzuwerben, zu gewinnen und an Ihr Unternehmen zu binden. Für den Vorgesetzten in seiner Rolle als Hiringmanager, den Recruiter, den Topmanager oder Personalleiter sind „Kunden" die seltenen, hoch kompetenten Mitarbeiter, die sie für ihr Unternehmen gewinnen wollen. Damit das gelingt, müssen Sie Ihren Fokus von Ihren eigenen Bedürfnissen hin zur Fokussierung auf die Bedürfnisse, Mentalitäten und Verhaltensweisen der produktivsten und kompetentesten Fachkräfte verlagern.

Unsere Aufgabe besteht darin, Ihnen dabei zu helfen, die Prinzipien und Vorgehensweisen der weltbesten Recruiter in Ihrem Unternehmen anzuwenden. Wenn wir bei Monster eines aus unseren vielen hunderttausend Gesprächen mit Managern wie Ihnen gelernt haben, dann die Tatsache, dass die besten Einstellungsprozesse auf den einzigartigen Merkmalen des jeweiligen Unternehmens aufbauen. Das verleiht Ihrer Tätigkeit eine weitaus größere Bedeutung als Sie gedacht haben, weil es dabei tatsächlich um die Transformation Ihrer gesamten Einstellungspraxis geht – mit dem Ziel, die neuen geschäftlichen Herausforderungen zu erfüllen, die sich unaufhaltsam ihren Weg bahnen. Diese stellen wir in Kapitel 1 ausführlich vor.

Der Bindungskreislauf ist ein leistungsfähiges Instrument für große und kleine Unternehmen. Sie werden sehen, dass kleine Unternehmen und Nonprofit-Organisationen in dieser Hinsicht im Vorteil sind. Oft können sie sich schneller verändern, gründlicher auf Bewerber eingehen und ein besseres Verständnis der lokalen Mitarbeitergewinnung entwickeln, als multinationale Konzerne. In großen Unternehmen spornt der Bindungskreislauf selbst „zweitklassige" Mitarbeiter dazu an, lebendig, flexibel und dem Unternehmen verbunden zu bleiben. Da größeren Unternehmen im Allgemeinen mehr Ressourcen zur Verfügung stehen, können sie im Markt mehr von den Methoden anwenden, die wir hier beschreiben werden.

Diese Techniken lassen sich auch in Ihrem Unternehmen einsetzen. Sie müssen nicht in einer angesagten Branche oder einem marktführenden Unternehmen arbeiten, um Ihre Mitarbeiterakquise und -bindung zu optimieren. Tatsächlich kennen wir Experten auf der ganzen Welt in jedem nur vorstellbaren Geschäftszweig, denen das gelingt.

Im Verlauf der Manuskripterstellung für ein Buch, das sich an geschäftliche Nutzer richtet, stellt sich bei jedem Kapitel die Frage nach dem Umfang. Sollten wir uns auf anspruchsvolle Konzepte beschränken, oder versuchen, ein bestimmtes Einstellungssystem zu beschreiben? Ohne zugrunde liegende Prinzipien fehlt einem System die Richtung, und ohne eine Anpassung an handfeste Realitäten entwickeln die Prinzipien keine Zugkraft.

Wir kennen die Realität der Mitarbeiterakquise: Sie haben nur wenig Zeit und ein begrenztes Budget. Mit Ihrer Warnung, die Organisation werde bald die Folgen eines Mitarbeitermangels zu spüren bekommen, sind Sie vielleicht die Kassandra Ihres Unternehmens – aber Sie haben nicht die Macht, die Einstellungspolitik zu verändern. Wenn Sie Unternehmer oder Vorgesetzter in der Rolle des Hiringmanagers sind, dann sind Sie es vielleicht Leid, dass Ihnen Experten ständig sagen, Sie müssten Ihre Arbeitsmethoden verändern – das müssen Sie jedoch, um wettbewerbsfähig zu bleiben.

Und schließlich wäre eine einzige Beschreibung zur Isolierung verdammt, weil eine herausragende Einstellungspraxis immer die Kultur, Mission, die Schwerpunkte und Vorteile eines spezifischen Unternehmens widergibt. Wir möchten, dass Sie die Ideen und Konzepte aus diesem Buch auf Ihren heutigen Einstellungsbedarf anwenden. Hier finden Sie eine Vielzahl an praktischen Aktionen und Tipps, die Unternehmen aller Größen und Branchen überall auf der Welt anwenden können. Sofern wir Modelle und Instrumente vorstellen, sollen diese als Basis für die Entwicklung Ihres eigenen einzigartigen Systems dienen, das speziell auf Ihre Situation zugeschnitten ist.

Finding Keepers ist ein Handbuch für Mitarbeiterpolitik – die Anwerbung, Gewinnung und Entwicklung von hoch qualifizierten Mitarbeitern in Ihrer Organisation. Dieses Buch zeigt, wie sich die Beziehung zwischen Arbeitgeber und Arbeitnehmer so managen lässt, dass Ihr Unternehmen einen entscheidenden Vorteil gegenüber seinen Wettbewerbern erzielt. Sie lernen die neue Machtgleichung zwischen Bewerber und Arbeitgeber kennen, und Sie werden Innovatoren kennenlernen, die neue Wege zur Einstellung und Bindung von Mitarbeitern entwickeln. Sie werden Führungspersönlichkeiten von Unternehmen der Fortune 500 kennenlernen, Kleinunternehmer und Dutzende weiterer Führungspersönlichkeiten aus kleinen und großen Branchen. Vom Krankenhausdirektor bis zum Restaurantbesitzer sind sie alle Experten auf dem Gebiet, wie man die besten Mitarbeiter ausfindig macht und bindet.

Wir haben dieses Buch für Sie geschrieben

Mehr als 40 Millionen Arbeitssuchende vertrauen Monster ihren Lebenslauf an, und wir, die wir bei Monster arbeiten, sind dankbar für ihr Vertrauen. Weniger bekannt als die Beliebtheit der Jobwebsite bei Jobsuchenden ist die Tatsache, dass der Kern des Geschäfts von Monster die Arbeitgeber sind – die vielen hunderttausend Manager wie Sie, die Monster verwenden, um für ihr Unternehmen die richtigen Leute zu finden und zu gewinnen. Sie bezahlen dafür, Stellenangebote in das System einzustellen. Unter Verwendung der Software und Onlineinstrumente von Monster durchforsten Unternehmen die dort gespeicherten Lebensläufe, um die berühmte Stecknadel im Heuhaufen der Stellenbewerber zu finden.

In der Entwicklung kundenfokussierter Methoden besteht der berufliche Kreuzzug von Co-Autor Steve Pogorzelski. Seit fast zwei Jahrzehnten konzentriert er sich intensiv auf Menschen, die im Bereich der Mitarbeiterakquise arbeiten – Menschen wie Personalmanager, Hiringmanager, Franchise-Besitzer, CEOs und Unternehmer. Menschen wie Sie. Steve ist eine der zentralen Führungspersönlichkeiten, die ein Milliarden-Dollar-Unternehmen aufgebaut haben, das die Herausforderungen Ihrer Mitarbeitergewinnung schneller, kostengünstiger und besser bewältigt als seine Wettbewerber. In den letzten Jahren hat Steve das Wachstum des Auslandsgeschäfts von Monster in mehr als zwei Dutzend Ländern überwacht. Jedes Land hat seine eigenen Einstellungsgesetze, Arbeitsgewohnheiten und seine eigene Wirtschaft; und jedes ist mit einem drohenden Mangel an qualifizierten Mitarbeitern konfrontiert (selbst die bevölkerungsreichsten Nationen).

Um seinen Kunden einen echten Dienst zu erweisen, muss Monster mehr bieten als Stellenanzeigen und Lebensläufe. Es muss den Unternehmen bei der nie endenden Aufgabe der Verbesserung des Einstellungsmanagements und der Einstellungsmethoden ein Partner sein. Unternehmen wollen ihre Einstellungspraxis und ihre Mitarbeiterbindung optimieren. Wie Sie sehen werden, müssen sie das auch tun, um wettbewerbsfähig zu bleiben.

Anmerkung: Der Einfachheit halber verwenden wir die Begriffe *Recruiter* und *Arbeitgeber* im Buch durchgängig für alle Personen, die mit der Einstellung von Mitarbeitern zu tun haben.

Um diesen Bedarf zu erfüllen, schuf Co-Autor Jesse Harriott die Sparte Global Monster Insights, die sich zur Unterstützung der strategischen Mitarbeiterplanung auf die Veröffentlichung umsetzbarer Informationen konzentriert. Jesse und sein internationales Expertenteam führen Untersuchungen über den Arbeitsmarkt und Wirtschaftstrends sowie ausgedehnte Recherchen im Zusammenhang mit Einstellungsbedarf und -bedürfnissen durch. Der Monster Employment Index wird jeden Monat in nationalen, internationalen und lokalen Ausgaben veröffentlicht, und Monster Intelligence veröffentlicht ganzjährig kostenlos ausführliche Recherchen und Webinars. Sie werden Daten, Orientierung und Erkenntnisse aus Jesses Spezialberichten über Themen wie Diversity Hiring, Mitarbeiterbindung, Mitarbeiterengagement und Beschäftigungstrends finden, die im Verlauf des Buches zitiert werden.

Seit Doug Hardy 1999 bei Monster begann, war es ihm ein Anliegen, umsetzbare, konkrete Informationen über das Wie zu liefern, um Arbeitgebern und Arbeitnehmern dabei zu helfen, die richtige Wahl zu treffen. Als erster Chefredakteur von Monster wachte er über die Publikation webbasierter Artikel über jeden Aspekt des Einstellungsverfahrens. Dieses Buch ist sein fünftes Projekt in Zusammenarbeit mit Monster.

Kundenfokus, professionelle Mitarbeitersuche und eine bessere Übereinstimmung zwischen Stellenanforderungen und Stellenkandidat – das sind die Gründe dafür, dass wir dieses Buch geschrieben haben, und ein weiterer Schritt unser Versprechen zu erfüllen, dass wir für Sie nicht nur ein Onlinemedium sind, sondern auch eine Bildungs- und Beratungsressource, die Ihnen dabei hilft, Ihre Einstellungspraxis zu verbessern.

Die Monster Methode ist daher eher ein Leitfaden als ein Lehrbuch. Wir hoffen, dass wir die richtige Balance gefunden haben. Da wir im Web arbeiten, können und werden wir glücklicherweise weiteres Material ergänzen, das in einem Buch dieser Größe sonst keinen Platz hätte. Auf unserer Website http://intelligence.monster.com finden Sie Literaturhinweise über ergänzende Berichte, Webinars und Daten.

Kapitel 1: Die Suche nach Qualität

Unternehmen befinden sich auf dem Gebiet der Beschaffung einer schwindenden Ressource, eines Vermögenswertes, der kostbarer ist als Öl und wesentlich entscheidender als Kapital, im weltweiten Wettbewerb. Diese Ressource kann man kaufen, aber nicht besitzen. Es gibt sie in jedem Land, aber sie lässt sich nur schwer gewinnen. Wer ein Unternehmen leitet, weiß, dass er ohne diese Ressource zu Mittelmäßigkeit verurteilt ist, und dennoch setzen die meisten zur deren Beschaffung überholte Methoden ein.

Bei der genannten Ressource handelt es sich um hoch qualifizierte Mitarbeiter. Allein in den USA geben Unternehmen mehr als 250 Milliarden Dollar pro Jahr für das Auffinden, Gewinnen und Binden qualifizierter Mitarbeiter aus. Auf internationaler Ebene investieren große und kleine Unternehmen ähnlich hohe Summen (und ähnlich viel Management- und Sachbearbeiterzeit) in die Akquise und dauerhafte Zufriedenheit hoch qualifizierter Mitarbeiter. Allein ein einziger Teil des Prozesses – die Stellenanzeigen – kostete die Arbeitgeber im Jahr 2007 weltweit 20 Milliarden Dollar.[1] Ob man sie als Mitarbeiter, Talent, Humankapital oder Personal bezeichnet, es handelt sich um die Menschen mit den Fähigkeiten, Arbeitsgewohnheiten, dem Wissen, der Erfahrung und den persönlichen Qualitäten, die Ihrem Unternehmen ermöglichen, seine Ziele zu erreichen. Diese Mitarbeiter sind von Natur aus rar; sie sind diejenigen, die Sie in Ihrem Team haben wollen, ob Sie gerade neue Mitarbeiter einstellen oder Entlassungen managen. Diese Spitzenkräfte sind Ihre besten Mitarbeiter, an denen Sie langfristig festhalten wollen.

Diese Topleute entwickeln die besten neuen Produkte, sie machen die höchsten Umsätze und erzielen die größten Effizienzgewinne.

Sie machen eine herausragende Arbeitsumgebung aus, sie begeistern Kunden und locken andere Spitzenkräfte an. Sie passen sich an veränderliche Geschäftsbedingungen an, sind die wertvollsten Mitarbeiter, und ihre Entdeckung, Führung und langfristige Bindung ist der Schlüssel zu Ihrer Zukunft. Der Begriff des Magazins *The Economist* „Quest for Quality" („Die Suche nach Qualität") bringt die Mission der Mitarbeitergewinnung sehr schön auf den Punkt, weil hoch qualifizierte Mitarbeiter die Unternehmensergebnisse in jeder Phase des Konjunkturzyklus' steigern können.

Sie können jedoch nicht einfach um die Ecke in ein Geschäft gehen und ein Dutzend hoch leistungsfähiger Mitarbeiter einkaufen. Sie werden sehen, dass die Dynamiken, die dem Aufspüren, der Einstellung und Bindung von Mitarbeitern – vor allem der Mitarbeiterelite – zugrunde liegen, ein ständiges Geben und Nehmen zwischen Arbeitgeber und Arbeitnehmer voraussetzen. Die Bezeichnung *hoch qualifizierte Arbeitskräfte* reicht über Ihre vorhandene Belegschaft hinaus und schließt Menschen in jeder Phase des Beschäftigungszyklus ein. Dazu gehören auch potenzielle Mitarbeiter, die in einem anderen Unternehmen arbeiten, Bewerber (die vielleicht für Sie arbeiten werden), vorhandene Mitarbeiter und ehemalige Mitarbeiter (Alumnis, einschließlich ehemaliger Mitarbeiter im Ruhestand und solcher, die das Unternehmen verlassen haben). Wenn qualifizierte Mitarbeiter in der modernen Wirtschaft weniger Bedeutung hätten, dann wäre die Suche nach ihnen nicht so dringlich. Heute sind hoch qualifizierte Mitarbeiter aber der einzige langfristige Pfad zu höheren Gewinnen. Das wird aufgrund von drei großen Kräften, die die Weltwirtschaft bewegen, auch für morgen gelten.

Drei Kräfte bestimmen das Geschehen

Wir agieren in einem unglaublich fließenden und dynamischen Markt für hoch qualifizierte Arbeitskräfte. Drei Veränderungswellen konvergieren weltweit und erzeugen einen Talent-Tsunami, der zu einer Machtverschiebung von Arbeitgebern zu hoch qualifizierten Individuen führt. Diese drei Wellen sind (1) der demografische Wandel, (2) Selbstbestimmtheit der Stellenbewerber und (3) der zunehmende Wert hoch qualifizierter Mitarbeiter im Verhältnis zur Bedeutung anderer Faktoren. Wir wollen alle drei Veränderungswellen einzeln beleuchten.

Demografischer Wandel

Prognosen über einen drohenden Arbeitskräftemangel basieren üblicherweise auf demografischen Daten. Kurz gesagt, prognostizieren diese Daten, dass die Welle der Babyboomer, die in den nächsten Jahren aus dem Arbeitsleben ausscheiden werden, von der nachfolgenden Generation an Arbeitnehmern nicht vollständig ersetzt werden können und somit einen Mangel an qualifizierten Arbeitskräften erzeugen. Die Zahl, die üblicherweise genannt wird, beläuft sich allein in den USA auf 3 Millionen Arbeitskräfte im kommenden Jahrzehnt. (Diese Zahlen sind im Wesentlichen Regierungsangaben entnommen.[2]) Niedrige Geburtenraten in Europa und den meisten Ländern der Pazifikregion sowie die Überalterung der Bevölkerung in der industrialisierten Welt werden diese demografischen Trends in zahlreichen Arbeitsmärkten der Welt jetzt und in Zukunft weiter verschärfen.

Im Jahr 2001 veröffentlichte McKinsey & Co. das Buch *The War for Talent,* in dem der erste Mangel an qualifizierten Arbeitskräften detailliert beschrieben wird. Der Beschäftigungsrückgang um das Jahr 2002 verschaffte diesem Trend eine kurze Verschnaufpause, doch dann machte sich schnell wieder eine längerfristigere globale Verknappung an qualifizierten Arbeitskräften bemerkbar.

Zahlreiche Wirtschaftssektoren taumeln bereits jetzt am Rande der Krise: Der akute Mangel an spezialisierten Mitarbeitern für bestimmte Tätigkeiten im Gesundheitswesen (zum Beispiel in der Krankenpflege, der Radiologie und im pharmazeutischen Sektor), im Finanzdienstleistungssektor und auf verschiedenen Gebieten des technischen Managements treiben die Gehälter in die Höhe und bremsen das Wachstum. Eingeklemmt zwischen einem Mangel an wissenschaftlich und technisch orientiertem akademischen Nachwuchs auf der einen Seite und disruptiven Technologien auf der anderen, liegen selbst die forschesten Unternehmer nachts wach und grübeln darüber nach, ob es ihnen gelingen wird, die Mitarbeiter zu finden, die kompetent genug sind, um ihre Visionen in die Realität umzusetzen.

Diesen Veränderungen liegt die Tatsache zugrunde, dass Schulen und weiterführende Ausbildungsinstitute nicht genügend junge Menschen auf hoch anspruchsvolle Tätigkeiten vorbereiten. Seit nunmehr zwei Jahrzehnten sinkt in den USA die Zahl der Absolventen wissenschaftlicher und technischer Studiengänge – und das angesichts der Tatsache, dass die Zahl der Arbeitsplätze auf diesen Gebieten so schnell wächst wie kaum ein anderes Gebiet.[3]

Mit zunehmender Globalisierung und dem wachsenden Trend zu einer internationalen Mitarbeitergewinnung entstehen neue Ausbildungsprobleme. Sprachdefizite sind eine der offensichtlichen Barrieren, die einer Grenzüberschreitung im Weg stehen. Zudem ist die Qualität der Ausbildung von Land zu Land stark unterschiedlich. Eine Studie von McKinsey & Co. aus dem Jahr 2005 kam zu der Feststellung, dass lediglich 13 Prozent der College-Absolventen in Billiglohnländern ausreichend qualifiziert waren, um in multinationalen Konzernen arbeiten zu können. Nur sieben Prozent der Studienabgänger in Indien verfügen über einen Abschluss in einer technischen Laufbahn. Das Ausbildungssystem von Tschechien produziert zwar hoch qualifizierte Manager der mittleren Führungsebene, aber nicht genug, um die internationale Nachfrage zu befriedigen.[4]

Die durch den Fachkräftemangel ausgelöste Krise im Gesundheitswesen hat sich in den Rezessionsjahren 2000-2001 sogar noch beschleunigt, weil einfach nicht genug Fachkräfte ausgebildet wurden, um die Nachfrage zu erfüllen.[5] (Dabei fehlen nicht nur Krankenpflegekräfte, sondern auch Lehrkräfte zu ihrer Ausbildung.[6]) Vor den Terrorakten am 11. September 2001 sagten nur wenige den Nachfrageboom nach Sicherheitsleuten, Polizisten und Regierungsmitarbeitern voraus; inzwischen ist kein Halt in Sicht. Die Gehälter dieser Berufsgruppen steigen, weil es nicht genügend qualifizierte Arbeitskräfte gibt.

Darüber hinaus verschärfen neue Gesetze und Regulierungen den Druck auf Arbeitgeber. Um nur zwei Beispiele zu nennen: Die Vorschriften zur Unternehmensberichterstattung des Sarbanes-Oxley-Gesetzes erzeugen einen zusätzlichen Bedarf an hoch qualifizierten Finanzexperten. Außerdem lassen bundesstaatliche Gesetze, die genau festlegen, wie viele Patienten maximal von einer Krankenpflegekraft betreut werden dürfen, den Bedarf an Krankenpflegekräften steigen.

Der demografische Druck erfasst aber nicht nur klassische Angestelltentätigkeiten. Berufszweige, in denen die Generation der Babyboomer besonders stark präsent gewesen sind, zum Beispiel qualifizierte Automechaniker, werden aufgrund des massenhaften altersbedingten Ausscheidens der Babyboomer aus dem Arbeitsleben einen Fachkräftemangel erleben. Der Lkw-Branche fehlen schon heute rund 20.000 Fahrer. Stromversorger finden nicht genug line workers.[7] Eine Studie der National Association of Manufacturers aus dem Jahr 2003 beschrieb den disruptiven Effekt eines Ungleichgewichts in der Qualifikation der Arbeitnehmerschaft: „Mehr als 80 Prozent der befragten Fertigungsunternehmen gaben einen ‚moderaten bis ernsthaften' Mangel an qualifizierten Stellenbewerbern an.

Schnelle Lösungen helfen hier nicht weiter. Zwar sind einige Industrien dabei, sich durch Outsourcing zu verändern, aber tatsächlich betrifft das im Vergleich zur Gesamtzahl der Erwerbstätigen nur eine verhältnismäßig geringe Zahl an Arbeitsplätzen, da Outsourcing seine eigenen Probleme erzeugt hat. Amerikanische und europäische Frauen sind weltweit bereits führend, was die Teilnahme weiblicher Arbeitskräfte am Arbeitsmarkt betrifft; die Verstärkung der Arbeitnehmerschaft durch weibliche Arbeitskräfte reicht also nicht aus, selbst wenn sie für alle Familien eine Option wäre. Und eine beschleunigte Schulung von Mitarbeitern in Managementaufgaben kann Erfahrung nicht ersetzen; man kann unmöglich über Nacht eine Legion an Managern mit zehnjähriger Berufserfahrung schaffen. Es gibt nur eine begrenzte Zahl an erfahrenen, intelligenten und gleichzeitig *hoch qualifizierten* Mitarbeitern.

Die Frage ist: Können Unternehmen keine Arbeitskräfte aus dem Ausland importieren? Nicht in ausreichender Zahl. In vielen Ländern, vor allem in den USA und der EU, sind Immigranten ein politischer Spielball, sowohl was den Vorwurf betrifft, sie nähmen der einheimischen Bevölkerung die Arbeitsplätze weg, als auch in Bezug auf wahrgenommene Probleme der nationalen Sicherheit.[8] Die USA nehmen schon seit Jahrzehnten Immigranten auf; laut der Society for Human Resource Management absorbieren die USA bereits mehr als 50 Prozent des internationalen Arbeitskräftestroms, also der Menschen, die aus arbeitsbezogenen Gründen ihr Land verlassen.

Zudem spielt sich der Wettbewerb um Spitzenkräfte international ab. Der Fachkräftemangel betrifft alle entwickelten Länder, und hoch qualifizierte Arbeitskräfte von Spanien bis Singapur halten inzwischen weltweit nach attraktiven Arbeitschancen Ausschau. Eine Untersuchung von Manpower Inc. aus dem Winter 2006 ergab, dass 40 Prozent der Arbeitgeber weltweit Schwierigkeiten haben, Positionen zu besetzen, weil es in ihren Heimatmärkten nicht genug entsprechend qualifizierte Arbeitskräfte gibt. Indiens Universitätssystem unternimmt größte Anstrengungen, um die Inlandsnachfrage nach akademischem Nachwuchs zu befriedigen.[9] Im Jahr 2005 erklärte McKinsey & Co. in einem Papier über die chinesischen Arbeitskräftemärkte: „Unsere Untersuchungen deuten auf einen drohenden Fachkräftemangel hin ... Der Mangel an lokal erfahrenen kompetenten Managern und ein wachsender Trend zur Lohninflation behindern die Anstrengungen der Unternehmen, in China geeignete Arbeitskräfte einzustellen."[10]

Indien und China haben sich als Player im Markt für hoch qualifizierte Arbeitskräfte etabliert und erzeugen einen ganz neuen Bedarf an globaler Mitarbeitergewinnung. Europa bewegt sich unaufhaltsam auf einen US-inspirierten Mitarbeitermanagementstil zu und leidet trotz insgesamt höherer Arbeitslosenquoten als in den USA in bestimmten Bereichen derzeit unter einem Fachkräftemangel.

Kent Kirch, dem Verantwortlichen für Global Recruiting bei Deloitte, zufolge lassen die demografischen Daten besonders in den entwickelten Ländern nichts Gutes erahnen: „Die Menschen, die wir in zehn Jahren einstellen wollen, sind alle schon geboren. Wir können sie zählen, wir kennen ihr Ausbildungsniveau etc. und ihre Zahl wird nicht ausreichen. Japan und die großen europäischen Volkswirtschaften werden in den nächsten 20 Jahren einen Nettorückgang der Zahl an Arbeitskräften erleben.“ Unternehmen aus den entwickelten Ländern wachen langsam auf und erkennen, dass nicht nur sie es sind, die im Ausland nach geeigneten Mitarbeitern suchen; auch ihre Mitarbeiter werden von ausländischen Unternehmen angeworben.

Die wachsende Macht der Stellenbewerber

Die zweite Veränderungswelle ist die wachsende Macht der Stellenbewerber in der Beschäftigungsgleichung. Das Internet macht es jedem Jobsuchenden – ob angestellt oder arbeitslos – leicht, in kurzer Zeit neue Chancen zu entdecken, Unternehmen und Gehälter zu recherchieren und sich in aller Stille online zu bewerben. Für Arbeitgeber ist es viel leichter geworden, in Onlinedatenbanken Lebensläufe herausragender Kandidaten zu finden und sie aus ihren derzeitigen Anstellungen abzuwerben. In einem Markt der freien und selbstbestimmten Arbeitnehmer ist das Stigma des „Jobhoppings“ verschwunden. Qualifizierte Mitarbeiter können leicht in anderen Regionen oder Ländern nach neuen beruflichen Chancen suchen.

Die Daten sprechen für sich. Die durchschnittliche Dauer des Beschäftigungsverhältnisses in einem Unternehmen ist von 27 Jahren im Jahr 1955 auf heute knapp vier Jahre gesunken. Ein College-Absolvent aus dem Jahr 2006 kann davon ausgehen, in 40 Arbeitsjahren acht bis zwölf verschiedene Positionen in unterschiedlichen Unternehmen auszufüllen. Eine kürzlich von Monster durchgeführte Arbeitgeberbefragung hat ergeben, dass 50 Prozent der Onlinestellenanzeigen auf Mitarbeiterfluktuation zurückzuführen sind – ein Hinweis darauf, dass qualifizierte Mitarbeiter mobil sind.

Darüber hinaus werden Unternehmen auch das Opfer ihrer Betrachtungsweise der Mitarbeiter. Führungskräfte sprechen hier gerne von „Humankapital" und behandeln ihre Mitarbeiter wie jeden anderen Vermögenswert auch, nämlich als Finanzinstrumente, die man abschreiben, loswerden, eintauschen oder als obsolet bezeichnen und einfach für irgendeinen anderen Gewinn auf den Markt werfen kann.[11]

Wenn Menschen zwischen vielen Stellenangeboten wählen können, dann verhalten sie sich wie jeder normale Käufer und stellen Produktvergleiche an. Wenn Sie also die besten Mitarbeiter gewinnen wollen, dann müssen Sie um sie werben. Sie müssen ihnen Wert bieten und begreifen, warum ein Mitarbeiter möglicherweise Ihr Unternehmen „kauft" (das heißt, zu einem Mitglied Ihrer Belegschaft wird). Und dann müssen Sie sie auf dieselbe Weise zum Bleiben bewegen, wie ein Marketingexperte um Kundenloyalität kämpft, nämlich indem Sie ihnen nicht nur ein Mal, sondern ständig überzeugenden Wert bieten.

Diese neue Betrachtungsweise weist Analogien zum Konsumentenmarketing auf: Sie *locken* Spitzenkräfte mit Ihrer aktiven Zielgruppenansprache, einer starken Markenbotschaft über Ihre Organisation und attraktiver Arbeit an. Sie *gewinnen* hoch qualifizierte Arbeitskräfte mit einer interessanten und einträglichen Arbeitsbeziehung und Sie *halten* hoch qualifizierte Arbeitskräfte, indem Sie ihnen dauerhaft Wert bieten und sie darin unterstützen, ihre Karriere- und Lebensziele zu verwirklichen.

Wenn Menschen zwischen vielen Stellenangeboten wählen können, dann verhalten sie sich wie jeder normale Käufer und stellen Produktvergleiche an.

Die neuen selbstbestimmten Stellenbewerber misstrauen der Unternehmenskultur. Sie erinnern sich daran, wie ihre Eltern während der letzten Rezessionen behandelt wurden – als verfügbare Masse. Daher haben solche Stellenbewerber ein langes Gedächtnis.

Der zunehmende relative Wert hoch qualifizierter Arbeitskräfte

Die dritte Welle, die die Arbeitsmärkte erfasst, ist der steigende Wert hoch qualifizierter Mitarbeiter für die Unternehmensergebnisse und die sinkende Bedeutung anderer Vermögenswerte. Nach und nach schwinden die bisherigen Vorteile: Kapitalströme bewegen sich freier als in der Vergangenheit; neue Produkte werden schneller kopiert; Arbeitsplätze werden dezentralisierter (der Standort verliert daher an Bedeutung); einstige Monopole sind nicht mehr wettbewerbsfähig. Diese strukturellen Veränderungen bedeuten nicht das Ende der Arbeitslosigkeit, aber sie bedeuten, dass hoch qualifizierte Mitarbeiter einen Wettbewerbsvorteil darstellen.

Hoch qualifizierte Mitarbeiter generieren in den Unternehmen der entwickelten Länder den größten Wert, und diejenigen, die die immateriellen Vermögenswerte eines Unternehmens berechnen (Know-how, Patente, Markennamen, Ideen und Prozesse), beziffern den Wert der Produkte des Intellekts mit 80 Prozent des Unternehmenswertes.[12]

Dabei spielt auch die Globalisierung eine Rolle: In dem Maße, in dem Unternehmen in entwickelten Ländern Fertigungsjobs und geringwertige Serviceleistungen in aufstrebende Volkswirtschaften auslagern, hängt ihr Überleben zunehmend von den Produkten hoch qualifizierter Mitarbeiter ab. Informationsbestimmte Produkte und Serviceleistungen, Geschäftsinnovationen, hoch entwickelte neue Technologien, ein verbessertes Management und kreativere Lösungen treiben nun die Volkswirtschaften der ersten Welt an.

Die Rezession verzögert diese Entwicklung lediglich: Die strukturelle Fachkräfteverknappung wird wesentlich länger anhalten, als jede potenzielle Einstellungspause. Qualifizierte Stellenbewerber werden letztlich in jedem Konjunkturzyklus mehr Auswahl haben. Die Fähigkeit zur Akquise und Bindung hoch qualifizierter Mitarbeiter ist sowohl im Aufschwung wie im Abschwung ein maßgeblicher Vermögenswert für Unternehmen.

Während einer Rezession besitzen die Arbeitgeber eine größere Verhandlungsmacht und eine größere Auswahl an potenziellen Stellenbewerbern. Während des Wirtschaftswachstums verlagert sich dagegen die Machtposition auf (qualifizierte) Arbeitnehmer. Diejenigen, die über begehrte Qualifikationen und Kompetenz verfügen, werden jedoch in jeder Phase des Zyklus höhere Gehälter und andere Zugeständnisse erzielen. Während der Rezession in den Jahren 2000/2001 stiegen die Beschäftigungsquote und die Gehälter für Krankenpflegekräfte trotzdem, und zwar allein wegen des chronischen Mangels an Fachkräften.[13]

MEINE MEINUNG

„Einige Leute in den Personabteilungen beziehungsweise im Recruiting verändern ihre Sichtweise erst dann, wenn eine Krise aufzieht. Egal welche Daten sie betrachten, alles deutet darauf hin, dass es immer schwieriger werden wird. Die durchschnittliche Zeitdauer, für die eine Position besetzt werden muss, wird länger, und die durchschnittliche Verweildauer eines Mitarbeiters in ein- und derselben Position geht immer weiter zurück. Starke Führungskräfte, Manager oder Recruiter im Bereich strategisches Personalmanagement sollten wirklich erkennen, dass das Auswirkungen auf ihre Organisationen haben wird, und anfangen darüber nachzudenken, was sie tun können, um den drohenden Problemen zuvorzukommen."

– Linda Stewart, President und CEO, EPOCH LLC –

Selbst wenn es keinen Mangel an Fachkräften gäbe, würde diese dauerhafte Veränderung den Wert hoch qualifizierter Mitarbeiter steigern, da qualifizierte Mitarbeiter der letzte verbleibende Faktor sind, der konsistent Gewinn generiert. Unternehmen sprechen immer über Innovation – und diese werden von hoch qualifizierten Mitarbeitern erzeugt. Ein Einzelhandelskonzern wie Wal-Mart revolutioniert das Supply Chain Management und entdeckt dann, dass das mittlere Management – die verantwortlichen Marktleiter – der Dreh- und Angelpunkt ist, der bestimmt, ob all die so effizient beschafften Waren auch wirklich gekauft werden. Welche Faktoren bestimmen, ob Ihre Website zur Wertgenerierung beiträgt? Die Menschen, die Ihre Website entwerfen, programmieren und weiterentwickeln.

Die Quintessenz der Akquise hoch qualifizierter Mitarbeiter bildet das Fundament der Existenz Ihres Unternehmens: Gewinnerzielung (Wirtschaftsunternehmen) und/oder die Erfüllung der Mission (Nonprofit-Unternehmen).

Was zu tun ist

Wie kann eine Führungskraft, ein Recruiter oder ein Manager angesichts dieser Dynamiken hoch leistungsfähige Mitarbeiter finden, einstellen und ans Unternehmen binden? Was gehört dazu, in einem solchen Markt wettbewerbsfähig zu sein? Die schnelle Antwort: Zahlen Sie höhere Gehälter und geben Sie mehr Geld für die Mitarbeitersuche aus. Diese Lösung mag eine Weile funktionieren, und das sehen wir auch an den steigenden Gehältern, aber ein Wettlauf um die höchsten Gehälter stellt keine langfristige Lösung dar. Sie müssen die Mentalität und die Wünsche hoch qualifizierter Mitarbeiter verstehen, und sich daran anpassen.

Die Situation verlangt nach einer umfassend definierten, langfristigen Praxis der Mitarbeitergewinnung, unter Verwendung von Marktdisziplinen sowie auf Basis der Erkenntnis, dass qualifizierte Arbeitskräfte den Beschäftigungsmarkt auf dieselbe Weise betrachten wie einen Produktkauf. Die neue Einstellungspraxis lockt Bewerber an, indem Unternehmen deren Sprache sprechen, langfristig mit vielen potenziellen Mitarbeitern kommunizieren und deren Werte, Überzeugungen und Arbeitsmotivationen studieren. Außerdem berücksichtigt sie sowohl die greifbaren als auch die nicht greifbaren Nutzen einer Beschäftigung und schafft eine lebendige, attraktive „Arbeitgebermarke“, die die richtigen Mitarbeiter anlockt und überzeugt.

Nachfolgend werden diese neuen Methoden und ihre Funktionsweise beschrieben und es werden die Gründe dargelegt, warum sie für das Aufspüren hoch qualifizierter Mitarbeiter so entscheidend sind:

1. ***Der Bewerber und der Arbeitgeber.*** Verstehen Sie die Shoppermentalität potenzieller Stellenbewerber und sorgen Sie für leistungsfähigere, strategischere Geschäftsprozesse rund um den Beschäftigungskreislauf der Anwerbung, Gewinnung und Entwicklung von Mitarbeitern (Kapitel 1-4).

2. ***Anwerbung.*** Entwickeln Sie laufend Methoden zum Aufspüren und Anlocken von qualifizierten Arbeitskräften, und zwar nicht nur für einzelne Positionen, sondern für Ihre übergeordnete herausragende „Arbeitgebermarke“ (Kapitel 5-7).

3. ***Gewinnung.*** Sorgen Sie dafür, dass alle Prozesse, die zwischen dem ersten Bewerberkontakt und der Einstellung liegen, auf die Konsumentenmentalität der Bewerber ausgerichtet sind; studieren Sie den globalen Markt für hoch qualifizierte Arbeitskräfte; erlernen Sie „zukunftsweisende“ Recruiting-Praktiken (Kapitel 8, 10 und 11).

4. ***Entwicklung und Aufstieg.*** Verbessern Sie Ihre Mitarbeiterbindung mit einem multidimensionalen, individualisierten Programm, um die besten Mitarbeiter bei der Stange zu halten, dafür zu sorgen, dass sie produktiv und Ihrem Team erhalten bleiben (Kapitel 9).

Die Suche nach Qualität wird bestimmen, ob Ihr Unternehmen im nächsten Jahrzehnt erfolgreich ist, überlebt oder scheitert. Diejenigen, die diese Prinzipien in ihr jeweiliges Geschäft, ihre Kultur und Mission integrieren, werden über die einzig wichtige Ressource in Hülle und Fülle verfügen – die hoch qualifizierten Mitarbeiter, die die Zukunft Ihres Unternehmens bedeuten.

Zusammenfassung

- Drei Veränderungswellen – der demografische Wandel, die wachsende Macht der Stellenbewerber und ein höherer relativer Wert hoch qualifizierter Mitarbeiter – gemessen an anderen Vermögenswerten eines Unternehmens – konvergieren in einem Talent-Tsunami, der Unternehmen in Zukunft bedrohen wird.
- Kurzfristige Lösungen garantieren kein Überleben, geschweige Erfolg.
- Die einzig überzeugende Antwort ist die Entwicklung neuer Methoden der Anwerbung, Gewinnung und Entwicklung von hoch qualifizierten Mitarbeitern, die auf deren Bedürfnisse reagieren, wie Marketingexperten auf Verbraucherbedürfnisse reagieren.

Kapitel 2: Der neue Stellenkandidat

Und wenn die Prognosen falsch sind? Wenn trotz aller drohenden Anzeichen doch kein Fachkräftemangel eintritt?

Selbst wenn es genügend qualifizierte Arbeitskräfte gäbe, um die gesamte Nachfrage zu befriedigen, würden Manager trotzdem weiterhin um die *besten* Arbeitskräfte konkurrieren. Bewerber und Mitarbeiter müssen Ihr Unternehmen als fantastischen Arbeitsplatz erleben.

Bilden Sie ein herausragendes Team, binden Sie es ans Unternehmen und Sie werden gewinnen (selbst gegenüber größeren Wettbewerbern). Das klingt ziemlich einfach. Wenn es allerdings nur darum ginge, aus einer Schlange von Jobanwärtern die richtigen Kandidaten auszuwählen, wäre es wirklich leicht – aber diese Wahlmöglichkeit haben Sie nicht. Der Kandidat, den Sie einstellen wollen, steht eben nicht einfach in einer Schlange und wartet darauf, von Ihnen ausgewählt zu werden.

In den letzten zwei Jahrzehnten sind wir Zeugen des Niedergangs des seit der Nachkriegszeit vorherrschenden Verständnisses des Verhältnisses zwischen Arbeitgeber und Arbeitnehmer geworden. Die heute begehrten Stellenbewerber stehen den Versprechungen von Unternehmen über die Belohnung langfristiger Loyalität skeptisch gegenüber. Die Mitarbeiter von heute mögen mit ihren Unternehmen zufrieden sein oder sich sogar richtig wohl fühlen, aber sie haben ihre Lebensläufe dennoch online gestellt, behalten stets das Ohr an der Gerüchteküche des Unternehmens und blicken stets mit einem Auge zur Tür. Die Zeiten, in denen Sie als Arbeitgeber am längeren Hebel saßen, sind vorbei.

Der Bewerber ist Kunde

Im Jahr 1965 löste Ralph Naders Buch *Unsafe at Any Speed* den Funken aus, an dem sich die moderne Verbraucherbewegung entzündete. Amerikanische Autokäufer wurden wütend, als sie erfuhren, dass die Automobilhersteller aus Detroit ganz bewusst fehlerhafte und unsichere Autos verkauften. Seitdem musste jedes Unternehmen auf das Erbe der Verbraucherskepsis (bis hin zum Zynismus) reagieren. Tabak, Lebensmittel, Haushaltswaren, Finanzdienstleistungen, Fluggesellschaften, Medien, Technologie, Bergbau, Gesundheitswesen, Bestattungsservices, Pharmaerzeugnisse, jede Industrie hat ihre eigene Story der Enttäuschung und Vertuschung erlebt. Die Verbraucher übten Kaufzurückhaltung und forderten eine bessere Behandlung. Diejenigen Unternehmen, die sich zu Verantwortlichkeit, Aufrichtigkeit und Geradlinigkeit bekannten, hatten Erfolg. Diejenigen, die den Verbrauchern wirklich zuhörten, prosperierten.

Mit Beginn der 1980er-Jahre wurde der Glaube der Arbeitnehmer an den seit der Nachkriegszeit geltenden Vertrag zwischen Arbeitgebern und Arbeitnehmern („arbeite hart, sei ehrlich und das Unternehmen wird sich um dich kümmern") auf ähnliche Weise in seinen Grundfesten erschüttert. Massenentlassungen, Reengineering und das Ende der beiderseitigen Loyalität veränderten die Sichtweise der Arbeitnehmer. Die „lebenslange Beschäftigung" wurde durch eine lebenslange Beschäftigungs*suche* ersetzt, weil die Menschen auf schmerzhafte Weise lernen mussten, dass alle Beschäftigungsverhältnisse von begrenzter Dauer waren. Selbst die US-Regierung stimmte in diesen Kanon ein: Die „Truppenreduzierung" zu Beginn der 1990er-Jahre trug die Entlassungswelle auch in die militärischen Reihen. Die Dynamik der Wirtschaft bewirkte einen dauerhaften Verlust an Arbeitsplatzsicherheit, der sich auch dadurch nicht aufhalten ließ, dass die Zivilregierung irgendwann wieder mehr Menschen einstellte.

Wir haben die Konsumentenmentalität hoch qualifizierter Arbeitskräfte aus einer Reihe unterschiedlicher Perspektiven studiert und festgestellt, dass sie sich in einer faszinierenden Reihe an Ansprüchen manifestiert. Was wollen Stellenkandidaten nun von Ihnen (außer dem richtigen Job), da sie mehr Auswahlmöglichkeiten vor sich sehen?

Das, was ein Bewerber von Unternehmen erwartet, die ihn für sich gewinnen wollen, ist die Wertschätzung seiner Zeit, schonungslose Aufrichtigkeit, professionelle Aufmerksamkeit während des Einstellungsprozesses, vorbereitete Gesprächspartner, ehrliche und zutreffende Stellenausschreibungen, ein effizientes System, laufendes Feedback (vor allem online), vielfältige Wege der Ansprache, eine klare Botschaft über die Erwartungen des Unternehmens, materielle und immaterielle Nutzen, einen fairen Arbeitsvertrag, Respekt vor seinen Anstrengungen, seiner Intelligenz und Kompetenz, und vieles mehr. All das ergibt sich aus der neuen Mentalität, die wir als „potenziell wechselbereit“ bezeichnen.

Nicht aktiv, nicht passiv, aber potenziell wechselbereit

Recruiter und Hiringmanager klassifizieren potenzielle neue Mitarbeiter seit Langem nach ihrem Verhalten – entweder sind sie „aktiv“ (das heißt, sie suchen nach einer neuen Stelle), oder „passiv“ (das heißt, sie sind irgendwo angestellt und schauen sich nicht um). Dieses bipolare Modell führt dazu, dass Arbeitskräfte unter Verwendung einer breiten und unzutreffenden Serie an Annahmen in eine Schublade sortiert werden. Zum Beispiel heißt es, aktive Kandidaten seien weniger erstrebenswert als passive Kandidaten, da sie entweder arbeitslos seien oder Probleme in ihrer derzeitigen Arbeitsstelle hätten. Das führt dazu, dass hoch qualifizierte aktive Kandidaten vielfach ignoriert werden und sich alle Energie auf die Gewinnung passiver Kandidaten konzentriert, deren Interesse schwerer zu wecken ist und die tatsächlich nicht zwangsläufig qualifizierter sind als aktive Kandidaten.

Manager, sowohl im Recruiting als auch in anderen Bereichen, haben sich eine 80/20-Schätzung zu eigen gemacht. Sie lautet, dass 80

Prozent der Arbeitskräfte aus „passiven“ Arbeitnehmern besteht. Tatsächlich lautet die überraschende Wahrheit, dass es keine 80/20-Unterteilung gibt, sondern ein Profil, das aus drei deutlich unterschiedlichen Mentalitäten besteht.

Im Jahr 2006 beschäftigte sich Monster intensiv mit den Arbeitnehmern, um ihre Haltung zu verstehen und dazu beizutragen, ein vollständiges Bild der Mitarbeiterloyalität zu zeichnen. Dabei stellten wir fest, dass der Schlüsselfaktor für Loyalität nicht darin lag, ob jemand eine neue Arbeitsstelle suchte, sondern welchen Grad der Verbundenheit (Loyalität) ein Arbeitnehmer zu seiner derzeitigen Arbeitsstelle und seinem Arbeitgeber verspürte. Unser Verständnis der Offenheit von Arbeitnehmern für einen Arbeitsplatzwechsel enthüllt eine viel größere Gruppe an potenziellen Stellenbewerbern als die kleine Gruppe der aktiv Suchenden. Das größte Segment der potenziellen Stellenbewerber, nämlich rund 70 Prozent, besteht aus Arbeitnehmern, die angestellt sind, aber sich ihrem derzeitigen Arbeitgeber weniger verbunden fühlen, als es historisch der Fall gewesen ist. Wir fanden dieses Segment in allen demografischen Kategorien, wobei es besonders stark in den Generationen X und Y vertreten ist, also den Generationen, die in den kommenden Jahrzehnten die überwältigende Mehrheit der Arbeitnehmer ausmachen werden.

Dabei ergaben sich aus unseren Untersuchungen die folgenden drei Gruppen:[1]

1. ***Etablierte Loyalisten (30 Prozent).*** Diese Arbeitnehmer bekennen sich zu ihrer Stelle und ihrem Unternehmen. Sie sind aus einer Reihe von persönlichen und beruflichen Gründen fest etabliert. Sie lassen sich nur schwer ansprechen und haben hohe persönliche Barrieren für einen Arbeitsplatzwechsel.
2. ***Potenziell wechselbereite Loyalisten (11 Prozent).*** Das sind Loyalisten, die sich ihrem derzeitigen Arbeitsplatz und Arbeitgeber verbunden fühlen, aber niedrigere Wechselbarrieren haben. Ein typisches Beispiel ist ein Arbeitnehmer, der seine Arbeit liebt, aber im Unternehmen keinen emotionalen Halt findet

oder Aversionen gegen seinen Vorgesetzten hat. Dieses Mitarbeitersegment bildet eine verwundbare Stelle für seinen Arbeitgeber und eine Chance für Recruiter.

3. ***Potenziell wechselbereite Opportunisten (59 Prozent).*** Diese Arbeitnehmer sind eindeutig offen für die nächste Wechselgelegenheit. Sie sind offen für eine Ansprache, sie stellen ihre Lebensläufe ins Internet ein, sie erwidern Abwerbeanrufe, oder auch beides. Viele angestellte Opportunisten sind aktiv auf der Suche nach einem neuen Job.

Die heutigen potenziell wechselbereiten Arbeitnehmer – 70 Prozent der Arbeitnehmerschaft – betrachten eine Arbeitsstelle als Vertrag auf Abruf: Sie geben ihre unwiederbringliche Zeit und ihre Energie im Austausch für materielle und immaterielle Nutzen: Geld, Prestige, Lifestyle-Nutzen und so weiter. Die Vereinbarung hält so lange, wie beide Seiten zufrieden sind. Diese Arbeitnehmer besitzen ein nur begrenztes Vertrauen zu ihren aktuellen Arbeitgebern und glauben, dass sie bei anderen Unternehmen mehr Geld und Vorteile erwarten. Als Bewerber haben sie jedoch auch gelernt, gegenüber den Behauptungen potenzieller neuer Arbeitgeber skeptisch zu sein. Sie haben gelernt zu hinterfragen, ob eine Stellenbeschreibung wirklich die tagtägliche Arbeitsrealität widerspiegelt. Außerdem tolerieren sie keine schlechten Vorgesetzten. Zu guten Vorgesetzten werden sie enge Verbindungen aufbauen (tatsächlich ist das eine wesentliche Verteidigungsstrategie gegen die Abwanderung potenziell wechselbereiter Mitarbeiter, wie Sie in Kapitel 9 sehen werden).

Potenziell wechselbereite Arbeitnehmer hegen weder einen Groll, noch sind sie mittelmäßig in ihrer Leistung. Tatsächlich sind sie im Allgemeinen optimistisch und betrachten einen Jobwechsel als Chance zur Weiterentwicklung. Sie suchen bei ihrem aktuellen Arbeitgeber keine Arbeitsplatzsicherheit. Für sie liegt die Sicherheit in ihrer eigenen Attraktivität für Arbeitgeber. Bezeichnen Sie diese Kategorie von Arbeitnehmern nicht als „Jobhopper“; die meisten potenziell wechselbereiten Arbeitnehmer schätzen Stabilität und sind nicht unbedingt an einer ständigen Neuorientierung interessiert.

Sie achten auf den Markt, indem sie sich einen herausragenden Lebenslauf erarbeiten und diesen online stellen, indem sie ein breites Spektrum an Fähigkeiten und Erfahrungen erwerben und indem sie sich vernetzen. Tendenziell verbessern sie sich mit jedem Arbeitswechsel ... und zwar zu ihren Bedingungen, ob es sich dabei um das Gehalt, Arbeitsplatzzufriedenheit oder die Erfüllung eines lebenslangen Traums handelt. Sie sind bereit sich zu verändern; Untersuchungen zeigen, dass 61 Prozent der angestellten Stellensuchenden in den vergangenen fünf Jahren mehr als eine Vollzeitstelle bekleidet hatten, und 10 Prozent hatten innerhalb dieses Zeitraums vier oder mehr verschiedene Arbeitsstellen.[3]

Die 11 Prozent, die sich selbst als potenziell wechselbereite Loyalisten beschreiben, fühlen sich im Grunde mit ihrer Arbeitsstelle und ihren Vorgesetzten wohl. Dass sie bisher loyal gewesen sind, heißt jedoch nicht zwangsläufig, dass sie es auch in Zukunft bleiben werden. Wenn zum Beispiel ein herausragender Vorgesetzter das Unternehmen verlässt, kann es passieren, dass der potenziell wechselbereite Loyalist, der diesem Vorgesetzten direkt unterstellt war, schnell die Bindung an das Unternehmen verliert. Betrachten Sie diese Gruppe als Menschen, die loyal gegenüber ihrer individuellen Situation sind, nicht aber gegenüber ihrem Arbeitgeber im Allgemeinen.

Etablierte Loyalisten kennen die Dynamiken des Arbeitsmarktes und drücken ihre Konsumentenmentalität auf dieselbe Weise aus, wie zufriedene Kunden, die einer Marke ihres Vertrauens treu bleiben. Sie schätzen ihre derzeitige Vergütung, ihre Arbeitsplatzzufriedenheit oder ihre persönliche Situation – und all das sind hohe Wechselbarrieren. Für Loyalisten überwiegen die Risiken eines Arbeitsplatzwechsels die Nutzen, die sie daraus ziehen. Man kann etablierte Loyalisten anlocken, aber eine erfolgreiche Abwerbung dieser Gruppe erfordert mehr Anreize und Überredungskunst, als die Einstellung vergleichbar qualifizierter, potenziell wechselbereiter Arbeitnehmer.

Verabschieden Sie sich von dem Modell, das Arbeitnehmer in aktive und passive Mitarbeiter unterteilt, sowie von der überholten Schablone nach dem Motto: Wenn ein Arbeitnehmer nach einer neuen Stelle sucht, dann stimmt etwas nicht. Diese Annahme führt in die Irre. Suchen Sie stattdessen dort nach potenziell wechselbereiten Arbeitnehmern, wo Sie sie am wahrscheinlichsten finden, und bestimmen Sie bei jedem einzelnen Kandidaten den Grad der Verbundenheit mit seiner derzeitigen Situation.

Die Frage, die ein Unternehmen, das auf der Suche nach hoch qualifizierten Mitarbeitern ist, stellen sollte, lautet nicht: „Wer sucht heute eine neue Stelle (oder nicht)?“, sondern „Wo kann ich den Mitarbeiter finden, der heute und morgen am besten für diese Stelle und dieses Unternehmen geeignet ist?“ Diese Frage wird immer auf der Topebene der Führungskräftesuche – der sogenannten „Executive Search“ – gestellt, auf der nur wenige Kandidaten aktiv auf der Suche oder gar arbeitslos, aber viele offen für einen Wechsel sind. Potenziell wechselbereite qualifizierte Fachkräfte sind nachgefragt und verfügen über Auswahlmöglichkeiten. Das beste Ergebnis ist, wenn Sie einen hoch qualifizierten, potenziell wechselbereiten Kandidaten finden, ihn ins Unternehmen holen und ihn mit der Zeit in einen Loyalisten oder einen de-facto-Loyalisten verwandeln, also einen Mitarbeiter mit einer potenziell wechselbereiten Mentalität, der sich aber in einer persönlich so befriedigenden Situation befindet, dass andere Stellenangebote im Vergleich nur verlieren können – was man als „psychologischen goldenen Käfig“ bezeichnen könnte. Stellen Sie sich vor, Sie würden alle entscheidenden Positionen mit solchen Mitarbeitern besetzen!

Potenziell wechselbereite Arbeitnehmer = Ihre Mitarbeiter

Warum sollten Sie die Suche nach hoch qualifizierten Fachkräften auf potenziell wechselbereite Kandidaten ausrichten? Weil das *Ihre* Mitarbeiter sind! Kein Unternehmen ist gegen die Realitäten der neuen Mitarbeiter-/Kandidatenmentalität immun. Die schlechte Nachricht ist, dass Sie Loyalität nicht mehr als Selbstverständlichkeit voraussetzen können. Die gute Nachricht lautet jedoch, dass es Ihre Mitarbeiter selbst sind, die Ihnen dabei helfen können, die Wünsche und Bedürfnisse einer potenziell wechselbereiten Arbeitnehmerschaft zu verstehen.

Sie glauben immer noch, Ihr Unternehmen sei anders? In der ersten Zeit nach der Gründung der Jobbörse Monster stießen wir bei Unternehmen auf viel Widerstand. „Ich weiß, dass Sie in Ihrer Datenbank eine Menge Lebensläufe haben, aber das sind nicht die Art von Mitarbeitern, die wir suchen", winkten die Manager ab. Und wir erwiderten: „Okay, dann lassen Sie uns doch einfach die Datenbank nach Mitarbeitern Ihres Unternehmens durchsuchen." Das machten wir beispielsweise mit einem großen Unternehmen – und siehe da: es tauchten tausend Lebensläufe aktueller Mitarbeiter des Konzerns auf. Die Manager des Unternehmens waren völlig schockiert. Dann sagten wir: „Sie können diese Mitarbeiter nicht mangelnder Loyalität bezichtigen. Die Welt hat sich verändert. Wenn Sie keine lebenslange Beschäftigung garantieren können – und das können Sie nicht –, dann müssen Ihre Mitarbeiter ihr Karrieremanagement selbst in die Hand nehmen." Da ging den Recruitern ein Licht auf, weil sie erkannten, dass die Kandidaten, die sie einstellen wollten, ihren vorhandenen Mitarbeitern ziemlich ähnlich sein könnten. Und ihre besten Mitarbeiter waren aus dem gleichen Grund potenziell wechselbereit, aus dem sie als hoch leistungsfähige Arbeitskräfte geschätzt waren: Sie ergriffen die Initiative, sie kannten ihren Wert und sie übernahmen die Verantwortung für ihre eigene Karriere.

Mehr als zwei Drittel Ihrer Mitarbeiter haben eine „potenziell wechselbereite" Mentalität, und selbst wenn sie gerade nicht aktiv nach einer neuen Stelle Ausschau halten, sind sie für Ihre Wettbewerber sehr attraktiv.

Die Untersuchungen von Monster deckten überdies überraschende Lücken zwischen den Vorstellungen auf, die sich Arbeitgeber über die Wünsche und Bedürfnisse der Kandidaten machen und deren tatsächliche Wünsche und Bedürfnisse. Werfen Sie einen Blick auf Tabelle 2.1[3]

	Stellen-suchende	Vorgesetzter (Hiring-manager)	L Pe sch
Lern- und Weiterent-wicklungschancen	78 %	68 %	69
Interessante Arbeit	77 %	63 %	63 %
Ein guter Manager/Vorgesetzter	75 %	69 %	57 %+
Ein Unternehmen, auf das man stolz sein kann	74 %	58 %	55 %
Aufstiegschancen	73 %	69 %	77 %
Stabilitäts-/Sicher-heitsversprechen	70 %	62 %	65 %
Eine kreative oder spaßerfüllte Arbeits-platzkultur	67 %	50 %	43 %
Eine kompatible Ar-beitsgruppe/Team	67 %	50 %	37 %
Balance zwischen Arbeit und Privat-leben	65 %	65 %	65 %
Leistungschancen	64 %	53 %	41 %

* Neben dem Gehalt und freiwilligen Sozial- und Zusatzleistungen

+ Unterbewertet

Tabelle 2.1: Ein Blick auf die Erwartungen, die Stellensuchende an eine neue Arbeitsstelle hegen*

Zum Beispiel deckt Tabelle 2.1 auf, dass nur 50 Prozent der Hiringmanager glauben, eine kreative oder spaßerfüllte Arbeitsplatzkultur sei den Kandidaten wichtig; tatsächlich halten das aber 67 Prozent der Bewerber für ein wichtiges Kriterium. Ebenso glauben lediglich 41 Prozent der Führungspersönlichkeiten in der Personalbeschaffung, Leistungschancen seien den Bewerbern wichtig; tatsächlich werden diese aber von 64 Prozent der Kandidaten erwartet. (Interessant ist in diesem Zusammenhang, dass 69 Prozent der Leiter in der Personalbeschaffung Lern- und Weiterentwicklungschancen für ein wichtiges Kriterium halten, aber keine Verbindung zur Schaffung von Leistungschancen herstellen). Kein Wunder, dass so viele Einstellungsbemühungen zu einer schnellen Abwanderung führen – in ihrer Rolle als Hiringmanager holen die Vorgesetzten neue Leute ins Unternehmen, ohne zu wissen, was diese wirklich wollen. Das Ergebnis: Frustrierte Mitarbeiter und eine hohe Fluktuation.

Mehr als zwei Drittel Ihrer Mitarbeiter haben eine „potenziell wechselbereite" Mentalität, und selbst wenn sie gerade nicht aktiv nach einer neuen Stelle Ausschau halten, sind sie für Ihre Wettbewerber sehr attraktiv.

Eine weitere Kluft finden wir bei der Bewertung des Abwanderungsrisikos. Wenn Manager schätzen sollen, wie viele Mitarbeiter abwanderungsbereit sind, nennen sie typischerweise eine Zahl zwischen 3 und fünf Prozent. Dabei liegt die tatsächliche Ziffer der freiwillig ausscheidenden Mitarbeiter drei-, vier- oder fünfmal höher. Das liegt nicht daran, dass Manager nicht zählen können, sondern daran, dass die vorherrschende Betrachtungsweise „passiver" Kandidaten ihnen die Sicht vernebelt. Sie gehen davon aus, dass Mitarbeiter glücklich und zufrieden sind, wenn sie einfach ihren Job machen und dafür Geld bekommen. Die Fakten sprechen allerdings dagegen.

Gehen Sie davon aus, dass 70 Prozent Ihrer Belegschaft potenziell wechselbereit ist. Sie müssen sich ihre Loyalität jeden Tag aufs Neue verdienen. Gehen Sie weiterhin davon aus, dass 70 Prozent der Belegschaften Ihrer Wettbewerber ebenfalls potenziell wechselbereit sind, und denken Sie an die Chance, deren Interesse zu wecken und möglicherweise auch deren Loyalität zu gewinnen.

MEINE MEINUNG

„Für einen Bewerber ist die Entscheidung, für Ihr Unternehmen zu arbeiten, eine der wichtigsten Entscheidungen der nächsten Jahre. Das ist so ähnlich wie eine große Anschaffung – zum Beispiel der Kauf eines Hauses. Ein kluger Bewerber will eine Entscheidung auf Basis von Informationen treffen. Er wird sich nur dann für Ihr Unternehmen entscheiden, wenn er Ihnen vertraut. Die Frage lautet also, wie ein Vorgesetzter in seiner Rolle als Hiringmanager einen derartigen Vertrauenslevel herstellen kann. Ich glaube nicht, dass Manager der Vertrauensbildung zwischen ihnen und qualifizierten Stellenbewerbern genügend Aufmerksamkeit schenken. Dabei handelt es sich hier um einen Faktor, der für eine erfolgreiche Mitarbeitergewinnung von maßgeblicher Bedeutung ist."

- Jim Lanzalotto, Vice President für Strategie und Marketing, Yoh –

Generationsperspektiven

Eine weitere Perspektive auf den Kandidaten-Mitarbeiter-Pool fokussiert auf drei große demografische Gruppen unter den heutigen Erwerbstätigen. Die Segmentierung der Stellenbewerber nach Alter und Erfahrung liefert auch Erkenntnisse über ihre Erwartungen.

Unsere Untersuchungen zeigen, dass jüngere, weniger erfahrene Mitarbeiter zu Beginn ihrer beruflichen Laufbahn mit einer frischen, unverbrauchten Perspektive und einem ausgeprägten Optimismus auf den Arbeitsmarkt zugehen. Ältere, erfahrenere Mitarbeiter neigen dazu, fester in ihren Karrieren verankert und mit ihrer täglichen Arbeit zufrieden zu sein, wobei manche dem Management eher misstrauisch und dem Arbeitsmarkt insgesamt zynischer gegenüber stehen.

Babyboomer (geboren zwischen 1946 und 1964): Produktivität, umfassendes Fachwissen, Veränderung

David Corbett, Gründer der auf berufliche Neuorientierung spezialisierten Firma New Directions, würde das Wort „Ruhestand" gerne abschaffen. Seiner Meinung nach ist es eine inadäquate Beschreibung für das, was die Generation, die zwischen 1946 und 1964 geboren ist, in den kommenden Jahren vorhat.

Zu Daves Kunden aus der Führungsetage gehören sogenannte „Babyboomer", die viel erreicht haben und nach einer Veränderung suchen, sowie frisch gebackene Ruheständler, die ihren Weg in sein Büro finden, weil ihnen der Wechsel von einer 70-Stunden-Woche zu einem Leben auf dem Golfplatz sinnentleert erscheint. Anstatt die Arbeit komplett an den Nagel zu hängen, so Dave, wollen sie ein mit vielfältigen Aktivitäten angefülltes „Portfolio-Leben", zu dem Arbeit, Familie, Freizeit, Bildung und soziale Arbeit gehören.

Wenn diese Boomer nach dem 50. Geburtstag ihre Karriere weiter verfolgen, „müssen Sie ihre veränderten Prioritäten berücksichtigen", sagt Dave. „Alle paar Jahre überprüfen sie ihr Leben wie ein Finanzportfolio und balancieren alle Bestandteile neu aus. Sie müssen ihre veränderten Motivationen verstehen, vor allem ab dem Moment, da sie zu den ‚leeren Nestern' gehören."

Boomer bieten das größte Repertoire an Qualifikation, Kompetenz und Erfahrung eines Landes. Das ist der Grund, warum ihr Ausscheiden aus dem Arbeitsleben vielen Unternehmen so große Schmerzen bereiten wird. Corbetts Kunden sagen jedoch, sie wollten gar nicht unbedingt komplett aus dem Arbeitsleben aussteigen, sondern vielmehr auf andere Weise daran teilnehmen. Recruiter, die sich darauf einstellen, können diesen Personenkreis für sich gewinnen. Nachfolgend ein Porträt der ältesten Generation der aktiven Arbeitnehmer.

Die ältesten Babyboomer sind heute um die 60, die jüngsten stehen in ihren 40ern, und alle zusammen machen nach wie vor den größten Sektor der Arbeitnehmer aus – 42 Prozent oder rund 48 Millionen Arbeitnehmer. Aufgrund ihrer längeren Arbeitserfahrung sind sie tendenziell sehr produktiv, und viele haben im Verlauf der Jahre ein großes Fachwissen und eine hervorragende Urteilskraft entwickelt.

Wie ihre älteren Arbeitnehmerkollegen wurden viele Boomer von den Veränderungen im Arbeitsleben hin- und hergeworfen. Sie haben sich durch die Informationsrevolution gekämpft, da sie noch in einer Welt ohne PCs aufgewachsen sind, und bedienen nun vielfältige Arbeitsplatztechnologien. Sie mussten ihre Auffassung von Arbeitsplatzsicherheit, ihre Ruhestandsplanung und ihre persönliche Mobilität verändern. Sie sind anpassungsfähig geworden.

Untersuchungen von Monster zeigen, dass Boomer sich des Wettbewerbs durch die nachfolgenden Generationen bewusst sind. Boomer sind teurer in der Anwerbung und bei der Bindung als jüngere Kandidaten, und sie glauben, dass ihnen das zum Nachteil gereicht. Ganze 70 Prozent der Befragten unserer Studie stimmten der Aussage zu: „Wenn sich zwei Kandidaten mit denselben Qualifikationen um eine Stelle bewerben, wird üblicherweise der jüngere genommen."

Ein Hiringmanager kann dieses Problem lösen, indem er die Produktivität eines erfahreneren Arbeitnehmers im Vergleich zu einem Anfänger einschätzt. Die Produktivität eines älteren Kandidaten (der eine quantifizierbare Erfolgsbilanz vorzuweisen hat) kann unter Umständen leichter einzuschätzen sein, als die eines jüngeren Mitarbeiters. Der Hiringmanager, der die Erfahrung eines Boomers nutzen will, muss neben dessen Preis auch über dessen Wert nachdenken (den er im Gegenwert für den höheren Preis erhält).

Wenn amerikanische Boomer sich nach einer neuen Stelle umsehen, konzentrieren sie sich stärker auf die greifbaren Nutzen wie beispielsweise betriebliche Krankenversicherung und Rentenpläne.[4] Beruflicher Aufstieg steht dabei nicht so sehr im Mittelpunkt. Flexibilität in Form von Vereinbarungen über Home-Office-Tage ist für ältere Arbeitnehmer zum Beispiel ein wichtiges Kriterium bei der Entscheidung zwischen verschiedenen Angeboten, da sie die Herausforderungen der klassischen Sandwich-Generation bewältigen müssen, die sich einerseits noch um ihre Kinder und andererseits um ihre Eltern kümmern müssen.

Erfahrenere Arbeitnehmer sind außerdem tendenziell zufriedener mit ihrer aktuellen Position; 78 Prozent der Befragten unserer Studie gaben an, sie gingen davon aus, in einem Jahr noch in derselben Position zu arbeiten. Im Vergleich zu jüngeren Arbeitnehmern sind sie mit ihren Vorgesetzten zufriedener und fühlen sich mehr wertgeschätzt und respektiert als ihre jüngeren Kollegen. Zudem neigen sie dazu, weniger tolerant gegenüber schlechtem Management zu sein; sie sind risikoscheuer und zweifeln stärker an der Arbeitsplatzsicherzeit.

Ein interessanter Faktor, der sich mit dem Alter verändert, ist die Frage, ob ein Mitarbeiter seinen Vorgesetzten bewundert. Man würde meinen, dass dies für jüngere Mitarbeiter, die nach Rollenmodellen suchen, wichtiger ist. Hier gilt jedoch dasselbe wie für Sozialleistungen: Dieser Punkt ist für ältere Arbeitnehmer ebenfalls wichtiger.[5] Das deutet darauf hin, dass ältere Arbeitnehmer angesichts ihrer Erfahrung höhere Erwartungen an das Verhalten von Managern stellen.

Generation X (geboren zwischen 1965 und 1977): Generation im Übergang

Die Generation X, die gleich nach dem Zusammenbruch des alten Modells der Arbeitsplatzsicherheit in den Arbeitsmarkt eintrat, verlässt sich am liebsten auf sich selbst. Obwohl sie von dem blinden Enthusiasmus der ausgehenden 1990er-Jahre (die „diesmal-ist-alles-anders!“-Ära) ein wenig ernüchtert sind, sind die Angehörigen der Generation X ein Kraftwerk an Innovation, Wissen und Fähigkeiten geblieben. Das ist keine Überraschung, da die prägenden Arbeitsjahre dieser Generation mit den wirtschaftlichen Revolutionen der 1980er-, 1990er- und der ersten Jahre des 21. Jahrhunderts zusammenfielen [namentlich: *Auf der Suche nach Spitzenleistungen,* Reengineering, Six Sigma, Customer Relationship Management (CRM) und die langen Boomphasen des Produktivitäts- und Wirtschaftswachsums]. Diese Generation hat die Freude an der Kreativität in der Arbeit entdeckt und gelernt, Disziplin mit Kreativität zu verbinden.

Wenngleich die Angehörigen der Generation X bezweifeln, dass eine langfristige Beziehung zu irgendeinem Arbeitgeber möglich ist, wissen sie, wie sie vielfältige Erfahrungen sammeln, und betrachten ihren Arbeitsplatz als einen Ort, um zu lernen und zu wachsen. Sie sind stärker unternehmerorientiert als die Babyboomer, aber das bedeutet nicht zwangsläufig, dass sie sich nur zu Startups hingezogen fühlen. Da sie Hypotheken für ihre Häuser aufnehmen, eine Familie gründen und andere langfristige Verpflichtungen eingehen, etablieren sich diese Kandidaten beruflich und entwickeln ihren persönlichen Katalog an Fähigkeiten und Fachwissen, um ihn im Arbeitsmarkt zu ihrem Nutzen einzusetzen. Die Xler, die jetzt auf die 40 zugehen, befinden sich auf dem Höhepunkt des Arbeitnehmermarktes; sie haben eine stattliche Erfolgsbilanz vorzuweisen, die ihren Wert steigert, und sie verfügen noch über die Flexibilität, um sich beruflich zu verbessern. Fragen der Work-Life-Balance spiegeln die Verantwortlichkeiten eines jungen Familienlebens wider (zum Beispiel sind sie noch bereit, lange Arbeitstage zu absolvieren und hohe Anforderungen zu erfüllen, aber sie haben Interesse an Telearbeit).

So wie Babyboomer einen Sinn in ihrer Arbeit erkennen wollen, strebt die Generation X nach *Effektivität* – Leistungen, die ihre Arbeit und die Lernerfahrungen bestätigen. Sie tolerieren keine Bürokratie und lehnen Projekte ab, die nie das Tageslicht erblicken werden.

Die Xler sind zudem markenbewusst und markenclever. Bei so vielen Produkten, die um ihre Aufmerksamkeit buhlen, achten Xler bei ihrer Entscheidung genau darauf, wem und was sie ihre Aufmerksamkeit schenken, das heißt, sie schauen gezielt auf Marken. Arbeitgeber müssen eine überzeugende und authentische Arbeitgebermarke entwickeln, um die Aufmerksamkeit dieser Arbeitnehmergeneration zu gewinnen (siehe Kapitel 5).

Generation Y (geboren ab 1978): Jahrtausendmobilität

Die Generation Y – auch als Millennials bezeichnet – sind in den letzten zehn Jahren in den Arbeitsmarkt eingetreten. Sie sind technologieorientiert und leben online. Die Generation Y ist zahlenmäßig der kleinste, aber der am schnellsten wachsende Sektor der Erwerbstätigen; ihre Angehörigen sind Ihre zukünftigen Mitarbeiter. Sie, die noch markenbewusster (und marketingorientierter) sind, als die vorhergehenden Generationen, müssen mit einer bewussten und authentischen Botschaft über Ihr Unternehmen angesprochen werden.

Diese Kohorte von Arbeitnehmern hat auch die geringsten Wechselbarrieren. Sie sind weniger fest an einem Standort etabliert und betrachten einen Arbeitsplatzwechsel als schnellen Weg zur Karriere. Die Generation Y hüpft auch online von Ort zu Ort, wie die veränderliche Popularität von Social-Network-Sites wie Friendster, MySpace, Facebook und andere bestätigen. Tatsächlich stellt der Computerbildschirm für diese Gruppe keine Barriere dar. Gestern noch konnte man sie auf persönlichen Websites finden; morgen finden sie vielleicht ihren neuen Arbeitsplatz per SMS oder durch eine Multimedia-Erfahrung auf einem Handheld-Computer.

Bruce Tulgan von Rainmaker Thinking, der die Generation Y studiert, betont die Bedeutung der hohen Erwartungen, die die jüngste Truppe der Erwerbstätigen an sich und andere stellt. Sie stellen an sich selber hohe Leistungserwartungen und fordern von ihren Arbeitgebern flexiblere Arbeitsbedingungen. In Bruce' Worten: „Die Angehörigen der Generation Y werden die pflegeintensivsten, aber auch die leistungsfähigsten Arbeitnehmer der Weltgeschichte sein."

Verwechseln Sie hohe Erwartungen nicht mit einer respektlosen Anspruchshaltung (die Quelle der millionenfach geäußerten Beschwerde älterer Manager, „Ich weiß nicht, was mit den jungen Leuten heute los ist."). Vereinzelt gibt es immer Menschen, die das Gefühl haben, ihnen stehe etwas Besonderes zu. Erinnern Sie sich vielmehr daran, dass die Generation Y die erste Generation ist, die im Schatten der neuen Arbeitsplatzunsicherheit aufgewachsen ist. Ihre Angehörigen erlebten, wie ihre Eltern und älteren Geschwister bis in die Nacht arbeiteten und trotzdem entlassen wurden. Sie sahen die Dotcom-Blase entstehen und platzen.

Lori Erickson, Senior Vice President of Global Human Resources von Monster, betont, dass die Arbeitnehmer der Generation Y aufmerksam die sich ständig verändernden Rahmenbedingungen beobachten. Sie sagt: „Ein Kandidat der Generation Y ist nicht allein auf die Bezahlung fixiert, sondern wünscht sich intensiv Flexibilität in Bezug auf die Work-Life-Balance. Der Arbeitsinhalt ist entscheidend – die ideale Tätigkeit ist interessant und anspruchsvoll. Mitarbeiter der Generation Y denken auch über beruflichen Aufstieg nach, und zwar nach dem Motto: mehr Fähigkeiten, schnellere Beförderung. Im Vergleich mit älteren Generationen sind sie weniger an unmittelbaren finanziellen Nutzen interessiert. Sie lassen sich nicht so schnell von Versprechen über Reichtum durch einen erfolgreichen Börsengang einwickeln wie so viele ihrer Eltern und älteren Geschwister. Sie haben erlebt, wie selten das tatsächlich passiert."

Wenngleich sie sich auf der Zeitschiene der Generationen am entgegengesetzten Ende der Babyboomer befinden, legen sie ebenfalls einen hohen Wert auf den immateriellen Lohn ihrer Arbeit. Sie erwarten von ihrer Arbeit Sinnstiftung und das Gefühl, dass ihr Beitrag wichtig ist. Wie die Arbeitnehmer der Generation X schätzen sie flexible Arbeitszeiten, aber im Gegensatz zu Generation X, die diese Zeit für ihre Familien und andere Verpflichtungen gewinnen möchte, will die Generation Y Zeit für persönliche Weiterentwicklung und Selbstausdruck.

Die Angehörigen der Generation Y leben stärker online als ihre Vorgängergenerationen. Da sie Informationstechnologie als Selbstverständlichkeit betrachten, gehen sie einfach davon aus, dass früher schwer zu beschaffende Informationen (wie zum Beispiel Gehaltsinformationen) nur wenige Klicks entfernt sind. Ihre technologische Versiertheit führt dazu, dass sie wenig Geduld für die beschwerlichen und wenig nutzerfreundlichen Recruiting-Websites von Unternehmen aufbringen.

Dan Taylor, ehemaliger Recruiter von DialogueDirect Fundraising, fand junge Uniabsolventen fast ausschließlich durch Online-Ansprache. DialogueDirect unterhält eine Homepage bei MySpace.com, auf der Kandidaten, Arbeitgeber und Gelegenheitsbesucher ihre eigenen Kommentare abgeben. Diese Website mag Außenstehenden chaotisch erscheinen, aber in der Präsenz von DialogueDirect besteht sowohl seine Botschaft als auch sein besonderes Verkaufsargument. Viele Kandidaten äußern nach dem Besuch der Website Interesse am Unternehmen, wobei das Anlocken möglicher Kandidaten nur ein Teil der Gesamterfahrung ist.

„Ich versuche, wie ein alleinstehender junger Mann zwischen 22 und 24 Jahren zu denken, der gerade von einem Konzert am gestrigen Abend nach Hause gekommen ist und keine Arbeit hat", erklärt Dan. „Meine Aufgabe besteht darin, mich diesen jungen Menschen exakt am richtigen Platz zu präsentieren und ihnen zu sagen: ‚Hey, hier ist etwas, woran du bisher nicht gedacht hast: Spendensammeln auf der Straße für caritative Zwecke.'"

Sie denken nicht, was Sie denken, dass sie denken

Individuen unterscheiden sich von Gruppen, wobei Sie natürlich immer auch einen 60 Jahre alten begeisterten Online-Networker oder einen 22 Jahre alten Technikfeind finden können. Es besteht immer die Chance, dass ein loyaler Mitarbeiter einer Ihrer Wettbewerber irgendwann einmal für Ihr Unternehmen arbeiten möchte. Bei der Mitarbeiterakquise geht es nicht um das Aufspüren von Ausnahmen; es geht um die Identifizierung des Außergewöhnlichen.

Und schließlich setzt die Gewinnung hoch qualifizierter Mitarbeiter voraus, dass Sie Ihren Ansatz individuell anpassen. Wenn Sie die Präferenzen einer Gruppe kennen, dann können Sie bessere individuelle Botschaften entwickeln. Das gilt für das Verständnis der potenziell wechselbereiten Arbeitnehmer und der Loyalisten, der drei großen Alterskohorten und der Kandidaten mit seltenen Qualifikationen. Dasselbe gilt auch für Diversity Hiring (siehe Kapitel 11) oder die

Gewinnung von Mitarbeitern, die zu einer bestimmten Unternehmenskultur passen. Wir bezweifeln, dass Arbeitgeber insgesamt sehr viel über Arbeitnehmer wissen. Dabei beginnt ein gutes Recruiting – wie eine gute Marketingkampagne – mit dem Wissen, wen Sie erreichen wollen und warum.

Unsere Umfragen decken oft Lücken zwischen der Einschätzung der Mitarbeiterloyalität seitens der Manager und der tatsächlichen Mitarbeiterloyalität auf.

Worin besteht diese Kluft? Sie liegt in den Einzelbeobachtungen der Manager und Personalabteilungen, auf die sich beide so oft verlassen. Das Kündigungsgespräch ist ein Beispiel für eine gute Idee, die oft schlecht umgesetzt wird. In einem typischen Kündigungsgespräch wird ein Mitarbeiter sagen, er verlasse das Unternehmen, weil er woanders mehr verdient. Aber als der Headhunter diesen Mitarbeiter einen Monat zuvor anrief, sagte derselbe Mitarbeiter, sein Vorgesetzter sei inkompetent oder die Arbeit nicht anspruchsvoll genug. Angesichts einer fehlenden Quantifizierung redet sich das Management ein, jeder Mitarbeiter habe seinen individuellen Gründe, das Unternehmen zu verlassen, aber das ist bei Weitem nicht die ganze Geschichte.

Echte Loyalisten und selbst potenziell wechselbereite Loyalisten erklären, die gute Beziehung zu ihrem Vorgesetzten sei ein Grund zu bleiben, Opportunisten geben dagegen typischerweise an, sie seien über ihre Vorgesetzten frustriert, zynisch was die Unternehmensführung angehe oder glaubten auf andere Weise nicht an ihr Unternehmen.

Eine weitere Kluft: 60 Prozent der von uns befragten Arbeitnehmer glauben, dass andere Unternehmen ihren Mitarbeitern für die gleiche Arbeit mehr bezahlen und bessere Sozialleistungen bieten.[6] Dennoch glauben die meisten Unternehmen, ihre Gehälter und Sozialleistungen seien wettbewerbsfähig (tatsächlich müssen sie das auch sein, um qualifizierte Mitarbeiter zu gewinnen). Gefahr droht immer dann, wenn die Unternehmensführung glaubt, die Fakten sprächen für sich selbst, und vergisst, dass für die Gewinnung und Bindung qualifizierter Mitarbeiter nicht nur Fakten, sondern auch eine überzeugende Story nötig ist. Im nächsten Kapitel werden Sie sehen, wie die Erkenntnisse guter Marketingexperten die Suche nach Qualität beeinflussen können.

Um dem Management Gerechtigkeit widerfahren zu lassen, müssen wir hinzufügen, dass die Situation durch den Wissensmangel der Kandidaten nicht verbessert wird; das gilt vor allem in den ersten Jahren der Berufstätigkeit. Gehen Sie in eine Highschool und sprechen Sie mit einem 17 Jahre alten Jugendlichen – er hat keine Ahnung, dass er als Autokarosseriemechaniker 75.000 Dollar im Jahr verdienen kann. Vielleicht verbringt dieser Jugendliche jedes Wochenende damit, an seinem Camaro, Baujahr 1968 zu schrauben. Er wird stattdessen aufs College gehen und ein Diplom in Kunstgeschichte erwerben und niemals in Betracht ziehen, Automechaniker zu werden. Danach wird er versuchen, eine der dünn gesäten Stellen im Kunstmarkt zu bekommen. Schließlich wird er als Callcenteragent enden und 30.000 Dollar verdienen. Und nach sechs Monaten wird er den Job an den Nagel hängen. Wenn dieser Jugendliche sich von vornherein von seinen Vorstellungen verabschiedet und eine Karriere verfolgt hätte, die seinen wahren Wert und seine Zufriedenheit widergespiegelt hätte, hätte er ein erfüllteres Leben geführt und eine Reparaturwerkstatt hätte höhere Gewinne erzielt. Außerdem hätte er gut verdient, weil es in den USA viel zu wenig Karosseriemechaniker gibt. (Denken Sie das nächste Mal daran, wenn Sie beim Autofahren mit Ihrem Mobiltelefon hantieren.)

Jim Yang, Monsters Account Manager für China, erklärt, dass sich ähnliche Fehlentscheidungen auch in anderen Kulturen antreffen lassen. Zum Beispiel: „Wenn ein neues Fünfsternebürogebäude in Schanghai entsteht, wollen alle dort arbeiten und ignorieren geeignetere Stellenangebote an weniger prestigeträchtigen Standorten."

Antwort auf die Realität

Manchmal scheint es so, als lebten Kandidaten-Mitarbeiter und Manager in verschiedenen Welten. Wie Sie in Kapitel 3 sehen werden,

werden Manager, die die Welt ihrer Stellenbewerber und Mitarbeiter begreifen, feststellen, dass eine auf diese Weise erweiterte Recruiting-Perspektive genau der Sicht entspricht, die heutige Stellenkandidaten über Karrieremanagement haben. Die Manager, die lernen, potenzielle Kandidaten sowie vorhandene und ehemalige Mitarbeiter richtig und zur richtigen Zeit anzusprechen, können zu den qualifiziertesten Arbeitnehmern langfristige Beziehungen pflegen.

Der neue Stellenkandidat ist heute zwar immer auf dem Sprung, sucht aber letztlich nach einem Zuhause. Das ist eine Frage der Überbrückung der Kluft, die zwischen der Sichtweise beider Seiten herrscht, sowie eine Frage der Annäherung der Unternehmen an die Welt der qualifizierten Stellenkandidaten – und zwar zum richtigen Zeitpunkt, auf die richtige Weise und mit dem richtigen Verständnis.

Zusammenfassung

- Die Haltung der heutigen Stellenbewerber ähnelt der Haltung der heutigen Konsumenten.
- Sprechen Sie potenzielle Kandidaten an, indem Sie die Mentalität der „potenziellen Wechselbereitschaft" verstehen, anstatt die Kandidaten in die Schubladen „aktiv" und „passiv" zu stecken.
- Generationsbedingte Unterschiede in der Mentalität sind ein wichtiges Kriterium für die Bestimmung Ihrer Methode.
- Arbeitgeber müssen ihre Annahmen testen, weil zwischen dem, was Mitarbeiter denken und dem, was Manager glauben, dass Mitarbeiter denken, oft eine große Lücke klafft, vor allem, was die Gruppe der potenziell wechselbereiten Mitarbeiter betrifft.

Kapitel 3: Der Beschäftigungskreislauf

Die Mitarbeitergewinnung wird von der Suche nach Qualität bestimmt. Ein überzeugender Recruiting-Prozess führt zu Gewinnsteigerung und Wachstum.[1] Exzellente Mitarbeiter, die von Haus aus schwer zu finden sind, sind ein Vermögenswert, der immer flüchtiger wird. Dabei ist die Gewinnung und Bindung einer hoch qualifizierten Belegschaft ein nachhaltiger Wettbewerbsvorteil. Und der lässt sich erzielen. Die Situation verlangt eine Veränderung der Einstellungspraxis – keine oberflächlichen Schönheitsreparaturen, sondern eine dauerhaft veränderte Denkhaltung und veränderte Taktiken.

Die meisten Arbeitgeber verhalten sich, als sei die Mitarbeitergewinnung eine auf eine Woche begrenzte Serie an Transaktionen: Ich platziere eine Stellenanzeige, Sie antworten. Wir sprechen miteinander, und wenn Sie mir gefallen, stelle ich Sie ein.

Aus Arbeitnehmerperspektive ist das lediglich ein Schnappschuss in einer wesentlich längeren Serie an veränderlichen Beziehungen. Erst ist der Arbeitnehmer ein potenzieller Interessent, dann ein Kandidat, anschließend ein Mitarbeiter Ihres Unternehmens und später ein ehemaliger Mitarbeiter. Sie müssen diese Evolution aus der Marketingperspektive betrachten, weil diese der Schlüssel zur Entwicklung einer für den Kandidaten relevanten Einstellungspraxis ist.

Denken Sie wie ein Marketingexperte

Drei Kräfte bestimmen die Suche nach Qualität: der demografische Wandel, das wachsende Selbstbewusstsein und die wachsende Macht der Stellenbewerber sowie der zunehmende relative Wert hoch qualifizierter Mitarbeiter. Diese Kräfte geben potenziell wechselbereiten Mitarbeitern mehr Auswahlmöglichkeiten und verleihen ihnen daher mehr Macht im Einstellungsprozess. Wenn Sie zu den 70 Prozent der Manager gehören, die eine Mentalität der potenziellen Wechselbereitschaft pflegen, dann verstehen Sie das Konzept instinktiv. Mehr Auswahl auf dem Arbeitsmarkt bedeutet das Gleiche wie eine größere Produktauswahl im Supermarkt: viele Produkte buhlen um denselben Konsumenten.

Die Aufgabe der Arbeitgeber besteht folglich darin, die „Konsumenten"-Kandidaten in „Kunden" zu verwandeln, die „ihr Produkt kaufen", sprich: Mitarbeiter in ihrem Unternehmen werden. Das bedeutet für die meisten Menschen eine dramatisch veränderte Denkhaltung.

Wenn wir Manager bitten, die Hand zu heben, wenn sie glauben, dass der Wirtschaft ein Fachkräftemangel bevorsteht, dann heben die meisten die Hand. Wenn wir sie fragen, „Wie viele von Ihnen betrachten sich selbst als Marketingexperten?" „Wie viele von Ihnen verstehen, dass Stellenbewerber und Mitarbeiter Kunden sind, deren Loyalität man sich verdienen muss?", dann heben weniger als fünf Prozent die Hand.

„Sie sind aber im Geschäft der Gewinnung und Bindung von Menschen", sagen wir dann. „Wie können Sie *nicht* wie ein Marketingexperte denken? Glauben Sie, dass die qualifizierten Mitarbeiter, die Sie brauchen, von alleine an Ihre Tür klopfen, nur weil Sie eine Stellenanzeige aufgegeben haben?"

Peter Drucker schrieb: „Echtes Marketing beginnt ... mit dem Kunden – seinen demografischen Charakteristiken, seinen Realitäten, seinen Bedürfnissen, seinen Werten. Echtes Marketing fragt nicht, ‚Was wollen wir verkaufen?'. Es fragt, ‚Was will der Kunde kaufen?'"[2] Marketingexperten verbringen viel Zeit damit darüber nachzudenken, wie sie die besten potenziellen Kunden finden, wie sie so viel wie möglich über sie in Erfahrung bringen und wie sie ihnen langfristig bieten können, wonach sie suchen. Sie studieren und klassifizieren Kundensegmente und bestimmen die wertvollsten Kundengruppen. Sie schneidern ihre Produkte und Serviceleistungen auf die Bedürfnisse der besten Kunden zu.

Auf dieselbe Weise identifiziert eine herausragende Einstellungspraxis die wertvollsten Mitarbeiter und schneidert die Recruiting-, Einstellungs-, Management- und Bindungsstrategien auf diese Mitarbeitergruppe zu. Mit einer überzeugenden Einstellungspraxis können Manager eine starke Basis an motivierten, kompetenten und flexiblen Mitarbeitern bilden.

Die Verbrauchermarke Oakley betont in ihrem Produktmarketing zum Beispiel wilde und anstrengende Outdoor-Aktivitäten. Ihre wertvollen Kunden fühlen sich von den Bildern über schweißtreibende sportliche Anstrengungen – Klettern, Mountainbiking und ähnliches – sowie die taffe Haltung, die Oakley transportiert, angezogen. Junge Frauen sagen in Oakley-Videos: „Ich bitte nicht um Erlaubnis, ich lebe nach meinen eigenen Regeln." Der Mitbewerber im gleichen Segment, L. L. Bean, will dagegen andere Kunden ansprechen; dementsprechend ist sein Marketing auf eine entspanntere, weniger rebellische und etabliertere Haltung ausgerichtet – andere Kunden, andere Botschaften.

Betrachten Sie nun die Unterschiede zwischen zwei taffen Recruiting-Organisationen mit ähnlichen Recruiting-Herausforderungen: Das U.S. Marine Corps und die U.S. Army. Oberflächlich betrachtet, senden sie ähnliche Botschaften an potenzielle Bewerber aus (die in der Tat Angestellte sind): Wir suchen mutige und aufopferungsbereite Männer und Frauen, die ihrem Land dienen wollen. Aber ihre jeweiligen Botschaften sind sorgfältig auf unterschiedliche Mentalitäten zugeschnitten. Die Marines betonen Exklusivität, Tradition, Stolz und ein lebenslanges Zugehörigkeitsgefühl zum Corps. Die Army legt einen Schwerpunkt auf Aufstiegschancen, Vorbereitung auf eine berufliche Karriere und Belohnungen (zum Beispiel Ausbildungsmöglichkeiten). Auch hier: unterschiedliche Zielgruppen, unterschiedliche Botschaften.

Marketingexperten kommunizieren mit den Kunden über die Marken. Sie schaffen Marken mit spezifischen und einzigartigen Merkmalen, die Kunden anziehen, ihre Bedürfnisse erfüllen und sie begeistern. Sie beschreiben Marken in Bezug auf die Vorteile, die sie Kunden bieten. Auf die gleiche Weise müssen Arbeitgeber lernen, die Arbeitsbeziehung in Bezug auf die Vorteile zu beschreiben, die Mitarbeiter aus einer Anstellung in ihrem Unternehmen ziehen. In Kapitel 5 beschreiben wir Ihnen die Methode, die Monster verwendet.

Der Beschäftigungskreislauf

In dem Maße, in dem Unternehmen von einer transaktionsorientierten Sichtweise der Mitarbeitergewinnung auf eine marketingorientierte Sichtweise umschwenken, sehen wir, dass Arbeitgeber und Kandidaten im Verlauf ihrer Arbeitsbeziehung einem klaren dreiphasigen Kreislauf folgen. Diese drei Phasen beschreiben den Grad und die Qualität der Verbindung zwischen Arbeitnehmer und Arbeitgeber, den wir als Beschäftigungskreislauf bezeichnen:

1. ***Anwerbung.*** Die „Balzphase" ist ein langfristiger Tanz zwischen Ihnen und dem Stellenbewerber. Er beinhaltet jede Aktivität, die dazu dient, Ihre Organisation in der Wahrnehmung des Bewerbers als potenziellen Arbeitgeber zu verankern. Sie vermitteln als Arbeitgeber ein sorgfältig ausgearbeitetes, authentisches Bild Ihres Unternehmens, sodass der Bewerber die spezifischen Merkmale Ihrer Organisation erkennt. Ihre Mitarbeiter verbreiten Ihre Reputation als Arbeitgeber; der Bewerber hört zu und bewertet Ihr Unternehmen als möglichen Arbeitsplatz. Das ist ein Tanz, der der Art und Weise ähnelt, wie Verbraucher für eine bestimmte Produktmarke gewonnen werden.

2. ***Gewinnung.*** Diese Phase beinhaltet alle Interaktionen zwischen Ihnen und dem Stellenbewerber von dem Moment an, da er sich hat ansprechen lassen. Sie schreiben eine Stelle aus, und der Kandidat bewirbt sich. Sie behandeln seine Bewerbung auf eine bestimmte Weise, und er reagiert. Sie stoßen auf seinen Lebenslauf und sprechen ihn an. Und der Bewerber beurteilt Sie nach Ih-

rem Image und Ihrem Verhalten. Ihr Einstellungsprozess und Ihre Bewerbergespräche sind eine Reihe an Interaktionen mit verschiedenen Bereichen Ihrer Organisation. Sowohl der Bewerber als auch der Arbeitgeber stellt im Verlauf dieses Prozesses Erwartungen auf, die für eine gute Einstellungsentscheidung und die spätere Bindung der besten Mitarbeiter entscheidend sind. Die Gewinnungsphase beinhaltet auch die „Flitterwochenphase", nachdem ein neuer Mitarbeiter seine Arbeit aufgenommen hat, in der die gegenseitigen Erwartungen an der Realität gemessen werden. In der Sprache der Verbrauchermarken kommt das dem Kauf des Produkts und der ersten Produktverwendung gleich. Hält das Produkt sein Versprechen? Ist der Kunde so zufrieden, dass er das Produkt weiterempfehlen würde?

3. ***Entwicklung.*** Halten Sie wichtige qualifizierte Mitarbeiter in Bewegung – nicht unbedingt durch Beförderung, sondern durch die Steigerung ihrer Erfahrung, Verantwortung, ihres Gehalts oder andere greifbare oder nicht greifbare Nutzen. Die Entwicklung qualifizierter Mitarbeiter in Ihrer Organisation ist ein Schlüssel zur Bindung guter Mitarbeiter und lebenswichtig für die Fähigkeit Ihres Unternehmens, sich nach Maßgabe neuer Chancen oder Notwendigkeiten zu verändern. In die Welt der Verbrauchermarken übersetzt, ist die Mitarbeiterbindung die Erzielung der Loyalität eines Kunden und seiner Identifizierung mit den Markenmerkmalen.

Der Beschäftigungskreislauf ist ein langfristiger Strom an Aktivitäten, mit denen sich hoch qualifizierte Mitarbeiter anlocken, gewinnen und entwickeln lassen, wobei es das Zusammenspiel des gesamten Kreislaufs ist – der drei Arbeitgeberaktivitäten und der Reaktionen des Bewerbers –, das eine enge Beziehung entstehen lässt. Abbildung 3.1 zeigt die gleichlaufenden Aktivitäten aus Arbeitgeber- und Arbeitnehmerperspektive.

Die erste Phase – die Anwerbung – besteht darin, für Ihr Unternehmen zu werben und die konsumentenorientierten Kandidaten dazu zu bewegen, nach Stellenangeboten Ihres Unternehmens zu suchen und Recherchen über Ihr Unternehmen anzustellen. Die zweite Phase – die Gewinnung – ist transaktionsbestimmt und kurz. In der dritten Phase – der Entwicklung – versuchen beide Seiten den maximalen Nutzen aus der Beziehung zu erzielen.

Diese letzte Phase kann sich unter Umständen im Verlauf der Unternehmenszugehörigkeit des Mitarbeiters wiederholen. Ein potenziell wechselbereiter Mitarbeiter beurteilt seinen Arbeitgeber laufend gegenüber anderen Arbeitgebern. Wenn der Bedarf an hoch qualifizierten Mitarbeitern steigt, müssen Sie sich das Interesse und die Verbundenheit Ihrer Mitarbeiter immer wieder aufs Neue verdienen, oder Sie riskieren, dass sie abwandern.

Der Beschäftigungskreislauf erfordert Aufmerksamkeit über die reine Transaktionen hinaus, weil er multidimensional ist und von der laufenden Interaktion abhängt. So reicht es zum Beispiel nicht aus, dass Ihre aktive Kandidatenansprache gut ist; wichtig ist auch, wie Sie anschließend mit der Resonanz eines Kandidaten umgehen.

Die Werbephase kann Jahre dauern. Für karriereorientierte Arbeitnehmer ist Beschäftigung kein singuläres Ereignis, sondern eine Abfolge an Begegnungen: Ein Kandidat hört von einem Unternehmen möglicherweise schon Jahre, bevor er sich entschließt, sich dort zu bewerben (allerdings beginnt er in dem Moment, in dem er von dem Unternehmen hört, sich einen Eindruck zu verschaffen. In der Marketingsprache ist das ein Berührungspunkt. Etwas später hört der Kandidat von dem Unternehmen über einen Freund, der dort arbeitet. Das ist ein weiterer Berührungspunkt. Vielleicht verwendet er dann eines der Produkte des Unternehmens oder kauft in dessen Geschäften ein – ein zusätzlicher Berührungspunkt. Dann geht der Kandidat auf ganz spezifische Weise auf eine Chance zu – ein Stellenangebot, ein Netzwerkkontakt, ein Anruf von einem Recruiter, der auf seinen Lebenslauf gestoßen ist. Neue Berührungspunkte. Dann bewirbt sich der Kandidat auf die Stelle und durchläuft den Bewerbungsprozess. Noch mehr Berührungspunkte. Im Anschluss beginnt er für das Unternehmen zu arbeiten und befindet sich nun in einer täglichen Beziehung zu seinem Arbeitgeber, bis er das Unternehmen verlässt – in den Ruhestand geht, kündigt, gekündigt wird oder verstirbt.

Jennifer Tracy von Limited Brands beschreibt eine Reihe zwangloser Berührungspunkte, die sorgfältig orchestriert wurden, um die richtige Botschaft auszusenden:

Wir kannten einen Mitarbeiter eines Unternehmens im Ausland, der im Bereich Visual Design als Toptalent galt. Es gelang uns, ihn ans Telefon zu bekommen und wir sagten zu ihm: „Lassen Sie uns einfach eine Beziehung aufbauen. Der Recruiter traf sich mit diesem Mitarbeiter auf einen Kaffee, wenn beide zufällig einmal in derselben Stadt waren, und nachdem er mit ihm gesprochen hatte, wussten wir, dass diese Person eine Spitzenkraft war. Also organisierten wir ein weiteres informelles Treffen, wobei diesmal der Leiter unserer Visual-Design-Gruppe dabei war, und sprachen einfach über potenzielle Möglichkeiten in drei oder sechs Monaten. Ein persönliches Gespräch mit einer hochrangigen Führungskraft, und zwar ganz ohne Druck – das ist die Art von Dingen, die Eindruck auf Kandidaten machen.

Die meisten Unternehmen konzentrieren ihre gesamten Einstellungsbemühungen auf die kurze Gewinnungsphase im Zusammenhang mit einer konkreten Vakanz. Vielleicht liegt das daran, dass es hier ganz offensichtlich Raum für Verbesserung der Fertigkeiten wie der Gesprächsführung, der Formulierung effektiver Ziele und Stellenbeschreibungen etc. gibt. Dies ist zudem die Phase, in der eine klare Entscheidung getroffen wird, und die sich leicht messen lässt (mit wie vielen Kandidaten wurden Gespräche geführt? Wie lange haben diese Gespräche gedauert?). Die Akquise begehrter Spitzenkräfte beginnt jedoch damit, dass Sie bei qualifizierteren Arbeitskräften das Interesse an einer Beschäftigung in Ihrem Unternehmen wecken können, und das schon lange, bevor Sie eine konkrete Stelle zu besetzen haben.

Was hat „Entwicklung" in einem Buch über Mitarbeitergewinnung zu suchen? Das ist der Teil, der mit der Bindung dieser Mitarbeiter zu tun hat. Mitarbeiterbindung ist für gute Arbeitgeber, die sich intensiv darum bemühen, ihre besten Kräfte zu halten, ein heißes Thema. Die Arbeitgeber wissen, dass ihre Wettbewerber alles tun, um sie abzuwerben. Entwicklung ist das Win-win-Ergebnis einer großartigen Einstellungspraxis: Arbeitgeber erhalten steigende Renditen auf ihre Investitionen und Mitarbeiter erwerben mehr Fähigkeiten und mehr Erfahrung und verdienen mehr Geld.

Uns ist die Ironie, die für Unternehmen darin liegt, wohl bewusst – nämlich, dass der steigende Wert eines wichtigen Mitarbeiters auch seinen Wert für Wettbewerbsunternehmen steigen lässt. Das ist jedoch ein akzeptables Risiko. Die potenzielle Gefahr, einen guten Mitarbeiter zu verlieren, rechtfertigt nicht, diesen klein zu halten. Was wollen Sie sagen – „Es ist uns gelungen, die Fluktuationsrate wirklich niedrig zu halten, indem wir dafür gesorgt haben, dass unsere Mitarbeiter weniger produktiv sind als die unserer Wettbewerber?"

Das Militär lebt schon seit langem mit dieser Situation. Es vermittelt Fertigkeiten, die sich auch in der Wirtschaft verwenden lassen. Einige Militärangehörige machen Karriere beim Militär, viele wechseln aber auch in die Privatwirtschaft. Die positive Abwanderung – der

Verlust von Mitarbeitern aufgrund ihres zwischenzeitlich gestiegenen Wertes – ist der Preis, den das Militär für die Leistungssteigerung seiner Angehörigen zahlt.

Wenngleich hoch qualifizierte Mitarbeiter selten ihre Mentalität der potenziellen Wechselbereitschaft ablegen, können Sie vieles tun, um sie im Unternehmen zu halten. Darin besteht die langfristige Aufgabe der Mitarbeiterentwicklung – ein Thema, dem wir uns in Kapitel 9 widmen werden.

Der Beschäftigungskreislauf ist ein multidimensionaler, langfristiger Ansatz zur Gewinnung und Bindung qualifizierter Mitarbeiter.

Recruiting, Marketing und Management

Die Mitarbeitergewinnung wird typischerweise als eine Serie von Geschäftsprozessen behandelt, die von der Funktionsweise des restlichen Unternehmens so losgelöst sind, als ob die Beschaffung und Unterstützung von qualifizierten Mitarbeitern ein isolierter Vorgang wäre, wie die Beschaffung und Unterstützung eines Telefonanschlusses. Das Marketing wird dagegen anders gesehen:

- Marketing bildet die Brücke zwischen Kunden und Unternehmen.
- Die Marketingbotschaft muss dem Kunden echten Wert vermitteln.
- Marketing ist für das Verständnis der Kundenbedürfnisse verantwortlich – und zwar nicht nur einmalig, sondern ständig.
- Marketing bestimmt die Erfahrung des Kunden.
- Marketing erzeugt eine Beziehung zu Kunden, die zu Loyalität inspiriert.

- Marketing identifiziert Menschen, die in einem Jahr womöglich Kunden sein werden.
- Wenn sich Kunden abwenden oder das Angebot des Unternehmens ablehnen, muss das Marketing die Gründe dafür herausfinden.

MEINE MEINUNG

„Die Gewinnung hoch qualifizierter Mitarbeiter ist nichts anderes als eine Lieferkette. Für den Recruiter geht es ausschließlich um die Lieferanten und die Qualität des Produkts, das er kauft, und die schnellstmögliche Belieferung seiner Kunden mit diesem Produkt (die Manager Ihrer Organisation). Wir führten Systeme zur Bewerberverfolgung ein und analysierten und modellierten unsere gesamten Prozesse. Damit bekamen wir eine wirklich aussagekräftige Lieferkette.

Dann betrachteten wir unsere Strategie aus der Zukunftsperspektive: Wenn Sie das tun, können Sie Lücken in Ihrer Belegschaft feststellen – nicht nur die prognostizierte Fluktuationsrate, sondern auch das Wachstum. Das ist wesentlich besser als der typische Anruf aus den Abteilungen mit dem Hilferuf: ‚Dan, ich brauche 30 Ingenieure, und zwar noch gestern.'"

– Dan Hilbert, Valero Energy und Orca Eyes, Inc. –

Verändern Sie nur zwei Worte in der zuvor genannten Aufzählung und Sie haben die praktischen Aufgaben des Beschäftigungskreislaufs:

- Das *Management* ist die Brücke zwischen dem *Kandidaten* und dem Unternehmen.
- Die Botschaft des *Managements* muss dem *Kandidaten* echten Wert vermitteln.
- Das *Management* ist für das Verständnis der Bedürfnisse der *Kandidaten* verantwortlich ... nicht einmalig, sondern ständig.

- Das *Management* bestimmt die Erfahrung der *Kandidaten.*
- Das *Management* erzeugt eine Beziehung zu *Kandidaten,* die zu Loyalität inspiriert.
- Das *Management* identifiziert Menschen, die in einem Jahr womöglich *Kandidaten* sein werden.
- Wenn sich *Kandidaten* abwenden oder das Angebot des Unternehmens ablehnen, muss das *Management* die Gründe dafür herausfinden.

Das ist die „Marketingarbeit" des Managements – das Verständnis der Wünsche, Bedürfnisse und Leistungsversprechen der individuellen Kandidaten und die Anpassung ihres „Produkts" (soll heißen, einer Position in Ihrem Unternehmen) gemäß den Bedürfnissen des Unternehmens und der Kandidaten.

Der Beschäftigungskreislauf verdeutlicht, dass die Mitarbeitergewinnung niemals endet. Er bedeutet, dass einige der heiligen Kühe der Organisation (zum Beispiel traditionelle Arbeits- und Vergütungsschemata) geschlachtet werden müssen. In einigen Fällen macht er es notwendig, dass kleinere Veränderungen wie die Schaffung neuer Positionen für hoch qualifizierte Individuen außerhalb der Managementstruktur vorgenommen werden müssen. Andere Situationen verlangen möglicherweise nach umfassenderen Veränderungen, zum Beispiel eine schonungslose, systematische Überprüfung, ob die aktuellen Botschaften und Einstellungspraktiken dazu angetan sind, kompetente Mitarbeiter ins Unternehmen zu holen, die ihrem Arbeitgeber langfristig verbunden bleiben.

Die Vorteile des Beschäftigungskreislaufs sind die Anstrengung zur Veränderung sowohl des Einstellungs- als auch des Managementsystems wert. Bei einer weltweiten Verknappung qualifizierter Fachkräfte hat der Kreislauf der Anwerbung, Gewinnung und Entwicklung hoch kompetenter Arbeitskräfte die Macht einer herausragenden Marketingkampagne, die langfristige und wachsende Kundenbeziehungen erzeugt. Sie werden die richtigen Positionen mit den richtigen Leuten besetzen und für diese die richtigen Bedingungen schaffen, damit sie Hochleistung erbringen können.

Der Beschäftigungskreislauf geschieht nicht über Nacht, aber er lässt sich schrittweise erreichen. Der erste Schritt auf dieser Reise ist die Standortbestimmung. Das ist das Thema des nächsten Kapitels.

Zusammenfassung

- Damit Hiringmanager wie Marketingmanager denken, müssen sie die Details der Kandidatenerfahrung verstehen und steuern.
- Die Erfahrung folgt drei Phasen, die wesentlich früher beginnen und wesentlich später enden als der traditionelle transaktionsbestimmte Einstellungsprozess.
- Das Management muss über alle Phasen des Beschäftigungskreislaufs, einschließlich der Integrationsphase, die Verantwortung für die Kandidatenerfahrung übernehmen.

Kapitel 4: Wo stehen Sie heute?

Die Kunst, Recruiting in eine Wissenschaft zu verwandeln, beherrscht hervorragend Dan Hilbert von Valero Energy (einer großen Ölraffinerie und Marketinggesellschaft); er ist hierbei einer der besten Experten, die es gibt. Als ehemaliger Unternehmer kennt er den Wert rigoroser, zahlenbasierter Analysen.[1]

Hilbert ist der Auffassung, dass die Erstellung einer überzeugenden betriebswirtschaftlichen Beurteilung für ein gutes Recruiting zwar ein flüchtiges Ziel ist, der heutige Mangel an einer übergeordneten, einheitlichen Formel für die Bewertung des Humankapitals keine Entschuldigung für Inaktivität ist. Vor kurzem lieferte uns Dan ein Beispiel für diese Geisteshaltung:

Jeder versucht, den wahren Wert des Humankapitals herauszufinden. Es muss einen Weg geben, die Menschen mit dem Geschäft zu verknüpfen. Ich habe keine perfekte Antwort, aber ich kann auf alle Fälle einflussreiche und missionskritische Positionen direkt mit dem Umsatz, den strategischen Geschäftszielen, den operativen Abläufen und Treibern, den Risiken des Kerngeschäfts beziehungsweise den zentralen Geschäftsrisiken in Verbindung bringen.

Was ist eine einflussreiche Position? Das ist jemand, der Einfluss auf einen überproportional hohen Anteil der Umsätze und strategischen Ziele, die operativen Abläufe in Ihrem Kerngeschäft oder auf die größten Geschäftsrisiken hat. Das sind die Menschen, die wirklich Dinge bewegen können. Das sind Ihre Stars, die Sie ins Feld stellen, um tagtäglich gegen andere Unternehmen anzutreten.

Ich werde Ihnen ein Beispiel nennen: Ölraffinerien verbrauchen riesige Mengen Energie. Wenn die Energiekosten steigen, sind wir davon genauso betroffen, wie alle anderen. Wir haben fünf Experten für Energieverbrauch engagiert und ihnen gesagt: „Sie sind dafür verantwortlich, dass wir in den nächsten fünf Jahren 20 Millionen Dollar an Energiekosten einsparen." Lassen Sie uns ein paar einfache Berechnungen anstellen: Jeder dieser Experten ist dafür verantwortlich 100 Millionen Dollar Energiekosten einzusparen. Das Kurs-Gewinn-Verhältnis der Valero-Aktie beträgt derzeit 7:1. Wenn Sie diese 100 Millionen Dollar mit sieben multiplizieren, drücken Sie damit aus, dass jeder der Energieexperten in den nächsten fünf Jahren dafür verantwortlich ist, zusätzliche 700 Millionen Dollar an Shareholder-Value zu liefern; kumuliert sind das 3,5 Milliarden Dollar.

Hilbert weiß, dass sich diese Ansicht nicht auf Positionen im Topmanagement beschränkt. In seiner Analyse fährt er fort:

Die Topmanager eines Raffineriebetriebs wissen, dass die einflussreichsten Experten in ihrem Geschäft die Schweißer sind. Warum? Wir haben diese 90 Meter hohen Türme, die mit tausenden Barrel Öl angefüllt sind. Das Öl brennt bei mehr als 1.000 Grad, und wenn sich einer der Bolzen zur falschen Zeit und am falschen Platz lokkert, dann werden Sie einen Höllentag erleben. Ein herausragender Schweißer weiß genau, wann er sagen muss: „Hey, im 22. Stock in dieser Ecke da und bei diesem Wetter, da muss ich die Schweißnaht überprüfen."

Ich habe den Wert der Schweißer auf Basis der Frage modelliert, wie schwer sie zu finden sind, im Vergleich zu dem Risiko, keinen guten Schweißer zu haben. Und dabei habe ich auf vielfältige Weise erkannt, dass wir größere Probleme haben, diese hoch qualifizierten Techniker zu finden als gehobene Angestellte. Wir haben 14 Positionen definiert, die in den kommenden Jahren maßgeblich für den Erfolg unserer Raffinerien sind und die demografischen Statistiken sagen uns, dass wir einen Fachkräftemangel erleben werden. Also sprechen wir Experten mit diesen Fertigkeiten ganz gezielt an, sodass wir bereits im Kontakt mit ihnen stehen, bevor wir sie tatsächlich brauchen. Wir sind sogar dafür offen, einige von ihnen ins Unternehmen zu holen, bevor sie tatsächlich gebraucht werden, oder jüngere Experten für Positionen mit Entwicklungspotenzial einzustellen, sodass sie die notwendigen Kompetenzen besitzen, wenn die Raffinerien sie brauchen.

Um diese wertvollen, aber schwer zu findenden Experten zu erreichen, knüpfte Dan enge Beziehungen zu technischen Colleges und Highschools, um zu gewährleisten, dass qualifizierte Schweißer Valero bereits kennen, bevor sie ihren Abschluss gemacht haben. Natürlich akquiriert Dan auch an den besten Businessschools; sein Wissen über den Wert seines Unternehmens veranlasst ihn dazu, stets an den richtigen Orten nach den richtigen Leuten zu suchen.

Ihre Situation ähnelt der Dan Hilberts, ob Sie in einem multinationalen Energiekonzern arbeiten oder einem Einzelhandelsgeschäft mit 30 Mitarbeitern. Wenn Sie herausragende Leute finden und binden wollen, müssen Sie dem Beschäftigungskreislauf der Anwerbung, Gewinnung und Entwicklung in der Kenntnis Ihres heutigen Standorts und der Position, die Sie morgen erreichen müssen, folgen. Sie müssen die Veränderung vorantreiben, über den Ressourceneinsatz entscheiden und dann die Arbeitskräfte gewinnen, die für Ihr Geschäft am wichtigsten sind.

In dem Maße, wie eine verbesserte Einstellungspraxis im Verlauf der Zeit eine wachsende Zahl an qualifizierten Kandidaten anlockt, gewinnt der Beschäftigungskreislauf an Eigendynamik. Das wird die Unternehmensergebnisse verbessern, und das wiederum macht das Unternehmen für die Besten der Besten noch attraktiver. Sie können diesen positiven Kreislauf in einem der erfolgreichsten Unternehmen – Google – beobachten, das rund 10.000 Mitarbeiter beschäftigt und jeden Monat rund 100.000 Bewerbungen erhält.

Die Planung zur Anwerbung, Gewinnung und Entwicklung der *richtigen* Mitarbeiter beginnt mit einem gewissen Maß an organisationeller Selbstentdeckung. Bevor Sie damit beginnen, wohlklingende Aussagen zu formulieren, warum Ihre Organisation der beste Arbeitgeber der Welt ist, müssen Sie Antworten auf einige grundlegende Fragen finden: Sie müssen wissen, wer für Ihren Geschäftserfolg am wichtigsten ist, was diese Menschen wollen, was sie erfolgreich macht und warum sie bleiben oder gehen. Sie müssen Menschen und Prozesse ergebnisverantwortlich machen. Denjenigen, die glauben, dass sie ihre derzeitige Belegschaft und die Effektivität ihrer Einstellungsmethoden wirklich kennen und verstehen, stellen wir folgende Fragen:

- Sind Sie mit Ihren vorhandenen Mitarbeitern zufrieden?
- Stocken Sie Ihre Belegschaft auf, halten Sie ihre Zahl, reduzieren oder reorganisieren Sie sie?
- Bekennen sich die Führer Ihrer Organisation über die üblichen Lippenbekenntnisse hinaus zur Bildung der bestmöglichen Belegschaft?
- Wenn Sie oder Ihre Führungskräfte heute mit eigenem Geld ein neues Unternehmen gründen würden, würden Sie dieselben Mitarbeiter einstellen und sie an denselben Positionen einsetzen?
- Wo ist Ihr Einstellungssystem erfolgreich, und wo versagt es? Welche Rolle spielt Technologie? Von dem Ausdruck der Gehaltsabrechnung über die Suche nach potenziell interessanten Lebensläufen bis zu einem voll ausgereiften „Mitarbeitermanagementsystem“ setzen Sie bis zu einem gewissen Grad Technologie ein.
- Wer sind Ihre wertvollsten Mitarbeiter?
- Was haben Ihre wertvollsten Mitarbeiter gemeinsam?
- Wie entscheiden Sie, ob Tätigkeit A wichtiger ist als Tätigkeit B?
- Sind Ihr Einstellungsbudget und Ihr Verhalten aufeinander abgestimmt? Das ist vor allem bei schnell wachsenden Unternehmen wichtig, in denen wir oft erleben, dass um Kernabteilungen ein „Unentbehrlichkeitskult“ entsteht.
- Kennen Sie wirklich die Kosten Ihrer Mitarbeiterfluktuation, das heißt, nicht nur die Zahl der Mitarbeiter, die jedes Jahr ersetzt werden, sondern die Gesamtkosten?

- Bleiben die richtigen Mitarbeiter im Unternehmen und gehen nur diejenigen, die auch gehen sollten?
- Verlassen Schlüsselmitarbeiter das Unternehmen, weil sie woanders mehr Geld verdienen oder weil schlechtes Management ihr Interesse, ihre Loyalität und ihr Engagement abtötet?

Alle diese Punkte enden schließlich bei den Überzeugungen und Handlungen der Schlüsselpersonen Ihrer Organisation – Führungskräfte, Manager, Personalverantwortliche und, ja, die Mitarbeiter. Ist sich jeder Einzelne seiner Rolle in der Suche nach Qualität bewusst? Ist der Beitrag jedes Einzelnen zur Bildung einer leistungsfähigeren Belegschaft eine Priorität? Werden Manager für die Steigerung der Qualität der Mitarbeiterbasis entsprechend belohnt?

Konkrete, aufrichtige Antworten auf diese Fragen führen zu besseren Einstellungspraktiken. Ob Sie mit 22 oder 22.000 Mitarbeitern arbeiten, auf einzigartige Weise die Antworten bieten auf den speziellen Ressourcenmix, die Managementtechniken, die Strategie, Kultur und Werte Ihrer Organisation ausgerichtet. Die Gewinne können das Ergebnis eines exzellenten Kundenservices, operativer Exzellenz, Produktinnovationen, Marketing oder anderer Faktoren sein, aber in jedem einzelnen Fall bestimmt die Qualität Ihrer Mitarbeiter die Höhe Ihrer Gewinne.

Wenn Sie eine von Ihrer derzeitigen Realität isolierte Einstellungspraxis verfolgen, werden Sie Frustrationen erleben. Sie haben die Fehler gesehen: Organisationen, die in der Linie herausragende Manager brauchen, aber lauter Strategen einstellen; Unternehmen, die ihren Kundenservice verbessern sollten, aber stattdessen immer neue Produkte auf den Markt bringen, weil sie mit einer Gruppe von Produktentwicklern angefangen haben; reife Unternehmen, die einen ausgefeiltere Verkaufsansatz brauchen, aber weiterhin ausschließlich Berufsanfänger einstellen, und so weiter.

Topmanager, Linienmanager und Personalspezialisten müssen die Fähigkeiten der Belegschaft genau kennen, denn nur dann können sie die notwendigen Anpassungen vornehmen.

Tatsächlich gibt es zwei breite Fähigkeiten, die Sie zu Beginn betrachten sollten: Wie Dan Hilbert müssen Sie intensiv darüber nachdenken, wer am wertvollsten für Ihr Unternehmen ist, warum diese Mitarbeiter so wertvoll sind, und wie viele Recruiting-Ressourcen Sie für deren Gewinnung einsetzen können. Auf übergeordneter Ebene heißt das, dass Sie die organisationelle Effektivität Ihrer Einstellungsmethoden prüfen und verbessern müssen.

Diese werden wir der Reihe nach untersuchen. Dabei betrachten wir als Erstes, wer die wertvollsten Mitarbeiter und somit die Kandidaten sind, die am dringendsten angeworben werden müssen.

Wer ist am wertvollsten?

Managern wird im Allgemeinen geraten, ihre Mitarbeiter in drei Leistungsstufen zu unterteilen und anschließend die „A-Mitarbeiter zu hegen und zu pflegen, die Leistung der B-Mitarbeiter zu verbessern und die C-Mitarbeiter loszuwerden.“

Selbst unter den A-Mitarbeitern gibt es aber besondere Rollen, die den höchsten Wert generieren. Wenn Sie Zeit und Geld für Recruiting-Zwecke zuweisen müssen, dann sollten Sie bei diesen Mitarbeitern beginnen. Natürlich wollen Sie, dass alle Mitarbeiter eine gute Leistung erbringen, aber Ihre Einstellungsmethoden müssen zunächst die wichtigsten und wertvollsten Mitarbeiter ins Unternehmen holen. Sie können die besten Buchhalter der Stadt haben, aber wenn Sie eine Landschaftsgärtnerei betreiben, dann werden die Menschen, die sich um die Gärten Ihrer Kunden kümmern, mehr Einfluss auf den Unternehmensgewinn haben, als der beste Buchhalter.

Was differenziert Sie von Ihren Wettbewerbern? Ist es Ihre herausragende Produktentwicklung, Ihr exzellenter Kundenservice oder Ihre operative Effizienz? Welche Rolle erzeugt den Unterschied? Das ist unter Umständen abteilungs- und hierarchieunabhängig. Ein Unternehmen, das von Verkaufskompetenz getrieben ist, tut gut daran, die Grundlagen seiner Einstellungsmethoden auf die Bedürfnisse und die Mentalität herausragender Verkäufer auszurichten. Ein Unternehmen, das seine Wettbewerber mit einem großartigen Kundenservice auf allen Ebenen und über alle Abteilungen schlägt, muss die Mitarbeiter verstehen, die den Kundenservice verbessern, und zwar auf allen Ebenen.

Michael Armano, Executive Vice President für Human Resources des professionellen Unternehmensdienstleisters Palladium Group, bezeichnet die maßgeblichen Mitarbeiter der Organisation als „dominantes Mitarbeitersegment".

„Viele Unternehmen verwenden im Recruiting eine einheitliche Markenbotschaft für alle Segmente, weil sie glauben, dass sie damit fast jeden Kandidaten erreichen und ans Unternehmen binden können", so Armano. „Das ist aber keine gute Idee, weil sich unterschiedliche Mitarbeitersegmente von sehr unterschiedlichen Dingen angezogen fühlen und zum Bleiben veranlasst werden."

Die meisten Unternehmen haben eine Vorstellung davon, wer ihre wertvollsten Mitarbeiter sind, trotzdem haben sie auch Bedarf an anderen Rollen. Das heißt, dass Sie vielfältige Recruiting-Aktivitäten rund um Ihre wichtigsten „Kundensegmente" unter allen Kandidaten verfolgen müssen. Denken Sie jedoch an das Beispiel über die Schweißer und seien Sie darauf vorbereitet, wertvolle Arbeitskräfte auch außerhalb Ihrer Organisation zu identifizieren.

Hier zum Beispiel einige Rollen in einem mittelgroßen Konsumproduktthersteller, die in vier Segmente unterteilt sind. Achten Sie darauf, dass „Management" in den meisten Bereichen vorkommt:

- ***Generiert Umsätze.*** Verkäufer, Direktmarketing-Tätigkeiten, technisches Design und operative Abläufe im E-Commerce.
- ***Operative Bereiche/Geld- oder Zeitersparnis.*** Finanz- und Buchhaltungsrollen, juristische Tätigkeiten, Personalsachbearbeiter, Facilities Manager, Direktionsassistenz, IT-Spezialist und Verkaufsunterstützung.

- ***Unterstützt Kunden.*** Kundenservicerollen, Rollen in der Website-Unterstützung und der Auftragsbearbeitung.
- ***Erzeugt Produkte oder Dienstleistungen.*** Produktentwicklung, Marktforschung, Fertigung und kreative Services.

Die Bestimmung der wichtigsten Positionen in Ihrer Organisation hängt davon ab, welche Segmente Sie auf die Schaffung von Wettbewerbsvorteilen verpflichtet haben. Wenn niedrigere Preise als Ergebnis operativer Effizienz (wie im Falle des Discount-Einzelhändlers Best Buy) Ihr zentraler Wettbewerbsvorteil sind, dann sind die Mitarbeiter aus dem Segment operative Bereiche/Geld- oder Zeitersparnis von maßgeblicher Bedeutung. Die Recruiting-Spezialisten Ihres Unternehmen sollte ihre Botschaften und Aktivitäten in erster Linie auf diesen Bereich ausrichten. Wenn Ihre Gewinne vom Verkauf von Produkten und Serviceleistungen abhängt, die teurer sind als die Ihrer Wettbewerber, aber einen höheren wahrgenommenen Wert bieten (wie im Falle des Premium-Elektronikherstellers Bose), dann verlangen Rollen im Verkauf, im Marketing oder der Produktentwicklung wahrscheinlich die größte Aufmerksamkeit.

Die verschiedenen Schlüsselrollen, die Sie identifizieren, können sowohl in Bezug auf das Temperament als auch die notwendigen Fertigkeiten sehr unterschiedlich sein. Softwareingenieure sind anders als Verkäufer, die wiederum ticken anders als Inkassomanager, und diese wiederum unterscheiden sich von Servicetechnikern. Wenn Sie die Komponenten eines herausragenden Recruiting-Systems zusammenfügen, werden die Präferenzen Ihrer wertvollsten Mitarbeiter Ihnen dabei helfen, dafür zu sorgen, dass potenzielle Kandidaten positive Erfahrungen machen, wenn sie mit Ihrem Unternehmen in Kontakt kommen.

In den Kapiteln 5 bis 11 werden Sie lernen, Themen und Techniken zu erzeugen, mit denen sich die begehrtesten Arbeitskräfte anlocken und gewinnen lassen. Sie werden die Instrumente kennenlernen, mit denen Sie Ihr Recruiting auf die wertvollsten Arbeitskräfte ausrichten und gegebenenfalls Anpassungen vornehmen können, um weniger entscheidende Positionen zu füllen.

Auch die Mentalität der potenziell wechselbereiten Arbeitnehmer sollte in der Erfahrung berücksichtigt werden, die Sie für Ihre Kandidaten erzeugen möchten. Deren Skepsis bedeutet, dass jede Interaktion authentisch sein muss. Potenziell wechselbereite Kandidaten haben eine „Beweisen Sie es"-Haltung gegenüber Phrasen wie „herausragende Sozialleistungen" oder „marktführende Produkte". Sprechen Sie vor allem bei der Besetzung von Schlüsselpositionen die Neigung Ihrer Kandidaten an, sich grundsätzlich auf sich selbst zu verlassen, indem Sie anerkennen, dass Ihre Kandidaten die Wahl haben, für welches Unternehmen sie wie lange und aus welchen Gründen arbeiten wollen.

Richten Sie Ihr Recruiting auf die wertvollsten Mitarbeiter aus und nehmen Sie gegebenenfalls Anpassungen vor, um weniger entscheidende Positionen zu füllen.

Während dieses Prozesses ist zudem die Frage unerlässlich, welche Qualitäten einem Mitarbeiter in Ihrer Organisation zum Erfolg verhelfen. Gewiss ist ein gewisses persönliches Bekenntnis zu institutionellen Zielen und Werten wichtig, diese können aber von Mitarbeitern mit einem breiten Spektrum an Temperamenten, Arbeitsstilen und Hintergründen geteilt werden. Graben Sie tiefer: Studieren Sie Ihre erfolgreichsten Mitarbeiter und bestimmen Sie ihre Gemeinsamkeiten. Wenden die Manager die gleichen Methoden an? Pflegen sie einen ähnlichen Arbeitsstil, oder erreichen sie dieselben Ziele über unterschiedliche Wege? Weisen sie ähnliche Führungsqualitäten, eine ähnliche Kreativität oder ähnliche intellektuelle Fähigkeiten auf? Wenn die wertvollsten Mitarbeiter alle in einem Bereich arbeiten, verfügen sie über ähnliche Kompetenzen?
Diese Art von Fragen kann zudem potenzielle Fallstricke deutlich machen, wie zum Beispiel eine fehlende Diversität in Ihrer Organisation (siehe Kapitel 11).

Die folgenden Fragen sollten sich die Leser als Teil der Bewertung der Stärken ihrer derzeitigen Einstellungspraktiken selber (und ihren Mitarbeitern und CEOs) stellen. Sie können die Antworten mit einer detaillierten Umfrage quantifizieren, oder Sie verwenden die Fragen einfach für Diskussionen und eine Gewissensprüfung.

- Haben die Mitarbeiter dieselbe Vision der Organisation wie die Unternehmensführung?
- Wie hoch ist der Prozentsatz an Mitarbeitern, die uns als Arbeitgeber an ihre besten Freunde empfehlen würden?
- Wie hoch bewerten sie die Authentizität unserer „Arbeitgebermarke“ (siehe Kapitel 5)?
- Welches sind die drei wichtigsten Gründe, aus denen Menschen nach eigenen Angaben für unser Unternehmen arbeiten?
- Wie unterscheiden sich die Antworten zwischen den Mitarbeitersegmenten (hoch leistungsfähige versus durchschnittliche Mitarbeiter, unterschiedliche Karrierestufen, verschiedene Abteilungen, Positionsbezeichnungen etc.)?
- Welches Temperament, welche Arbeitsgewohnheiten oder Werte haben unsere leistungsfähigsten Mitarbeiter gemeinsam?
- Enthüllen die Kündigungsgespräche einen hervorstechenden Grund für eine freiwillige Kündigung (außer dem Gehalt)?
- Wie hoch ist die Qualität der Neueinstellungen?
- Wie hoch ist der Prozentsatz der Neueinstellungen, die nach einem Jahr als A-Mitarbeiter bewertet werden?

Eric Winegardner, Direktor für Produkt-Adoption bei Monster, merkt dazu an, dass das Kündigungsgespräch, das geführt wird, wenn ein Mitarbeiter das Unternehmen verlässt, um zu einem anderen Arbeitgeber zu wechseln, ein schmerzhafter, aber notwendiger Teil der Selbstanalyse ist. „Bei den meisten Kündigungsgesprächen stellen Sie fest, dass Manager und Personalsachbearbeiter die Situation falsch einschätzen“, sagt Eric. „Sie fragen, ‚Was ist in Ihrem zukünftigen Unternehmen besser als bei uns? Sind die Sozialleistungen besser ... ist das Gehalt besser ... wie sieht es mit dem Vorgesetzten aus, was ist mit dem Büro?‘

Meistens verhält es sich jedoch so, dass sich Mitarbeiter mit der großen Hoffnung aus einer Situation lösen, dass sie woanders glücklicher sein werden. Das ist die Binsenwahrheit der Personalarbeit: Mitarbeiter gehen zu Unternehmen, aber verlassen Chefs. Also frage ich, ‚Woher kommt diese große Hoffnung? Haben Sie aktiv nach passenden Stellenangeboten gesucht und anderen Unternehmen die Türen eingerannt? Oder haben Sie den Anruf eines Recruiters erhalten und plötzlich angefangen, Ihren Job infrage zu stellen?‘

Hat dieser Mitarbeiter an einem bestimmten Punkt beschlossen zu gehen? Gab es eine Zeit, in der es ein Wechselrisiko gab? Und warum haben wir das nicht gemerkt? Nicht jeder ist so glücklich, wie man meint. Und vor allem ist es ein Fehler, die Zufriedenheit der Mitarbeiter als Selbstverständlichkeit zu nehmen."

Die entscheidende Frage, die in einem Kündigungsgespräch gestellt werden sollte, lautet nicht, ‚Warum verlassen Sie uns?‘, sondern ‚Warum haben Sie überhaupt nach einer anderen Arbeit gesucht?‘

Prüfen Sie Ihre Recruiting-Effektivität

Wir hören oft, dass sich Recruiting-Spezialisten beschweren, sie würden nicht an der Diskussion der Geschäftsstrategie auf höchster Ebene beteiligt. Sie glauben, die Mitarbeitergewinnung werde mit allen anderen „weichen" Personalfunktionen in einen Topf geworfen und nicht als Thema von strategischer Bedeutung betrachtet. Auch wenn diese Beschwerde ein Körnchen Wahrheit enthält – vor allem, weil die Mitarbeitergewinnung erst jetzt als missionskritische Aufgabe entdeckt wird –, halten wir Geld für das größere Problem.

Jedes Unternehmen kann in der Mitarbeitergewinnung mit ROI-Modellen spielen. Sie können Recruiter an verschiedene Abteilungen koppeln, oder die Arbeit der Abteilung als Ganzes an den Gewinn koppeln. Sie können den Beitrag neuer Mitarbeiter in Relation zur Leistung älterer Mitarbeiter messen.

MEINE MEINUNG

„Mitarbeitermanagement und Personalarbeit sind nicht dasselbe. Dabei geht es nicht allein um Lernen und Entwicklung und auch nicht um Assimilierung, Integration und die Einführung neuer Mitarbeiter in unsere Kultur. Es geht auch nicht allein darum, wen Sie einstellen und wie Sie neue Mitarbeiter gewinnen, und woher sie kommen. Es geht nicht allein um ihre Leistungsbewertung oder um Beförderungen.

Es geht um alles zusammen und um einen systematischen Prozess, mit dem ein Gefühl der Verbundenheit und Zugehörigkeit erzeugt wird. Wenn wir also über strategische Mitarbeitergewinnung sprechen, fragen wir

- Wie lautet der Geschäftsbedarf und wohin steuert das Geschäft?
- Welches sind die Implikationen, die sich daraus für unsere vorhandenen Mitarbeiter ergeben?
- Welches sind die Implikationen, die sich daraus für zukünftig benötigte Mitarbeiter ergeben?

Wenn Sie die Antworten auf diese Fragen wissen, dann können Sie fragen, welche Hebel innerhalb des Systems wir betätigen können, um der Organisation dabei zu helfen, seine Geschäftsziele zu erfüllen."

- Rocky Parker, Director of Recruiting and Staffing, Nationwide Financial –

Viele Unternehmen gehen bei der Beurteilung der Ergebnisse der Mitarbeitergewinnung mit verhaltensorientierten Messgrößen wie der Zeit bis zur Neubesetzung einer vakanten Position oder den Kosten pro Neueinstellung eher planlos vor. Sich auf ein oder zwei Messgrößen zu verlassen, ist besser als nichts, aber sich ausschließlich darauf zu beschränken, könnte dazu führen, dass die Aufmerksamkeit von der eigentlichen Mission der Mitarbeitergewinnung abgelenkt wird. Diese besteht darin, ein großartiges Unternehmen mit herausragenden Mitarbeitern zu schaffen.

Wenn wir mit Unternehmen über Leistungsmaßstäbe sprechen, stellen wir oft fest, dass Recruiting-Spezialisten keine Erfahrung mit den Fertigkeiten haben, die zur Modellierung ihres Geschäfts nötig sind; zudem dass sie verzerrenden Maßstäben unterliegen und den Wert ihrer Arbeit für das Unternehmen nicht messen können – selbst wenn der Wert offensichtlich und anerkannt ist. Welche Zahlen könnten legitimerweise über alle Gegenströme hinweg aussagekräftige Informationen liefern?

Was hier gebraucht wird, ist kein singuläres Modell, sondern eine Rahmenstruktur, innerhalb derer die Recruiting-Praxis nach ihren Ergebnissen (wie gut sie die Bedürfnisse ihrer Kunden erfüllt) und deren Wert (wie diese Ergebnisse den Gewinn beeinflussen) gemessen werden kann.

Egal wie attraktiv Ihr Unternehmen oder Ihre Botschaft ist, es gibt keinen Ersatz für ein gutes Management der Recruiting-Funktion selbst. Ob Sie ein Generalist in einem kleinen Unternehmen sind, ein Unternehmer, der eine Organisation aufbaut, oder ein professioneller Vollzeit-Recruiter, Sie müssen auf das Recruiting dieselben Grundregeln der Verantwortlichkeit und der Realitätsüberprüfung anwenden, wie auf jede andere Geschäftsfunktion.

Wer ist verantwortlich?

In einem gut geführten Unternehmen müssen Sie einen überzeugenden Business-Case präsentieren, um Geld zur Verfügung gestellt zu bekommen. Recruiter, die sich darum drücken, einen zahlenbasierten Business-Case zu entwickeln, sind für ihren nachrangigen Status mitverantwortlich. Ihre Haltung ist verständlich – so viele Recruiter arbeiten in einer Welt, die von den Fähigkeiten bestimmt ist, die von der rechten Gehirnhälfte gesteuert werden: Kommunikation, Organisationspsychologie, die Motivationen der Kandidaten und die persönliche Kultur, alles Dinge aus dem Humanbereich. Nur wenige haben zuvor bereits mit Zahlen gearbeitet, abgesehen vom Personalbudget oder den Gehaltsstufen des Unternehmens.

Darüber hinaus steht das Recruiting oft in einer eigenartigen Beziehung zum restlichen Unternehmen. Wenn die Finanzabteilung eine inkorrekte Bilanz erstellt, wissen Sie, wen Sie dafür zur Verantwortung ziehen müssen. Wenn die Produktentwicklung ein Produkt entwirft, das nicht funktioniert, dann hat sie ihre Aufgabe nicht richtig gemacht. Aber wenn die Recruiter die falschen Mitarbeiter einstellen, wird stattdessen der direkte Vorgesetzte des neuen Mitarbeiters für dessen Leistung verantwortlich gemacht. Wenn die Recruiter einen Spitzenverkäufer einstellen, streicht die Verkaufsabteilung die Umsätze ein, die dieser Verkäufer generiert, und sein Vorgesetzter erhält das Lob.

Ein klassisches Hindernis für die Messung der Arbeitsqualität eines Recruiters ist die Zuordnung von Erfolg und Misserfolg. Wenn sich ein neuer Mitarbeiter als Star entpuppt, wird dann etwa der Recruiter dafür gelobt und anerkannt, dass er diesen Mitarbeiter gefunden hat? Oder wird die erfolgreiche Neueinstellung eher dem Vorgesetzten in seiner Rolle als Hiringmanager zugeschrieben? Wenn die Leistung eines neuen Mitarbeiters im Verlauf der Zeit steigt, ist die Frage, ob das daran liegt, dass dieser Mitarbeiter eine schnelle Auffassungsgabe hat oder hoch kompetent ist oder daran, dass der Vorgesetzte, der ihn eingestellt hat, ein hervorragender Lehrer ist? Und welche Anerkennung erhält der Recruiter für die Lernfähigkeit eines neuen Mitarbeiters? Das ist eine dieser wirklich schwer zu messenden Fähigkeiten.

Wie quantifizieren Sie den Beitrag des Recruiters, wenn er die Unternehmenspipeline mit hoch leistungsfähigen Mitarbeitern füllt, die Leistungen dieser Mitarbeiter in der Gewinn-und-Verlust-Rechnung des Unternehmens aber jemand anderem zugeschrieben wird?

Und schließlich müssen diejenigen, die neue Mitarbeiter gewinnen und einstellen den Beitrag darstellen und verteidigen, den ihr Fachwissen auf dem Gebiet der Mitarbeitergewinnung leistet.
Es ist wichtiger, konsistente Regeln für Verantwortlichkeit anzuwenden, als einer einzigen Formel zu folgen.

In letzter Zeit hat das Recruiting eine eigene und von anderen Personalbereichen wie Administration der Sozialleistungen, Schulung, Kommunikation und Arbeitsplatzsicherheit unabhängige Identität und Verantwortlichkeit entwickelt. Führungskräfte, die der Recruiting-Funktion echte Eigenverantwortung übertragen, bewerten deren Wert anhand von Standards und Zielen, die für jede Abteilung gelten. Um den Recruiting-Spezialisten (und Ihnen selbst) die richtigen Informationen zu liefern, müssen Sie sich auf Basis der folgenden Fragen auf drei Prinzipien einigen:

1. ***Wie werden Sie das Recruiting messen und benchmarken?*** Wenn Sie Ihre Aktivitäten messen, werden Sie erkennen, welche Dinge funktionieren. Benchmarken Sie Ihre Einstellungsmethoden, wie zum Beispiel die Zeit, bis eine Position besetzt wird, und die Zahl der Mitarbeiter, die über Empfehlungsprogramme gewonnen werden. Gleichen Sie die Ergebnisse mit den Branchenstandards ab, und Sie werden Ihre Fortschritte (oder deren Fehlen) erkennen. Die meisten Recruiting-Aktivitäten lassen sich quantifizieren, sodass ihnen ein Wert beigemessen werden kann.[2]

2. ***Wie werden Sie die Messgrößen für das Recruiting mit den Geschäftsmessgrößen verknüpfen?*** Die Messgrößen für Ihr Recruiting haben keine Bedeutung, solange sie keinen nachweisbaren Effekt auf die Geschäftsmessgrößen haben – Umsatz, Kostendämpfung, strategische Ziele etc. Die einfache Darstellung einer Reduzierung, zum Beispiel der Zeit bis zur Besetzung einer Position, ist eine Sache; ihre unmittelbare Verknüpfung mit den Umsatzzuwächsen ist allerdings überzeugender.

3. ***Wie werden Sie diese Verknüpfung für die Entscheidungsfindung nutzen?*** Die Logik hinter der Verknüpfung der Recruiting-Messgrößen mit den Geschäftsmessgrößen muss bis zum Entscheidungsprozess reichen. Die Entscheidung, zum Beispiel, 20.000 Dollar in die Aktualisierung der Karriere-Website des Unternehmens zu investieren, kann anhand von Messgrößen, wie zum Beispiel den durchschnittlichen Kosten der Suche nach dem Lebenslauf eines geeigneten Kandidaten, der Zeit bis zur Besetzung einer vakanten Position oder der Zahl der Kandidaten modelliert werden, die Ihren regelmäßigen Newsletter abonnieren. All diesen Dingen lässt sich ein Wert zuschreiben.

Recruiting ist letzten Endes nichts anderes als Management, und wenn neue Daten auftauchen oder sich die Situation verändert, müssen sich die Manager anpassen. Genau dafür werden sie bezahlt. Hier eine Reihe von Fragen, die sich Führungskräfte oder Recruiting-Spezialisten stellen, um die Qualität der Einstellungspraxis des Unternehmens zu bestimmen:

- Wie lange dauert es, bis hochrangige Positionen besetzt werden können?
- Was bezahlen wir im Vergleich zum Markt?
- Haben wir unser wichtigstes Mitarbeitersegment definiert?
- Wie viele Mitarbeiter dieses wichtigsten Segments sind A-Mitarbeiter?
- Wie hoch ist der Prozentsatz an neuen Mitarbeitern, die innerhalb eines Jahres zu A-Mitarbeitern werden?
- Wissen wir, was die Kernsegmente – die wichtigsten Mitarbeiter – anlockt?
- Wie gut können wir Kandidaten davon überzeugen, ihre aktuelle Stelle zu kündigen und den Wechsel zu vollziehen?
- Wie viele unserer neuen Mitarbeiter konnten über interne Empfehlungen gewonnen werden?
- Erfüllen wir unsere Recruiting-Ziele in Segmenten mit hoher Priorität (Funktionsbereich, Diversität, Kernmitarbeitersegmente)?

Unabhängig vom aktuellen Zustand Ihres Recruitings ist jetzt der Zeitpunkt, um von einem transaktionsbestimmten Modell zu einer längerfristig ausgerichteten, bewussten Praxis überzugehen. In den folgenden Kapiteln werden wir Ihnen zeigen, wie Sie ein Programm zur Schaffung einer authentischen und attraktiven Arbeitgebermarke entwickeln und es dazu verwenden, die besten Fachkräfte ins Unternehmen zu holen.

Zusammenfassung

- Die Veränderung der Einstellungspraxis von der Improvisation zu einer Disziplin beginnt mit dem ungetrübten Verständnis Ihrer Situation. Bestimmen Sie die Effektivität Ihrer derzeitigen Einstellungspraxis, die Qualität Ihrer Mitarbeiter und deren Arbeitserfahrung.
- Bestimmen Sie auf Basis objektiver, auf die Geschäftsziele ausgerichteter Kriterien, welche Mitarbeiter am wertvollsten sind. Konzentrieren Sie mehr Recruiting-Ressourcen auf diese Gruppe und stimmen Sie Ihre Recruiting-Botschaften auf deren Bedürfnisse ab (siehe Kapitel 5 bis 8).
- Überprüfen Sie jetzt und auch später immer wieder anhand von objektiven Kriterien, über die zwischen der Unternehmensführung und der Personalabteilung vorab Einigung erzielt wurde, die Stärke und Qualität Ihrer Einstellungsmethoden.

Kapitel 5: Die Entwicklung einer Arbeitgebermarke

Bei einer Verkaufskonferenz von Monster vor einigen Jahren waren wir mit einer Monster-Kundin – einer hochrangigen Personalmanagerin von PepsiCo, die wir hier Sharon nennen wollen – zum Mittagessen verabredet. Sie bestellte bei der Kellnerin eine Diät-Pepsi. Als die Kellnerin ihr sagte, das Hotelrestaurant habe nur Coca-Cola auf der Karte, antwortete sie fröhlich: „Das ist in Ordnung. Hier haben Sie zehn Dollar. Ihr Geschenkeladen verkauft Pepsi. Bitte kaufen Sie mir eine Diät-Pepsi; kaufen Sie auch gleich eine für sich selbst und behalten Sie das Wechselgeld. Das geht auf meinen Arbeitgeber PepsiCo."

„Diät-Pepsi" ist ein Produkt. „Pepsi" ist eine Marke. „PepsiCo" ist eine *Arbeitgebermarke*. Sharon verwandelte einen Moment des Wettbewerbskriegs zwischen zwei Cola-Marken in einen prägnanten, positiven Eindruck über PepsiCo als Arbeitgeber, und der lautete: kompromisslos, einfallsreich, großzügig und fröhlich.

Eine Marke ist mehr als ein Schriftzug auf einer blauen Brausedose. Sie ist die Gesamterfahrung, die ein Produkt den fünf Sinnen, der Wahrnehmung und den Gefühlen seines Verwenders bietet. In der Marketingsprache beinhaltet „Pepsi" alle Eindrücke, die rund um das Produkt entstehen – die Vorwegnahme des Genusses, eine leichte Beschaffung, die optische Aufmachung der Verpackung, der Pepsi-Geschmack und die Gefühle, die mit dem Produkt assoziiert werden, nämlich „Spaß" und „energiegeladen".

Wenn sich all das von dem Namen eines kohlensäurehaltigen Erfrischungsgetränks hervorrufen lässt, um wie vieles komplexer ist dann der Eindruck der Arbeitgebermarke beschaffen, die sich im Unternehmensnamen widerspiegelt? Was sagt sie über die Erfahrung einer Anstellung in diesem Unternehmen aus? Macht die Arbeit Spaß, ist sie anspruchsvoll, interessant und gut bezahlt? Ist sie stressig, frustrierend oder ungerecht? Wird der Mitarbeiter physisch, emotional und finanziell belohnt? Ist das ein cooler Arbeitsplatz? Ist das Unternehmen erfolgreich oder steckt es in der Krise? Sind alle Merkmale der Arbeitgebermarke klar, oder sind sie konfus, widersprüchlich oder vage? Lösen sie bei einem potenziellen Kandidaten ein Gefühl der freudigen Erwartung, Ablehnung oder Indifferenz aus?

Eine Arbeitgebermarke repräsentiert die umfassende physische, intellektuelle und emotionale Erfahrung der Menschen, die in diesem Unternehmen arbeiten, sowie die *antizipierte Erfahrung der Kandidaten, die möglicherweise in Zukunft für das Unternehmen arbeiten werden.* Sie ist Vision und Realität dessen, was es bedeutet, in diesem Unternehmen angestellt zu sein. Gleichzeitig ist sie das Versprechen und dessen Erfüllung. Die Arbeitgebermarke, die der Name Ihres Unternehmens ausstrahlt, inspiriert zu Loyalität, Produktivität und Stolz – oder auch nicht.

In Marketingbegriffen gründet das Image einer Marke auf drei Dimensionen:

- **Funktionale Nutzen.** Diese beschreiben, was das Produkt leistet, zum Beispiel: „Diese Digitalkamera von Canon macht gute Bilder“ und „Dieses spezielle Modell ist hervorragend geeignet für Porträtaufnahmen, Videos und Aufnahmen aus großer Distanz.“
- **Emotionale Nutzen.** Sie beschreiben, welches Gefühl das Produkt dem Käufer vermittelt, zum Beispiel: „Ich bin glücklich, wenn ich die tollen Fotos von meinen Kindern sehe“ und „Ich empfinde Zuneigung und Freude, wenn ich diese Fotos an ihre Großeltern maile.“
- **Verifizierung der Aussagen.** Das bedeutet die Validierung der Produktaussagen, zum Beispiel: „Canon bedeutet Zuverlässig-

keit und leichte Handhabung" und „Produkttester von CNET.com geben der Digitalkamera von Canon eine herausragende Bewertung."

Eine solide Arbeitgebermarke gründet auf denselben Dimensionen:

- **Funktionale Nutzen.** Greifbare Vorteile einer Anstellung bei diesem Arbeitgeber: Gehalt, Sozialleistungen, ein sauberer und sicherer Arbeitsplatz und ein angenehmer Standort, zum Beispiel: „Das Unternehmen XYZ zahlt überdurchschnittliche Gehälter und hat ganz in meiner Nähe schöne Büroräume."
- **Emotionale Nutzen.** Nicht greifbare Vorteile: Mission, Stolz, Status, Arbeitszufriedenheit, kollegiale Atmosphäre, Zugehörigkeit zu einem „Winning Team", und so weiter. Beispiel: „Ich bin stolz darauf, bei XYZ zu arbeiten – meine Kollegen und ich stellen die besten Produkte der Welt her."
- **Bestätigung der Annahmen.** Das ist die Validierung der Selbstbeschreibung des Arbeitgebers, zum Beispiel: „Mein Freund sagt, Unternehmen XYZ sei ein toller Arbeitsplatz" und „Der lokale Radiosender bezeichnet XYZ als Topunternehmen für hoch qualifizierte Arbeitskräfte."

Achten Sie darauf, dass die funktionalen und emotionalen Nutzen für die „Positionierung" verwendet werden. Das bedeutet die Definition der einzigartigen Kombination an Merkmalen, die das Produkt (oder den Arbeitgeber) beschreiben. Die Positionierung des Unternehmens XYZ sagt, es verfüge über eine überzeugende Kultur in Kombination mit überzeugenden greifbaren Vorteilen, die in Kombination mit anderen Merkmalen wiederum eine einzigartige Identität erzeugen. Die Wettbewerber von XYZ haben andere Kulturen, Standorte, Vergütungspakete etc.

Branding beinhaltet die Formulierung und Vermittlung bewusster Botschaften über das Unternehmen. Zum Beispiel arbeitet PepsiCo, das weltweit 153.000 Mitarbeiter beschäftigt, im Recruiting mit dem Slogan „PepsiCo – Taste the Success!“, um die freudige Spannung zu vermitteln, die eine Anstellung in diesem globalen Konzern bedeutet. Auf seiner Recruiting-Website sagt PepsiCo, die Arbeitserfahrung, die es biete, sei eine Kombination aus „Einflussreichen Marken, einer Leidenschaft für Wachstum, der Kultur gemeinsamer Prinzipien, einer ausgeprägten Ergebnisorientierung, der Fähigkeit etwas zu bewirken und qualitativ herausragenden Mitarbeitern.“ Bei dem eingangs geschilderten Verkaufsgespräch bewies Sharon diese Qualitäten durch ihr Verhalten.

Kandidaten verschaffen sich auf Basis dessen, was sie sehen und hören, einen aussagekräftigen Eindruck über potenzielle Arbeitgeber. „Ich arbeite bei PepsiCo“ bedeutet etwas anderes als „Ich arbeite bei Microsoft“, „Ich arbeite bei Fox News“ und „Ich arbeite im Rathaus.“ Die Arbeitgebermarken dieser Organisationen sind darauf ausgerichtet, bestimmte Mitarbeiter, Temperamente und Werte anzusprechen. Ihre jeweilige Positionierung ist einzigartig und unterscheidbar.

Die Schaffung einer Arbeitgebermarke ist keine Initiative ausschließlich großer Unternehmen, weil jeder eine Reputation entwickeln kann (und es auch tut). Fragen Sie einen Landschaftsgärtner über drei lokale Gärtnereien, und er wird Ihnen die Unterschiede zwischen den Betrieben nennen – diese Gärtnerei sagt, sie schickt Ihnen die besten Teamchefs; jene Gärtnerei sagt, sie erfülle zu jedem Zeitpunkt jedes Kundenbedürfnis, und bei der dritten Gärtnerei macht die Arbeit zwar keinen großen Spaß, aber dafür zahlt sie etwas mehr. Das alles sind Arbeitgebermarken, die genauso real sind wie die Marke von PepsiCo.

Sie haben bereits eine Arbeitgebermarke, ob Sie es wissen oder nicht, und sie prägt alle Erfahrungen, die Mitarbeiter und Kandidaten machen – von dem ersten Mal, in dem ein Kandidat von Ihrem Unternehmen hört, bis zu dem Tag, an dem er oder sie das Unternehmen verlässt. Ihre Arbeitgebermarke ist Ihre externe und interne Reputation. Sie ist einfach da, und Sie können sie entweder steuern oder vernachlässigen. Sie ist der Eckpfeiler der Identifizierung, Gewinnung und Entwicklung hoch qualifizierter Mitarbeiter auf allen Ebenen Ihrer Organisation. Mit anderen Worten: Sie ist in allen Phasen des Beschäftigungskreislaufs von grundlegender Bedeutung.

Die Idee der Arbeitgebermarke hat bei Unternehmensführern in den letzten Jahren zunehmend an Akzeptanz gewonnen. Der durchschnittliche Manager hat allerdings keine ausgereifte Sicht darüber, was eine Arbeitgebermarke genau ist und welche Bedeutung sie für die Organisation hat. Das Magazin *The Economist* fand heraus, dass Führungskräfte eine Arbeitgebermarke als Ausdruck der charakteristischen Arbeitserfahrung eines Unternehmens definierten.[2] Mehr als 70 Prozent der Befragten in den USA und in Großbritannien gingen davon aus, dass die Entwicklung einer starken Arbeitgebermarke dazu führt, dass Mitarbeiter ihr Unternehmen Dritten als attraktiven Arbeitsplatz empfehlen, und dass sie die Bindung der Mitarbeiter an das Unternehmen verstärkt.

Die Arbeitgebermarke ist eine authentische Beschreibung einer Erfahrung, ähnlich der Erfahrung mit einer Konsummarke. Sie beinhaltet die Bezahlung, die Arbeitsbedingungen, die Kultur, die Positionsbezeichnungen, die immateriellen Vorteile und die emotionale Verbundenheit, die Mitarbeiter ihren Unternehmen und Vorgesetzten gegenüber empfinden. Sie sagt den Kandidaten, wer Sie sind, was Sie wollen und wofür Sie stehen. So wie Marketingexperten Kunden mit einem überzeugenden Produkt anlocken, lockt ein Unternehmen Kandidaten mit einer überzeugenden Arbeitgebermarke an.

Wir meinen, dass eine Arbeitgebermarke mehr ist als eine einseitige Beschreibung darüber, „wie es ist, hier zu arbeiten“. Vielmehr ist sie ein multidimensionaler Dialog zwischen der Unternehmensführung, den Mitarbeitern des Unternehmens, den Kandidaten im Markt, ehemaligen Mitarbeitern und sogar Außenstehenden wie der Presse, Bloggern und allen anderen Meinungsbildnern.

Die Arbeitgebermarke beinhaltet:

- die professionelle Unternehmensreputation
- eine Beschreibung der Unternehmenskultur

- Neuigkeiten über das Unternehmen, und zwar gute und schlechte
- mündlich überlieferte Aussagen über das Unternehmen
- eine Beschreibung der Unternehmenszukunft
- das Ergebnis eines Vergleichs der Arbeitgebermarke mit anderen Arbeitgebermarken.

Neben Dialogen besteht die Arbeitgebermarke zudem aus einer Reihe an subjektiven Bewerbererfahrungen, zum Beispiel:

- eine Stellenbewerbung über die Website des Unternehmens oder per E-Mail
- einem Bewerbungsgespräch für eine konkrete Position
- Gespräche mit Mitarbeitern und Besuche an den jeweiligen Arbeitsplätzen
- die Wirkung des Unternehmens auf die Bewerbergemeinde.

Der Eindruck, der sich in der Vorstellungskraft eines Kandidaten formt, ist umfassender, als irgendein Recruiting-Slogan ausdrücken kann: er ist eine Erfahrung.

Das mag ein wenig esoterisch klingen, tatsächlich ist es aber nichts anderes als die Anerkennung der Realität. Kandidaten achten auf die Reputation eines Unternehmens und vergleichen sie mit der Reputation anderer Unternehmen. Sie erkundigen sich bei den Mitarbeitern, wie es ist, für dieses Unternehmen zu arbeiten. Bei der Suche nach Qualität bildet die Arbeitgebermarke die Grundlage für die Gewinnung der richtigen Mitarbeiter. An diesem Punkt trifft Ihr Umgang mit einem neuen Kandidaten mit dem dringenden Bedarf an der Akquise hoch qualifizierter Mitarbeiter zusammen. Wie erwähnt, verfügt der neue Kandidat über Macht und die Möglichkeit, Ihre Organisation mit anderen zu vergleichen. Dabei wird er mit Ihrer Arbeitgebermarke beginnen.

Hier eine typische Recruiting-Situation, in der die Arbeitgebermarke den Unterschied ausmacht: Ein Hypothekenmakler, der bei einer Bank arbeitet, erhält einen Anruf von einem Recruiter. „Warum wechseln Sie nicht zu diesem führenden Finanzdienstleister? Dort können Sie viel Geld verdienen", sagt der Recruiter. Augenblicklich beginnt der Makler, den Ruf seines Unternehmens mit dem Ruf seines potenziellen neuen Arbeitgebers zu vergleichen: Ist er prestigeträchtig oder unbekannt? Hat er den Ruf eines „Schinderhannes" oder macht es Spaß, dort zu arbeiten? Wird er als Makler, seinen Kunden stolz seine Visitenkarte mit dem Unternehmensnamen überreichen? Kennt er Mitarbeiter, die bei diesem Unternehmen arbeiten und von denen er weiß, dass sie gerne dort arbeiten? Wenn die Antworten nicht befriedigend ausfallen, ist er für das Werben des Recruiters wahrscheinlich nicht empfänglich.

Der Hypothekenmakler könnte auch die Werbung des Unternehmens betrachten, seine karitativen Initiativen und seinen Standort – alles relevante Faktoren bei dem Versuch, die Erfahrung einer Beschäftigung bei diesem Unternehmen zu bewerten.

Um sich die Macht der Arbeitgebermarke vorzustellen, können Sie auch daran denken, wie schwer es für krisengeschüttelte Unternehmen ist, qualifizierte Mitarbeiter zu gewinnen (außer Turnaround-Spezialisten). Der Ruf eines „lausigen Arbeitsplatzes" ist Teil einer tödlichen Spirale, unter der krisengeschüttelte Unternehmen leiden. Das ist eine bittere, aber wahre Erinnerungshilfe, die zeigt, dass die Reputation wichtig ist.

Menschen empfinden Markenverbundenheit. Menschen, die Apple-Computer, iPods und andere Geräte dieses Unternehmens verwenden, reagieren auf Apples trendiges Image. Wenn Sie einen BMW fahren, fühlen Sie sich anders, als wenn Sie einen Hyundai fahren, was zum Teil daran liegt, dass Sie sich mit der Marke identifizieren. Und das prägt Ihre Erfahrung. Geht es Ihnen mit der Organisation, in der Sie 40 bis 60 Stunden die Woche verbringen, nicht ähnlich?

Sorgen Sie für einen ununterbrochenen Kreislauf

Ein Bruch im Beschäftigungskreislauf – das heißt, der Verlust des Interesses eines Kandidaten oder Mitarbeiters – wirft Sie zum Punkt Null zurück.

- Sie wecken das Interesse eines Kandidaten mit herausragender Werbung, *aber* dann macht dieser Kandidat eine negative Erfahrung im Bewerbungsgespräch und lehnt Ihr Angebot ab.
- Sie wecken das Interesse des falschen Kandidaten, *aber* er entscheidet sich für Ihr Angebot.
- Sie wecken das Interesse des richtigen Kandidaten und können ihn gewinnen, *aber* Sie haben während des Bewerbungsprozesses einen falschen Eindruck erzeugt – und dieser neue Mitarbeiter geht wieder.
- Sie wecken das Interesse des richtigen Kandidaten und können ihn gewinnen, doch dann entwickeln Sie ihn nicht – er wächst aus seiner Tätigkeit heraus und der Wettbewerb wirbt ihn ab (und Sie büßen die Investition ein, die Sie in diesen neuen Mitarbeiter getätigt haben).

Die Lektion: Sie dürfen sich bei dem Beschäftigungskreislauf nicht auf eine einzige Phase konzentrieren. Eine Kardinalregel der Markenpflege ist die Wahrung einer konsistenten Erfahrung über den gesamten Kreislauf.

Ihre Arbeitgebermarke ist das Thema, das sich durch den gesamten Beschäftigungskreislauf zieht. Sie bildet einen Standard, an dem Sie messen können, ob alle Aufgaben rund um die Anwerbung, Gewinnung und Entwicklung hoch qualifizierter Mitarbeiter nahtlos zusammenspielen. Wenn Ihre Anstrengungen unter dem Dach der richtigen Arbeitgebermarke stattfinden, werden Sie nach den richtigen Kandidaten Ausschau halten, die richtige Recruiting-Werbung machen, das richtige Networking und andere Programme der Kandidatenansprache initiieren und die Vorteile einer Beschäftigung in Ihrem Unternehmen versus einer Beschäftigung bei einem Ihrer Wettbewerber beschreiben. Sie werden die Kandidaten gewinnen, die Ihre Werte teilen und erfolgreich sein werden, und Sie werden

Kandidaten aussortieren (selbst wenn sie hoch qualifiziert sind), die für Ihr Unternehmen ungeeignet sind. Darüber hinaus fordert eine authentische Arbeitgebermarke das Management Ihrer Organisation dazu heraus, die proklamierten Werte vorzuleben und das Tagesgeschäft gemäß den Werten und Standards zu managen, die Ihr Unternehmen bestimmen. Das bedeutet, dass die Mitarbeiter genau wissen, für wen sie arbeiten, was von ihnen erwartet wird und wie sie beurteilt werden.

Erkennen Sie, dass Ihre Arbeitgebermarke tatsächlich das Herz und die Seele Ihres Unternehmens ist? Sie ist Ausdruck Ihrer Existenzberechtigung, der Gründe für Ihre Geschäftsaktivitäten und der Gründe, warum jemand für *Sie* und nicht für ein anderes Unternehmen arbeiten sollte. Das ist wichtig.

Ein überzeugender Arbeitgeber von Anfang an

Sie müssen kein diplomierter Marketingexperte sein, um das Zusammenspiel zwischen Ihrer Arbeitgebermarke und Ihrem Managementstil zu erkennen. Sie müssen nicht einmal ein großes Unternehmen sein. Betrachten Sie die folgende Geschichte:

Wir kennen zwei Restaurants in zwei benachbarten Kleinstädten. Die Küche ist mehr oder weniger dieselbe, die Preise sind vergleichbar und die beiden Restaurants ähneln sich sogar in der Optik.

Der Besitzer eines der beiden Restaurants arbeitete sieben Jahre lang mit denselben Kellnerinnen. Sie betreten das Restaurant, Sie bekommen Ihren Tee oder Kaffee und werden gefragt, ob Sie dasselbe wie üblich bestellen möchten. Auch der Koch arbeitet seit Jahren in diesem Restaurant. Wenn der Restaurantmanager einen neuen Mitarbeiter brauchte, fand er ihn über Mundpropaganda.

Der Besitzer des anderen Restaurants in der anderen Stadt hat alle sechs Wochen neue Mitarbeiter. Sie betreten als Gast das Restaurant und niemand kennt Sie. Alle befinden sich noch im Lernprozess, folglich ist der Service langsam. Alle wissen, dass sie in der nächsten

Saison wahrscheinlich nicht mehr da sind. Wenn der Restaurantbesitzer einen neuen Mitarbeiter braucht, klebt er ein Schild mit der Aufschrift „Mitarbeiter gesucht“ ins Fenster.

Was meinen Sie, wo Sie lieber essen würden? Ohne Zweifel im ersten Restaurant, weil es seinen Gästen eine angenehmere Erfahrung bietet. Die Gäste fühlen sich wohl, und deswegen kommen sie wieder. Die Kellnerinnen im ersten Restaurant sagen uns, der Besitzer behandele seine Angestellten (und deren Familien) wie einen kostbaren Schatz – fast so, als seien sie seine Kinder. Im Winter entlässt er sie nicht, obwohl der Ort ein Touristenort ist und er von Oktober bis Mai wesentlich weniger Umsatz macht. Er organisiert für sie kleine Abendessen als Belohnung. Und er strengt sich an, damit sie sich als etwas Besonderes fühlen. Er geht im Restaurant von Tisch zu Tisch und fragt seine Gäste: „Sind Sie mit Karens Service zufrieden? Oh ja, sie ist die Beste.“

MEINE MEINUNG

Ein Eindruck von der echten Welt

„Was die Mitarbeitergewinnung angeht, bietet San Antonio dieses vertraute Kleinstadtgefühl, dass jeder jeden kennt. Und die Mundpropaganda über unsere Aktivitäten zur Ansprache von Studenten und Auszubildenden hat uns ebenfalls sehr geholfen.

Was machen wir, das so anders ist? Hier ein Beispiel: Viele neue Krankenschwestern fangen auf einer Station an, und an ihrem ersten Tag werden ihnen bereits sieben Patienten zugewiesen. Sie denken: ‚Wo bin ich bloß gelandet? Das hat mir in der Krankenpflegeschule niemand gesagt.‘ Fakt ist, sie sind nicht auf die Realität einer Krankenstation vorbereitet.

Wir sprechen bereits einige Semester vor Abschluss der Krankenpflegeschule mit den Krankenpflegeschülern und ermutigen sie dazu, an unserem Schnupperprogramm teilzunehmen. Dabei arbeiten sie als Krankenhelfer und lernen die Realität des Arbeitsalltags in einem Krankenhaus kennen. Und für uns ist das eine Gelegenheit, uns vorher anzusehen, wen wir einstellen. Ungefähr 80 Prozent der Teilnehmer an diesem Schnupperprogramm schaffen es zur nächsten Stufe des Schulungsprogramms, weil wir sie kennen und sie sich bereits bewiesen haben."

– Barry Burns, Director of Human Resources, Methodist Healthcare System, San Antonio, Texas –

Der Besitzer des eingangs erwähnten kleinen Restaurants wurde durch die richtige Überzeugung zu einem herausragenden Arbeitgeber. Von Anfang an hat er sich bemüht, ein besonders guter Arbeitgeber zu sein; möglicherweise liegt das einfach in seinem Charakter. In ihrer lokalen, intimen Art drückt seine Marke genau das aus.

Im Gegensatz dazu weiß der Besitzer des zweiten Restaurants in der anderen Stadt, dass er immer *jemanden* findet, der seine Gäste bedient. Ihm ist egal, wer das macht, und das zeigt sich in der Kundenerfahrung. Vielleicht hat er keine Zeit, um Mitarbeiterpartys zu veranstalten oder die Namen der Kinder seiner Angestellten zu lernen. Stattdessen verbringt er seine Zeit damit, ständig neue Mitarbeiter einzustellen und anzulernen. Das Schild „Mitarbeiter gesucht" scheint einen Dauerplatz in seinem Fenster zu haben.

Führung und Markenpflege

Die Entwicklung einer guten Arbeitgebermarke beginnt an der Spitze, und zwar mit einem mutigen Management. Google weiß, wie man es richtig macht und verleibt sich die hoch qualifizierten Arbeitskräfte des Silicon Valley und anderer Orte ein. Die Details seiner Arbeitgebermarke verändern sich mit Googles Wachstum, aber die Verlockung, mit den Besten der Besten zu arbeiten und bei Google beschäftigt zu sein, weil man *selbst* zu den Besten gehört, ist von Anfang an ein zentrales Element dieser Arbeitgebermarke gewesen.

Ein anderes herausragendes Beispiel ist Southwest Airlines. Herb Kelleher's grundlegende Überzeugung lautete, dass engagierte Mitarbeiter zu glücklichen Kunden führen, und dafür ist Kelleher bereit gewesen, den Status quo im Flugverkehr zu verändern. Southwest „stellt Mitarbeiter nach ihrer Servicehaltung ein und bringt ihnen dann die notwendigen Fertigkeiten bei"; die Fluggesellschaft unterhält gute Beziehungen zu den Gewerkschaften, bietet seinen Mitarbeitern eine Gewinnbeteiligung, feiert die Erreichung von unternehmerischen Meilensteinen und behandelt seine Mitarbeiter auf vielfältigste Weise wie Familienmitglieder. Southwest hat die Bürokratie reduziert und würdigt harte Arbeit auf allen Ebenen, vom Vorstandssaal bis zur Gepäckrampe. Southwest hat die Auszeichnung als „bester Arbeitgeber" des Magazins *Fortune* praktisch für sich reserviert. Sprechen Sie mit jemandem, der für diese Fluggesellschaft arbeitet, und dieser Mitarbeiter wird in Begeisterungsstürme über sein Unternehmen ausbrechen, auch wenn die Arbeit bei einer Fluggesellschaft bekanntermaßen sehr stressig ist.

Nike muss keinen hypermodernen Campus unterhalten, keine zweistelligen Millionenbeträge in Sportplätze, Basketball- und Tennisplätze und Golfübungsplätze für seine Mitarbeiter investieren. Nike kann allein mit seiner Produktmarke qualifizierte Mitarbeiter gewinnen. Dennoch hält es Nikes Management für ein geschäftliches und moralisches Gebot, die Arbeitserfahrung in seinem Konzern so zu gestalten, dass die Mitarbeiter das Gefühl haben, sie befänden sich in einem Nike-Werbespot. Und das Management hat den Mut, Geld auszugeben, um das zu erreichen. Zwar hat es eine Weile gedauert, bis sich diese Politik in barer Münze ausgezahlt hat, aber schließlich war es soweit. Einen großen Anteil daran hat das unglaubliche Engagement, das Nikes Arbeitgebermarke ausgelöst hat.

Der Thekenservice ist harte und oft langweilige und mühselige Arbeit, dennoch ist es Starbucks gelungen, mit der Neuerfindung der Kaffeebar die Tätigkeit des „Barista" neu zu definieren. Jeder kann seine Mitarbeiter „Associates" oder „Partner" nennen, aber Starbucks hat seinen Mitarbeitern tatsächlich bessere Sozialleistungen, eine angenehmere Arbeitsatmosphäre und ein höheres Prestige geboten, als alle seine Wettbewerber.

Erkennen Sie hier ein Muster? Diese Unternehmen sind dafür bekannt, dass sie ihre Branchen aufrütteln oder sogar völlig neue Servicekategorien erfinden. Nike, Southwest, Nordstrom etc. sie alle haben in ihren Industrien die Regeln gebrochen. Diageo in Irland, SAP in Deutschland und FedEx weltweit locken die besten Arbeitskräfte an, weil sie anders sind. Das gilt auch für Unternehmen, von denen Sie vielleicht noch nie gehört haben, weil man nicht groß sein muss, um eine überzeugende Arbeitgebermarke zu entwickeln. (Tatsächlich fällt es kleinen, privat geführten Unternehmen oft leichter, eine eigene, charakteristische Arbeitgeberidentität zu entwickeln, weil sie wendiger sind und sich eine lokale Identität erarbeiten können.)

Das Topmanagement dieser Unternehmen hat seine Erfolge dadurch erzeugt, dass es den Status quo an allen Fronten infrage gestellt hat und nach den höchsten Führungsstandards strebt – sei es in der Produktentwicklung, dem Kundenservice oder im Mitarbeitermanagement. Diese Unternehmensführer betrachten die Mitarbeitergewinnung als eine Chance, „es besser zu machen."

Eine schlechte Arbeitgebermarke entsteht ebenfalls an der Spitze und ist leicht zu erkennen. Wir kennen ein Unternehmen, das an eine seiner Mitarbeitergruppen die richtige Botschaft aussendet, und an eine andere Mitarbeitergruppe die falsche. Die Konzernzentrale dieses Unternehmens ist ein glitzernder gläserner Büroturm, der sich wie Oz aus einer wunderschönen Landschaft erhebt. Man betritt ein kühles helles Atrium und sieht die blitzblanken Büroräume und hochmodernen Kinderbetreuungseinrichtungen. Den Managern stehen Fitnessräume und Laufbänder zur Verfügung; kurzum, die Zentrale bietet alle erdenklichen Annehmlichkeiten.

Dann besuchen Sie den nächsten Fuhrparkterminal des Unternehmens, also den Ort, an dem die Fahrer arbeiten. Und Sie sehen einen alten, verdreckten, beengten Betonkasten mit Dutzenden von finsteren Nischen und einem Asphaltboden, der aussieht wie ein schmieriges, vier Hektar großes Backblech sowie kaputte Getränkespender in den düsteren Fluren. Für die Arbeiter, die im Warenlager arbeiten, stellt sich die Arbeitgebermarke keineswegs besser dar, wahrscheinlich sogar schlechter, als die der Wettbewerber. Heutzutage fehlen in den USA 20.000 Lastwagenfahrer. Bei einem derart dramatischen Mangel an Lkw-Fahrern können Sie nicht gewinnen, wenn Ihre Arbeitgebermarke für eine maßgebliche Mitarbeitergruppe so lausig ist.

Die Unternehmen, von dem Restaurantbesitzer in der Kleinstadt bis zu Nike, sind lebendige Beispiele für überzeugende Arbeitgebermarken. Um diese Aussage abzurunden, wollen wir hinzufügen, dass die Erfahrungen der Mitarbeiter die Arbeitgebermarke *ausmachen*; sie bestimmen, ob eine Arbeitgebermarke gut, schlecht, brillant oder mittelmäßig ist. Die Arbeitgebermarke lockt Kandidaten an (oder auch nicht), weil sie eine authentische, attraktive Aussage über die Bedeutung einer Beschäftigung in diesem Unternehmen trifft.

Eine herausragende Arbeitgebermarke ist das Spiegelbild einer herausragenden Unternehmensführung, eines guten Managements und der harten Arbeit der Vermittlung dieser Botschaft an die Menschen, die Sie als richtige Kandidaten identifiziert haben.

Beachten Sie, dass diese Unternehmen dafür sorgen, dass die Erfahrung mit ihrer Arbeitgebermarke im Einklang mit der übergeordneten Unternehmensmarke steht. Nikes Arbeitgebermarke ist sportlich-enthusiastisch. Starbucks-Kaffeebars bieten Hunderte an visuellen, taktilen und olfaktorischen Orientierungspunkten, die eine einzigartige Serie an Erfahrungen bilden (auch die Kappen und Schürzen der Baristas sind wichtig). Das Kleinstadtrestaurant ist ein freundlicher, familienorientierter Ort und der Besitzer behandelt seine Angestellten wie seine eigene Familie.

Es ist die Aufgabe der Unternehmensführer, für eine herausragende Arbeitserfahrung zu sorgen, aus der ihre Arbeitgebermarke entsteht. Wenn die Arbeit für Ihr Unternehmen eine lausige Erfahrung ist, werden Sie ständig mit Mitarbeiterfluktuation zu kämpfen haben. Sie werden nie die besten Arbeitskräfte gewinnen, und selbst wenn Ihnen das gelingen sollte, werden diese nicht lange bleiben. Ihre Anstrengungen zur Markenbildung werden vergebens sein. Stellenkandidaten und Mitarbeiter können eine gute von einer schlechten Erfahrung unterscheiden, und wenn Sie nicht die Wahrheit über Ihr Unternehmen sagen, dann werden sie das schnell merken. Meistens liegt das Problem nicht darin, dass Unternehmen bewusst Lügen erzählen, sondern viel heiße Luft verbreiten.

Eine herausragende Arbeitgebermarke ist das Spiegelbild einer herausragenden Unternehmensführung, eines guten Managements und der harten Arbeit der Vermittlung dieser Botschaft an die Menschen, die Sie als richtige Kandidaten identifiziert haben.

Die Stellenkandidaten von heute erkennen heiße Luft, weil sie im Recruiting-Geschäft allgegenwärtig ist. Denken Sie nur an die abgedroschenen Werbephrasen, die Sie in Stellenanzeigen lesen können: „Wir sind ein Team", „Work-Life-Balance" und „relaxte Atmosphäre". Was soll das eigentlich genau heißen?

Schreiben Sie es auf

Es ist die Aufgabe des Topmanagements, der Vorgesetzten in ihrer Rolle als Hiringmanager und der Personalverantwortlichen, die Arbeitgebermarke zu definieren und sie zum Bestandteil jeder einzelnen Aufgabe im Rahmen des Recruitings zu machen. Es ist Zeit, die Finger auf der Tastatur zu bewegen und den Inhalt der Arbeitgebermarke schriftlich festzuhalten.

Wenn Sie Ihre Arbeitgebermarke schriftlich formulieren, verbessern Sie die übrigen Komponenten Ihrer Recruiting-Strategie. Mitarbeiterempfehlungsprogramme gewinnen an Effektivität, die lokalen Medien berichten über Ihre Reputation (wenn Sie ein großes Unternehmen sind, dann berichten sogar die bundesweiten Medien über Sie), und es bewerben sich mehr geeignete Stellenkandidaten. Die Botschaft lässt sich über den gesamten Beschäftigungskreislauf verstärken.

Ihre Botschaft muss direkt, authentisch und überzeugend sein, selbst wenn Sie mit dem derzeitigen Zustand Ihres Unternehmens als Arbeitsplatz nicht vollauf zufrieden sind. Vielleicht sind Sie nicht die Nummer eins im Markt, gehören nicht zu den dynamischsten Playern, bieten keinen besonderen Spaß bei der Arbeit oder sind nicht interessant. Vielleicht ist Ihre Belegschaft nicht so engagiert, wie Sie es sich wünschen (die Verbesserung der Qualität Ihrer Belegschaft ist schließlich das Kernthema dieses Buches).

Nichtsdestotrotz müssen Sie eine authentische Botschaft entwickeln, selbst wenn sie noch nicht hundertprozentig Realität ist. Das bedeutet, Sie müssen die einzigartige Mission Ihres Unternehmens, seine Werte und Kultur beschreiben. Wenn Sie in einem großen Unternehmen arbeiten, hat die Unternehmensführung wahrscheinlich eine Vision formuliert. Üblicherweise stellt die Vision den Versuch dar auszudrücken, wohin das Unternehmen steuert beziehungsweise sie beschreibt ein großes ehrgeiziges Ziel. Manchmal drückt sie aber auch eher eine Identität aus, wie es bei Nikes Slogan „Just Do It" der Fall ist. In kleineren Unternehmen ist sie eher der Ausdruck eines Gefühls, im Sinne von „Wir stehen für XY ...".

Lassen Sie uns klären, was wir bei einer Organisation unter Werten verstehen: Das sind die Kriterien, anhand derer alle maßgeblichen Geschäftsentscheidungen getroffen werden. Sie sind die Aussagen über Prinzipien, auf denen die Geschäftsergebnisse basieren, ob es sich dabei um die „höchstmöglichen Gewinne", „eine Welt, in der kein Kind hungrig zu Bett geht" oder „wunderschöne Landschaften" handelt. Eine Botschaft über die Unternehmenswerte ist absolut entscheidend für Ihre Marketinganstrengungen, und zwar nicht nur, um Menschen anzusprechen, die Ihre Werte teilen, sondern auch um zu verhindern, dass sich solche Stellenkandidaten für Ihr Unternehmen interessieren, die Ihre Werte nicht teilen.

Und wie sieht es mit der Kultur aus? So wie Sie immer eine Arbeitgebermarke haben, ob Sie sich dessen bewusst sind oder nicht, haben Sie auch eine Unternehmenskultur – ob Sie sie bewusst entwickelt haben oder sie sich „einfach ergeben" hat. Die Unternehmenskultur beschreibt die Art und Weise, wie Menschen miteinander und der Organisation als Ganzes umgehen. Kultur ist der äußere Ausdruck der Werte. Ein bewusstes Beispiel der Schaffung einer Kultur auf Basis von Werten lässt sich bei dem Damenbekleidungshersteller Eileen Fisher finden, der die Liste des Great Place to Work Institute von 2007 über die besten Arbeitgeber des amerikanischen Mittelstands anführte.[3] Das Unternehmen beschreibt seine Praxis folgendermaßen: „Unsere Arbeit ist das Spiegelbild der Funktionsweise unserer Bekleidung, individuell und im Zusammenspiel" und beschreibt im Weiteren genau, was dieses Prinzip in Bezug auf das individuelle Wachstum seiner Mitarbeiter, ihre Zusammenarbeit und ihr Teamwork, ihre Einstellungen und ihr soziales Bewusstsein bedeutet.[4]

Das Softwareunternehmen Intuit fördert „operative Werte" wie „Integrität ohne Kompromisse", „Die Suche nach dem Besten" und „Sprechen, zuhören und antworten", die nicht nur Werte, sondern auch das Verhalten als äußerem Ausdruck der Werte beschreiben.[5] Das ist Kultur.

Menschen erkennen Kultur; sie kann eine große Anziehungskraft auf hoch qualifizierte Arbeitskräfte ausüben. Eine gute Arbeitgebermarke beinhaltet die Unternehmenskultur, weil sie einen der nicht greifbaren Nutzen darstellt, die auf potenziell wechselbereite Kandidaten Eindruck machen.

Hier die Beschreibung, wie Monster Aussagen über seine Mission und seine Werte mit seiner Kultur verbindet, um seine übergeordnete Arbeitgebermarke zu formulieren.

Mission: Menschen zusammenbringen, mit dem Ziel, ihr Leben zu verbessern.

Werte:

- Unternehmerische Leidenschaft und Innovation
- Führung
- Kundennähe
- Fairness in allem, was man tut

- Siegeswille
- Das Monster-Team
- Verantwortlichkeit, das heißt „nach den eigenen Worten zu handeln".

Beschreibung der Kultur:

Die Kultur von Monster dreht sich um das Ziel, stets Erster und schnell zu sein und an der Spitze der Entwicklungen zu stehen. Vom ersten Tag an werden Sie den Unterschied bei Monster merken. Sie werden erleben, dass sich die Menschen von sich aus den Herausforderungen stellen und konventionelle Denkweisen hinterfragen, um innovative Ideen zu entwickeln. Sie werden in unserem riesigen „Monster Den" – so die interne Bezeichnung unseres großen Aufenthalts- und Versammlungsraums – eine Brainstorming-Sitzung leiten, Mittag essen und Tischtennis spielen. Aber vor allem werden Sie ein ganzes Unternehmen an Mitarbeitern erleben, die sich intensiv dafür engagieren, den Markt zu beherrschen, etwas zu bewirken und aus jedem Tag das Maximum herauszuholen.

Hier eine andere Version von einem Unternehmen, dem unsere Bewunderung gilt:

Enterprise Rent-A-Car

Grundlegende Werte*

- Unsere Marke ist das Wertvollste, was wir besitzen.
- Persönliche Ehrlichkeit und Integrität sind die Grundlage unseres Erfolgs.
- Kundenservice ist unser Lebensstil.
- Enterprise ist ein freundlicher und spaßerfüllter Arbeitsplatz, an dem Teamwork zählt.
- Wir arbeiten hart und wir belohnen harte Arbeit.

* Entnommen aus http://aboutus.enterprise.com/what_we_believe/founding_values.html

- Wenn wir zuhören, unseren Kunden und uns gegenseitig, passieren großartige Dinge.
- Wir stärken unsere Standortgemeinden, eine Gemeinde nach der anderen.
- Unsere Türen stehen offen.

Enterprise lebt nach einem aus sechs Punkten bestehenden „Kulturkompass", der umfassende Beschreibungen des Verhaltens erhält, das in Bezug auf die operativen Abläufe, Diversität, Work-Life-Balance, Geschäftspraktiken, die Beziehungen zur Standortgemeinde, Philanthropie und die Beziehungen zur Regierung von den Mitarbeitern erwartet wird. Der wahre Norden dieses Kompasses, das operative Geschäft, ist der Motor, der Enterprise antreibt. Unsere Profitabilität verleiht uns die Ressourcen, damit wir den Erwartungen der Gesellschaft und unseren eigenen Erwartungen entsprechen können. Das betrifft Dinge wie die Schaffung von Arbeitsplätzen, Investitionen in Wachstumschancen und in unsere Standortgemeinden. Zuallererst müssen wir gute Geschäftsleute sein: Wir müssen unsere Kunden konstant zufrieden stellen und unsere Mitarbeiter mit Respekt behandeln. Außerdem müssen wir überlegene Agenten und Wettbewerber sein. Schließlich ist unser intensives Engagement für wettbewerbsorientierte fokussierte operative Abläufe das, was uns nicht nur zur größten, sondern auch zur besten Autovermietung in Nordamerika gemacht hat.

Darüber hinaus hat die Marke nur dann eine Bedeutung, wenn sie Ihre Zielgruppe erreicht. Beschreiben Sie daher Ihre Arbeitgebermarke also für die potenziell wechselbereiten Arbeitskräfte. Da Ihre Aufgabe darin besteht, die Realität sowie die angestrebten Inhalte und Positionierung Ihrer bereits vorhandenen Arbeitgebermarke zu artikulieren, beginnen Sie am besten bei Ihren Mitarbeitern. Bitten Sie sie um aufrichtige und offene Beiträge, denn – wie wir gesehen haben – ein großer Teil Ihrer Belegschaft gehört zu den potenziell wechselbereiten Arbeitskräften. Ihre bestehenden Mitarbeiter sind die Experten; wenn Sie mit etwas anderem beginnen, als mit ihrer Erfahrung, schreiben Sie Fiktion.

Stellen Sie Ihren Mitarbeitern die folgenden Fragen:

- Wie lauten unsere Überzeugungen als Organisation?
- Wie bestimmen wir, welche Projekte durchgeführt werden?
- Auf Basis welcher Kriterien wird Ihre Leistung beurteilt?
- Sind wir fair?
- Wie behandeln wir unsere Kunden?
- Welche Kunden verdienen die größte Aufmerksamkeit?

Fragen zur Kultur

- Warum arbeiten Sie hier?
- Was ist an unserem Unternehmen einzigartig?
- Wie ist Ihre Beziehung zu unseren Kunden?
- Warum würde Ihr Kunde mit Ihnen Geschäfte machen wollen?
- Welche Ergebnisse erwarten Sie von Ihrer Arbeit?
- Wie erreichen wir unsere Ziele?
- Beschreiben Sie die Art von Mitarbeitern, die hier erfolgreich sind.
- Welche Gefühle gegenüber unserem Unternehmen wollen wir bei unseren Mitarbeitern auslösen?
- Welche Dinge, außer Geld, würden Sie dazu veranlassen, das Unternehmen zu verlassen?
- Würden Sie dieses Unternehmen einem engen Freund empfehlen?

Außerdem sollten Sie eine detailliertere Liste an „Merkmalen und Nutzen" einer Beschäftigung in Ihrer Organisation erstellen. Das sind die Details, die Personalverantwortliche und Recruiter so gerne diskutieren, weil sie konkreter sind als Mission und Kultur:

- Stellenbeschreibung
- Vergütungsdetails (Gehalt, Bonus, Stundensatz, Gewinnbeteiligung)
- Sozialleistungen aller Art (betriebliche Altersversorgung, vermögenswirksame Leistungen etc.)
- Geschäftszweig – Produkte und Serviceleistungen
- Geschäftschancen – die Vorteile einer Beschäftigung bei Ihrem Unternehmen; die Chance zur Karrierenentwicklung
- Lebensstil – „Work-Life-Balance“ oder „intensive Atmosphäre“; mit der Tätigkeit verbundene Reisetätigkeit etc.
- Standort
- Branchenpositionierung (beste Produkte, „begehrtester Arbeitgeber“)
- Unterstützung der Gemeinde und andere äußere Ausdrucksformen der Unternehmenskultur
- Anerkennung von außen.

Mit dieser Liste werben Sie nicht, weil diese Merkmale und Vorteile, offen gesagt, eine unterstützende Rolle in Ihrer Arbeitgebermarke spielen. Eine schriftliche Aufzählung ist einfach nicht so überzeugend wie eine lebendige mündliche Beschreibung (oder besser, eine Erzählung). Die Merkmale und Vorteile einer Tätigkeit können Ihnen dabei helfen, mit einem individuellen Kandidaten überein zu kommen, oder sie können das Zünglein an der Waage sein, wenn ein Kandidat zwischen Ihrem Unternehmen und einem Wettbewerber entscheiden muss. Allerdings sind sie nicht effektiv genug, um für sich allein um Aufmerksamkeit zu werben.

Details helfen, und es ist wichtig, all die positiven Dinge zu akzentuieren, die sich in einem Unternehmen ereignen. Lori Erickson von Monster erinnert sich: „Als ich bei Monster anfing, wurden mir Sozialleistungen geboten, von denen ich noch nie zuvor gehört hatte.

Wir haben in jeder US-Niederlassung ein Programm zur Adoptionsunterstützung und Wickelräume für junge Mütter. Wir beschäftigen einen Work-Life-Experten, der Programme entwickelt, die es unseren Mitarbeitern erleichtern, Beruf und Privatleben besser in Einklang zu bringen. Wir mussten lernen, diese Botschaft in unsere Recruiting-Story einzuflechten.“

Ihr erster Versuch, Ihre Arbeitgebermarke zu definieren, muss nicht perfekt sein, aber sie muss einige Regeln erfüllen:

- **Ist sie authentisch?** Spiegelt Ihre Aussage die Realität wider? Erkennen Ihre Mitarbeiter die Werte und die Kultur wieder, die Sie beschreiben?
- **Ist sie einzigartig?** Würde ein Mitarbeiter sofort erkennen, dass es sich bei der Beschreibung um Ihr Unternehmen und kein anderes handelt?
- **Ist sie überzeugend?** Fordert sie zum Handeln auf? Beschreibt sie die Bedeutung einer Anstellung in Ihrem Unternehmen?
- **Ist sie relevant?** Hat Ihre Aussage für die Menschen, die Sie anwerben wollen, eine Bedeutung?
- **Beschreibt sie eine Erfahrung?** Soweit Stellenkandidaten, potenzielle Kandidaten und Mitarbeiter betroffen sind, ist Ihre Arbeitgebermarke eine Erfahrung. Sie ist weder ein Slogan noch ein Logo und auch keine Pressmitteilung. Sie ist ein guter oder schlechter Deal über die Investition eines weiteren Tages ihrer unwiederbringlichen Lebenszeit in Ihrem Unternehmen.

Die Antwort auf jede einzelne Frage muss ja lauten, andernfalls werden Sie Ihre Zielgruppe nicht erreichen. Das rigorose Hinterfragen der Aussagen über das eigene Unternehmen bewährte sich für Laura Stanley, die das Team Talent Acquisition and Employment Branding (Mitarbeitergewinnung und Arbeitgebermarke) von EarthLink in Atlanta leitet. Sie begann ihre Arbeit mit einer Überprüfung der Realität: „Als ich hier begann, fragte ich mein Team als Erstes:

‚Okay, warum will jemand hier arbeiten, und warum will jemand nicht hier arbeiten? Welches sind unsere Markenattribute? Warum kommen Spitzenkräfte in unser Unternehmen? Was braucht die Organisation in Bezug auf unsere langfristigen Ziele – also die nächsten fünf bis zehn Jahre; das heißt bis 2015, 2020?" Durch unsere Untersuchungen fanden wir heraus, dass es wirklich darauf ankommt, dass Sie klar ausdrücken, was Mitarbeiter erwartet, wenn sie ins Unternehmen kommen, und auch was sie umgekehrt leisten müssen. Und Sie müssen sicherstellen, dass Sie die richtigen Leute zum richtigen Zeitpunkt in die richtigen Positionen bringen."

Ein weiterer Grund, damit Sie Ihre Story schreiben

Eine überzeugende Story zieht nicht nur hoch qualifizierte Mitarbeiter an, sondern beginnt den Selektionsprozess mit der Unterscheidung zwischen den Kandidaten, die Ihre Arbeitgebermarke attraktiv finden, und denen, die sie nicht attraktiv finden. Eine undifferenzierte Vision nach dem Einheitsgrößenprinzip führt zu mittelmäßigen Bewerberpools. Jeder fühlt sich von Aussagen wie „Sie werden mit herausragenden Kollegen arbeiten und die Herausforderung genießen" angezogen. Sie wollen aber Mitarbeiter gewinnen, die zu Ihrer authentischen Markenidentität und Arbeitgebermarke passen.

Ein Problem, das sich stellt, wenn Sie das Interesse einer großen Zahl an Stellenkandidaten wecken (weil Sie möglichst viele anlocken wollen, in der Hoffnung, aus der Gesamtzahl die besten herauszupicken), besteht darin, dass Sie sich mit einem wesentlich umfangreicheren Auswahlprozess belasten als nötig.

Eine gut formulierte Arbeitgebermarke hilft Ihnen dabei, einen Fehlstart zu vermeiden. Wir kennen einige herausragende Leute, die bei Monster angefangen haben und dort gescheitert sind. Immer wenn das geschah, haben wir uns gefragt, ob das an ihren Kompetenzen lag oder daran, dass ihre Werte nicht mit unseren Unternehmenswerten übereinstimmten. Denken Sie an die großen Fehlbesetzungen in der Wirtschaft – zum Beispiel John Sculley bei Apple und Michael Ovitz bei Disney. Beide verfügten über erhebliche Kompetenzen und waren eindeutig in der Lage, in ihren jeweiligen Rollen erfolgreich zu sein, und dennoch waren sie für die Unternehmen, die sie führen sollten, eine Fehlbesetzung.

Ihre Arbeitgebermarke sollte Kandidaten *anlocken*, die Sie wirklich wollen (diejenigen, die wirklich zu Ihrem Unternehmen passen) und diejenigen *abschrecken*, die sich nicht in Ihrem Unternehmen bewähren werden, vor allem die qualifizierten Kandidaten, die nicht zu Ihrer Kultur passen.

Der Authentizitätscheck

Stellen Sie sich (und Ihren Mitarbeitern) die folgenden Fragen. Und dann teilen Sie Ihrem CEO die Antworten mit.

- Teilen die Mitarbeiter die Vision der Unternehmensführung über Ihre Arbeitgebermarke?
- Glauben Ihre Mitarbeiter den Aussagen der Arbeitgebermarke über die Unternehmenswerte?
- Was halten sie von der Präsentation der Arbeitgebermarke?
- Wie bewerten sie die Authentizität der Botschaft Ihrer Arbeitgebermarke?
- Welche Aspekte der Beschäftigung in Ihrem Unternehmen sind für Ihre Mitarbeiter am wichtigsten?
- Kann ich die Antworten segmentieren (nach Seniorität, Dauer des Beschäftigungsverhältnisses, Bewertung seitens der Manager etc.)?
- Welche Details schätzen langjährige Mitarbeiter am meisten?
- Welche Details schätzen kurzfristige Mitarbeiter am meisten?

Es geht nicht einmal um Ihre Produkte

Ihre Produkte und Serviceleistungen sind wichtige Attribute Ihrer Arbeitgebermarke, aber machen nicht deren Kern aus. Herausragende Organisationen überdauern ihre ersten Produkte und ursprünglichen Geschäftsfelder und entwickeln sich weiter, aber sie bewahren stets ihre etablierten Werte. Wir haben einige Marken genannt, wie zum Beispiel Nike, deren Produkte im Einklang mit ihrer Arbeitgebermarke stehen, wobei es nicht um Sportschuhe geht. Wäre Nike im Automobilsektor aktiv, würde es ein Fahrzeug entwerfen, dass unmissverständlich ein Nike-Fahrzeug wäre.

Anfang der 1990er-Jahre steckte IBM in einer tiefen Krise. Seine Geschäftsmethoden, seine technische Innovation und seine Marke, die es noch ein Jahrzehnt zuvor zu einem Musterbeispiel für ein herausragendes Unternehmen gemacht hatten, wurden von neuen Technologien und neuen Kundenanforderungen überholt. Unzählige Managementschichten machten aus IBM einen schwerfälligen Koloss, der von kleinen, wendigeren Wettbewerbern ausmanövriert wurde. Ein neuer Unternehmensführer, Lou Gerstner, schaffte schließlich den Turnaround, indem er auf Kundenbedürfnisse fokussierte – „Lösungen“ statt immer nur neue Technologie, und ein Beratungsmodell, das dem Umstand gerecht wurde, dass die Anwendung von Technologie auf individuelle Geschäftsprobleme für Kunden wichtiger war, als ein Computerbetriebssystem mit allen technischen Schikanen.

Gerstner baute die Organisation völlig um, eliminierte ganze Managementschichten und veränderte im Großen und Kleinen das technikorientierte Image der IBM-Mitarbeiter. Am Ende verabschiedete sich IBM ganz aus dem PC-Geschäft.

Was sich *nicht* veränderte, war der grundlegende Wert, dass IBM Informationstechnologie lieferte (und als erweiterte Leistung die Fähigkeit sie anzuwenden), um umfangreiche geschäftliche Probleme zu lösen. Gerstner stellte auch IBMs Reputation als Arbeitgeber wieder her, der die Elite unter den Kandidaten einstellt und brachte seinen Mitarbeitern eine große Wertschätzung entgegen. Während seiner Krise hatte IBM einen Teil seiner Reputation eingebüßt, und Gerstner erkannte ganz richtig, dass der Ruf, herausragende Experten zu beschäftigen, für ein Unternehmen im Dienstleistungssektor ein erfolgskritischer Geschäftsvorteil ist – wenn nicht sogar der einzig wirklich wichtige Geschäftsvorteil.

Analyse: Die Erfüllung des Versprechens Ihrer Arbeitgebermarke

Eine Umfrage unter den Mitarbeitern, wie sie auf S. XY empfohlen wird, kann Ihnen Auskunft darüber geben, ob Ihre Arbeitgebermarke relevant und authentisch ist – kurz gesagt, ob Sie Ihr Markenversprechen erfüllen. Analysieren Sie die Ergebnisse der Umfrage anhand einer Standardmatrix, wie nachfolgend dargestellt, bei der die vertikale Achse die Bedeutung bestimmter Markenattribute für Ihre vorhandenen Mitarbeiter wiedergibt, und die horizontale Achse darüber Aufschluss gibt, wie gut Ihre Organisation diesen Markenattributen entspricht.

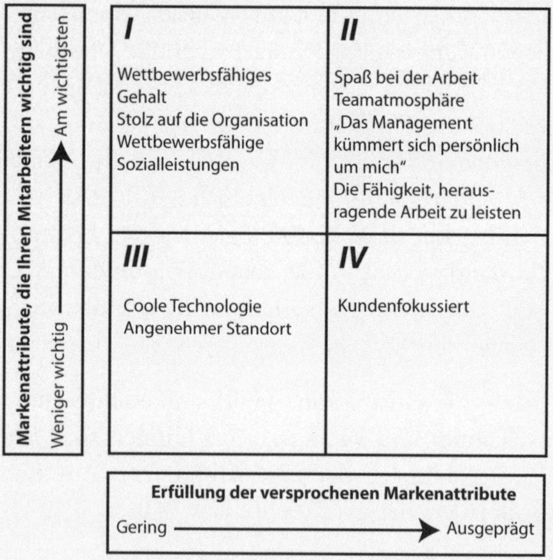

In einer Organisation mit einer hoch relevanten und authentischen Arbeitgebermarke stehen im Quadrant II die Merkmale, die für Mitarbeiter wichtig sind, und die die Organisation bietet und in ihrer Marke zum Ausdruck bringt. Die in Quadrant I aufgeführten Attribute bilden Risikofaktoren, weil sie bedeuten, dass die Organisation nicht das bietet, worauf es ankommt. Die in Quadrant III aufgeführten Attribute sind für das Recruiting relativ unwichtig, und die in Quadrant IV aufgeführten Attribute repräsentieren eine Bruchstelle zwischen den Mitarbeitern und den Markenmerkmalen. Der hier profilierten Organisation ist es zum Beispiel gelungen, auf Basis der Aussagen in Quadrant II eine positive Kultur zu entwickeln, aber sie läuft Gefahr, Mitarbeiter zu verlieren oder gar nicht erst die Besten der Besten zu gewinnen, weil das Gehalt und die Sozialleistungen (Quadrant I) nicht stimmen.

Aus dieser Art Analyse lassen sich großartige Fragen ableiten: Muss ein Unternehmen höhere Gehälter zahlen, um Spitzenkräfte zu gewinnen, oder arbeiten diese auch für ein etwas geringeres Gehalt, weil die Unternehmenskultur so überzeugend ist? Der Kundenfokus der Marke scheint für die Mitarbeiter keine große Bedeutung zu haben. Warum? Ist das kein relevantes Verkaufsargument gegenüber potenziellen Stellenkandidaten? Warum ist „coole Technologie" für die Mitarbeiter nicht wichtig?

Die Bedeutung der Werte für eine Arbeitgebermarke wird bei den oft gehörten Storys über Akquisitionen besonders deutlich. Ein gutes Unternehmen wird übernommen und anschließend gezwungen, seine Unternehmenskultur an die Kultur der neuen Muttergesellschaft anzupassen. Sie wissen, was als Nächstes geschieht – die besten Leute verlassen das Unternehmen, weil „es hier nicht mehr dasselbe ist."

Ein Schlüssel zum Erfolg der Akquisitionsstrategie von Cisco Systems liegt in der Fähigkeit, den Kulturschock abzufedern, den Mitarbeiter empfinden, wenn eine neue Muttergesellschaft das Zepter übernimmt. Die Akquisitionsexperten von Cisco fokussieren nach eigener Aussage zunächst auf die Menschen und erst in zweiter Linie auf die Produkte. Sie behandeln die neuen Mitarbeiter auf vielfältige Weise mit Respekt, was sich unter anderem daran zeigt, dass bereits am Tag der Akquisition neue Positionsbezeichnungen, Visitenkarten und Vergütungspakete vorbereitet sind. Cisco hält nach Unternehmen Ausschau, die eine ähnliche Kultur der Eigenverantwortung und Entscheidungsfreiheit pflegen wie Cisco selbst, damit die Veränderung weniger dramatisch ausfällt. Mitarbeiter, die daran gewöhnt sind zu sagen, was sie denken, oder die Initiative zu ergreifen, werden dazu ermuntert, dieses Verhalten beizubehalten (schließlich haben sie auf diese Weise Produkte entwickelt, die Cisco dazu veranlasst haben, sich für ihr Unternehmen zu interessieren). Die fusionsbedingte Mitarbeiterfluktuation der von Cisco akquirierten Unternehmen liegt bei unter 1 Prozent.[6]

Entwickeln Sie sich zu einem Arbeitgeber mit magnetischer Anziehungskraft

Rob O'Keefe von dem auf Recruiting-Werbung spezialisierten Unternehmen TMP Worldwide Advertising and Communications, definierte den Begriff „Arbeitgeber mit Magnetwirkung" in einer Diskussion über die Entwicklung einer Arbeitgebermarke:

Ein Arbeitgeber mit Magnetwirkung ist ein Arbeitgeber, für den jeder arbeiten will; eine Organisation, in der die Führung, die Mitarbeiter und die Kultur vollständig miteinander im Einklang stehen. Diese Organisationen haben eine ernsthafte Einigung darüber erzielt, was die Organisation macht, wie sie es macht, und warum sie es macht.

Wenn eine Organisation zu einem Arbeitgeber mit Magnetwirkung wird, bringen die richtigen Leute der Organisation Wertschätzung entgegen; dann wollen die richtigen Leute dazu gehören und befreien die Organisation somit von der Notwendigkeit, Aktivitäten zur Gewinnung von Bewerberkontakten zu starten. Stattdessen werden diese Strategien von der reinen Marke, der PR und internen Kommunikationsinitiativen ersetzt.

Dies ist ein angestrebter Idealzustand, der wesentlich mehr erfordert als die Entwicklung einer guten Marke. Dennoch stellt der Status eines Arbeitgebers mit Magnetwirkung das Ziel aller Anstrengungen dar. Die Formulierung einer Arbeitgebermarke mit dem Ziel, höher qualifizierte und leistungsfähigere Stellenkandidaten anzulocken, stellt eine Kerntaktik dar. Sie gewinnen diese Kandidaten, indem Sie Ihre Marke authentisch mit Leben füllen und Ihr Markenversprechen einhalten. Als Mitarbeiter werden diese qualifizierten Kandidaten ihre Karriere weiterentwickeln und die Mission des Unternehmens vorantreiben.

Aber hier greifen wir den Dingen vor; der nächste Schritt (das erfahren Sie in Kapitel 6) ist die Entwicklung der Botschaften, die Ihre Arbeitgebermarke kommunizieren will, und deren Vermittlung an die kompetentesten Stellenkandidaten.

Zusammenfassung

- Sie haben bereits eine Arbeitgebermarke. Ob sie erstrebenswert und authentisch ist und Ihrer Kontrolle unterliegt, sind Themen, mit denen Sie sich im Recruiting auseinandersetzen müssen.
- Eine starke Arbeitgebermarke muss im Einklang mit dem Führungsstil der Unternehmensführung stehen, weil die Marke immer an der Spitze entsteht.
- Formulieren Sie Ihre Marke auf Basis der Kernwahrheiten über Ihre Organisation.
- Eine Arbeitgebermarke fokussiert auf Werte und Kultur, und nicht auf Produkte und Serviceleistungen.
- Die besten Arbeitgebermarken basieren auf der Erfüllung der Markenbotschaft. Sie machen sich in der täglichen Arbeit der Mitarbeiter und den Werten der Organisation bemerkbar.

Kapitel 6: Sorgen Sie dafür, dass die richtigen Kandidaten von Ihrem Unternehmen erfahren

In dem Film *Camelot* beschließt König Arthur, die besten Ritter der Welt in einer Tafelrunde zu versammeln. Er schickt von seiner Burg aus mehrere Dutzend Brieftauben auf die Reise, jede einzelne mit einer Einladung an einen edlen Helden, an dieser Tafelrunde teilzunehmen. Als Lancelot in Frankreich die Einladung erhält, beginnt er zu singen (also gut, es ist schließlich ein Musical). Die besten Ritter der Welt nehmen Arthurs Einladung an und machen sich auf den Weg nach Camelot.

Seit dem Jahre 500 nach Chr. hat sich die Medientechnologie weiterentwickelt; die Brieftauben können Sie wahrscheinlich einmotten, aber wenn Sie heute nach einem Lancelot Ausschau halten, müssen Sie ebenfalls jeden Kommunikationskanal nutzen, von der Werbung über Ihre Unternehmenswebsite bis zur Mundpropaganda.

In diesem Spiel der Anziehungskraft ist die Mentalität der potenziellen Wechselbereitschaft Ihr Verbündeter, weil selbst der glücklichste Mitarbeiter für Ihre Botschaft empfänglich ist, wenn sie überzeugend ist. Sie können langfristig eine Reihe von Eindrücken über Ihre Arbeitgebermarke kreieren und im Verlauf der Zeit eine große Zielgruppe an qualifizierten Arbeitskräften bilden, die daran interessiert sind, für Ihr Unternehmen zu arbeiten.

Wahrnehmung

An diesem Punkt haben Sie die Qualitäten Ihrer Arbeitgebermarke formuliert, und damit verfügen Sie über die Grundlage für die Formulierung einer Botschaft. Um die richtigen Kandidaten anzulocken, müssen Sie entscheiden, wer die richtigen Kandidaten sind, wo sie sich aufhalten und wie sie Ihre Botschaft empfangen. Bei der Initiierung des Beschäftigungskreislaufs müssen Sie zunächst die Aufmerksamkeit möglicher Kandidaten und Ihrer eigenen Mitarbeiter (weil diese, wie wir gesehen haben, Teil Ihrer Anwerbestrategie sind) gewinnen. Wenn Sie verstehen, wie Ihre Zielgruppe tickt, werden sich auch die richtigen Kandidaten für Ihr Unternehmen interessieren und den nächsten Schritt in Ihre Richtung machen wollen.

Attraktion beginnt mit Wahrnehmung: Die Kandidaten müssen Ihren Namen kennen und mindestens eine Information über Ihr Unternehmen haben, die ihr Interesse weckt. Derzeit laufen Sie Gefahr, in der Flut der Werbung und Informationen, mit denen der durchschnittliche Mensch laufend bombardiert wird, unterzugehen. Schätzungen darüber, wie vielen Werbebotschaften Verbraucher tagtäglich ausgesetzt sind, schwanken stark; sie bewegen sich zwischen 250 und 3.000 Botschaften am Tag, aber selbst wenn Sie nur die Untergruppe der Recruiting-Werbung zählen, sind es immer noch immens viele Botschaften. Mit jeder Stellenanzeige, jeder Website mit ihren Karriere-Links und jeder Plakatwerbung konkurrieren lokale Unternehmen mit Ihrem Unternehmen um einen Moment der Aufmerksamkeit potenzieller Kandidaten.

Diese Botschaften konkurrieren nicht nur miteinander, sondern auch mit einem konstanten Strom an nicht kommerziellen Anforderungen – vom klingelnden Telefon bis zur Unterbrechung einer Kollegin, die auf das Lächeln ihres Freundes reagiert. Es genügt die Feststellung, dass niemand Ihrer Botschaft ohne guten Grund Aufmerksamkeit schenkt (weil Aufmerksamkeit ein knappes, wertvolles und persönliches Gut ist!).

Wenn Sie Wahrnehmung in Attraktion verwandeln wollen, kommt es auf jeden Eindruck an. Die ersten Begegnungen mit Ihrer Arbeitgebermarke können entscheidend sein. Werden sich potenzielle zukünftige Kandidaten einen zweiten Eindruck verschaffen wollen? Einen dritten? Diese Berührungspunkte werden Momente sein, die Ihre Arbeitgebermarke entweder bekräftigen oder entkräften. Jeder einzelne Berührungspunkt muss die zentralen Themen Ihrer Arbeitgebermarke verstärken. Effektive Berührungspunkte wirken zunächst auf die Emotionen ein und dann auf den Intellekt. Effektive Berührungspunkte projizieren beständig die einzigartigen Attribute Ihrer Arbeitgebermarke.

Rocky Parker, Associate Vice President bei Nationwide, entdeckte, dass die Platzierung der Schlüsselattribute einer Beschäftigung bei Nationwide noch vor dem Unternehmensnamen den richtigen Effekt erzielte:

Für Jobmessen druckten wir eine Million Broschüren, in denen es um Persönlichkeit ging. Das waren nicht die traditionellen Finanzdienstleistungsbroschüren, die Sie in jeder Bank und auf jeder Jobmesse sehen. Auf dem Deckblatt stand nicht einmal der Name Nationwide, sondern nur „Persönlichkeit". Innen hieß es: „Wir suchen nach Kandidaten, die ihrer Arbeit jeden Tag Leben und Energie einhauchen."

Unsere Broschüre stellte Menschen vor, die über ihre Leidenschaften sprachen, ihr Commitment, ihre Verbundenheit und Führungsqualitäten sowie einige andere Eigenschaften, die wir für wichtig halten. Alle unsere Messedisplays, unsere Messestände und alle Unterlagen zum Mitnehmen sowie sämtliche Stellenbeschreibungen und Online-Stellenausschreibungen – alles folgte dieser Markenbotschaft. Wir haben sogar die Gestaltung der Räumlichkeiten verändert, in denen wir die Bewerbungsgespräche führen. Jetzt vermitteln sie den Eindruck, als trete man in die Broschüre ein.

Kurz gesagt wird Nationwides Arbeitgebermarke in Rockys Broschüre mit den Unternehmenswerten assoziiert.

Die Erfahrung der Kandidaten

Betrachten Sie die Erfahrung von Stellenbewerbern, die sich zu einem Bewerbungsgespräch begeben. Viele US-Organisationen behandeln Bewerber folgendermaßen:

Der Bewerber wartet an der Rezeption, und wartet und wartet. Niemand bietet ihm Kaffee an oder zeigt ihm, wo die Toilette ist. Dann wird er in einen Raum geführt, in dem als einzige Wanddekoration Poster zum Thema Arbeitsplatzsicherheit sowie Plakate der US-Behörde für Sicherheit und Gesundheit am Arbeitsplatz (Health Administration, OSHA), und der Gleichstellungsbehörde Equal Employment Opportunity Commission (EEOC) kleben. Der Bewerber muss sich an einen dieser winzigen Schülerschreibtische zwängen und ein Formblatt ausfüllen. Dann wartet er erneut. Schließlich wird er in den dunkelsten Raum des ganzen Gebäudes geführt, wo ihn ein Personalsachbearbeiter ordentlich in die Mangel nimmt. Dann kommt (manchmal) ein Manager herein und der Kandidat muss rund zehn Minuten Selbstauskunft geben. Anschließend teilt man ihm mit, das Gespräch sei beendet, und verabschiedet ihn mit den Worten: „Wir rufen Sie an."

Wenn wir Vorgesetzte in ihrer Rolle als Hiringmanager und Recruiter fragen, ob ihnen dieser Ablauf bekannt vorkommt, heben rund 90 Prozent der Anwesenden – die ehrlichen – die Hand. Unglaublich.

Die Botschaft, die sie mit so einer Einstellungspraxis an Stellenbewerber aussenden, lautet: „Sie sind uns egal." Glauben Sie, ein Marketingexperte würde einen Kunden zum Produkttest einladen und ihn dann so behandeln?

Wie sieht es stattdessen mit folgendem Ablauf aus? Der Bewerber wird in einen luftigen, hellen Raum geführt, in dem Tische, bequeme Stühle und ein Sofa stehen. Dort wird ein Video über das Unternehmen abgespielt, es gibt Kaffee und Mineralwasser, und auf dem Tisch liegen Recruiting-Publikationen über das Unternehmen.

Ein Mitarbeiter kommt vorbei und spricht über seine großartige Arbeitserfahrung in diesem Unternehmen. Falls der Kandidat ein Bewerbungsformular ausfüllen muss, steht jemand zur Verfügung, um ihm gegebenenfalls dabei zu helfen. Anschließend wird der Bewerber in einen Raum gebeten, in dem geschulte Experten ein professionelles Bewerbungsgespräch mit ihm führen. Der Kandidat trifft auf einen vorbereiteten Manager, der ihm relevante Fragen stellt. Am Ende des Gesprächs wird dem Bewerber mitgeteilt, dass er innerhalb einer Woche einen Anruf erhält – und das geschieht dann auch. Hier wird der Bewerber als Kunde behandelt.

Robert Crowder, ehemaliger Director of Diversity Recruiting bei The Hartford und heute Senior Executive Recruiter bei Aetna Inc., erklärt, dass im Verlauf des gesamten Recruiting-Prozesses ständig Botschaften ausgesendet werden:

Jeder Berührungspunkt, an dem Menschen mit uns in Kontakt kommen, gibt darüber Auskunft, wie glaubwürdig unsere Marke ist. Das reicht von der Geschwindigkeit, mit der ein Telefonanruf erwidert wird, bis zu der Art und Weise, wie wir einem Kandidaten mitteilen, dass er für unser Unternehmen ungeeignet ist. Wie verhalten wir uns, wenn er den Raum betritt? Wenn er im Konferenzraum wartet? Wie gehen wir in Gegenwart des Bewerbers miteinander um? Diese Verhaltensweisen geben Aufschluss über die Glaubwürdigkeit von The Hartford.

Für Stellenkandidaten *repräsentiert* Ihr Verhalten im Rahmen des Recruiting-Prozesses Ihre Arbeitgebermarke. Das gilt schon, bevor ein Kandidat Ihr Unternehmen betritt. Nehmen wir an, Ihre Unternehmenskultur und Ihre Arbeitgebermarke legen den Schwerpunkt auf Respekt gegenüber Kunden. Da die Kandidaten die Kunden des Hiringmanagers sind, muss jeder offizielle Berührungspunkt den Respekt vor deren Zeit, deren Intelligenz und deren Wert ausdrücken. Und das könnte sich folgendermaßen darstellen:

- Jeder Kandidat wird über den Eingang seiner Bewerbung informiert (das kann durch eine simple Autoresponse-Mail geschehen, die den sicheren Eingang der Bewerbung bestätigt).

- Kandidaten, die die erste Auswahlrunde nicht bestehen, werden schnell und eindeutig darüber informiert, und es wird ihnen für ihr Interesse gedankt. Die Tür für eine mögliche zukünftige Zusammenarbeit bleibt offen.
- Kandidaten, die möglicherweise für andere Tätigkeiten in der Organisation infrage kommen, werden schnellstmöglich informiert. Zum Beispiel könnte das Unternehmen ihnen mitteilen, dass ihre Bewerbung für mögliche zukünftige Chancen an eine andere Abteilung weitergeleitet wird.
- Kandidaten, die sich für die ausgeschriebene Position qualifizieren, werden zügig kontaktiert, selbst wenn ihnen zunächst lediglich mitgeteilt wird, dass ihre Bewerbung in die engere Wahl kommt.
- Äußerst vielversprechende Kandidaten, die eindeutig für Schlüsselpositionen geeignet sind, werden innerhalb von zwei Tagen kontaktiert.

Marketingkurzschrift

Ein Marketingexperte fragt:

- Wer ist meine Zielgruppe, und was will sie?
- Welche Kanäle benutze ich, um jede Kundengruppe zu erreichen?
- Worin besteht mein Produktangebot?
- Wie sieht die „Kundenerfahrung" von Stellenkandidaten und Mitarbeitern aus?
- Wie unterscheidet sie sich vom Angebot meiner Wettbewerber?
- Wie formuliere ich meine Markenattribute und wie nutze ich sie gewinnbringend?
- Wie schließe ich die Lücke zwischen den Wünschen eines Kunden und meinem Angebot?

Ein Vorgesetzter in der Rolle als Hiringmanager *sollte* fragen:

- Wer sind meine Zielkandidaten, und was wollen sie?
- Wo werde ich die meisten Zielkandidaten und die wenigsten unqualifizierten Bewerber finden?
- Was biete ich ihnen?
- Wie sieht die Erfahrung der Kandidaten/Bewerber aus?
- Wie unterscheide ich mich in Bezug auf qualifizierte Mitarbeiter von meinen Wettbewerbern?
- Wie formuliere ich meine Markenattribute und wie nutze ich sie gewinnbringend?

Jeder, selbst die erfolglosen Bewerber

Während wir dieses Buch schreiben, hören wir geradezu überall das Stöhnen der Personal- und Recruiting-Mitarbeiter: „Ich ertrinke in ungeeigneten Bewerbungen!“ Das Aussortieren der unqualifizierten Bewerbungen nimmt Zeit in Anspruch, aber das erlöst den Manager nicht von dem Versprechen, seinen Kunden Respekt entgegenzubringen. Einfache, automatische Empfangsbestätigungen reichen aus, um allen Kandidaten mitzuteilen, dass ihre Bewerbung eingegangen ist.

Es gibt eine Lösung für das Problem zu vieler Bewerbungen. Hier hilft die Technologie, und zwar von einfachen Datenbankprogrammen bis zu hoch entwickelter Enterprise-Software (Letztere für die Großunternehmen, bei denen sich diese Ausgaben rechnen.). Die Suchmaschinen werden immer besser, und erfahrene Recruiter sind inzwischen versiert in der Sichtung von Bewerbungen und Lebensläufen. Das beginnt mit einem klaren und offenen Verständnis der Menschen, die zu Ihrer Organisation passen.

Sie können sogar Ihre Arbeitgebermarke zur Unterstützung des Auswahlprozesses einsetzen. Hier die Vorgehensweise der Baumarktkette Home Depot, wie sie Caroline Brown, Senior Manager of Employment Marketing beschreibt:

Viele Menschen glauben, weil es wirklich Spaß macht, bei Home Depot einzukaufen, mache es auch Spaß, hier zu arbeiten. Das stimmt zwar, aber die Arbeit bei Home Depot ist auch eine große Herausforderung. Wir müssen dafür sorgen, dass wir die Leute ins Unternehmen holen, die dieser Herausforderung gewachsen sind und guten Kundenservice erbringen. Was wir dafür unter anderem machen, ist beispielsweise die Produktion eines kurzen Videos – es heißt *The Realistic Shop Preview* (der realistische Einblick ins Unternehmen) – das die Glanzpunkte der Arbeit zeigt, aber auch den wirklich harten Teil. Wir stellen das Video online. Es regt potenzielle Kandidaten zu einer Selbstselektion an, bevor sie sich überhaupt die Mühe machen, sich zu bewerben.

Selbst Kandidaten, die Sie nicht einstellen, machen sich einen Eindruck von Ihrer Organisation, und wenn Sie sie richtig behandeln, können auch sie zu einer Quelle potenzieller Kandidaten werden. Lisa Calicchio, Director für das Recruiting pharmazeutischer Teams bei Johnson & Johnson, glaubt daran und bemüht sich, jede Interaktion zu einer positiven Erfahrung für den betreffenden Kandidaten zu machen. Wenn Sie meinen, dass Sie zu viele Bewerbungen von nicht ausreichend qualifizierten Kandidaten erhalten, dann werfen Sie einen Blick auf Lisas Welt:

Wir erhalten jedes Jahr eine Million Bewerbungen. Folglich übertrifft die Zahl der Bewerber, die Johnson & Johnson *nicht* einstellt, die Zahl der eingestellten Kandidaten bei Weitem. Die abgelehnten Bewerber sind Stimmen, auf die wir achten müssen, weil Menschen über ihre Erfahrungen sprechen. Und sie sprechen bekanntlich eher über negative Erfahrungen als über positive. Jeder Kandidat erfordert ein gewisses Maß an Aufmerksamkeit. Wir sind nicht perfekt, aber die grundsätzlichen Gebote der Höflichkeit, des Respekts und der Reaktion sollten für jeden gelten.

Wenn Sie wissen wollen, ob Ihr Einstellungsprozess Ihre Arbeitgebermarke authentisch widerspiegelt, holen Sie in jeder Phase des

Prozesses Feedback ein – wenn sich Menschen bewerben, wenn Sie die Bewerbungen sichten und im telefonischen oder persönlichen Bewerbungsgespräch. Dafür brauchen Sie keine Unternehmensberatung engagieren. Vielmehr können Sie eine schnelle Onlineumfrage erstellen (oder eine Frage-und-Antwort-Sitzung am Ende eines Bewerbungsgesprächs) und folgende Fragen stellen:

- Haben Sie von uns eine schnelle Antwort erhalten?
- Wurden Sie respektvoll behandelt?
- Welchen Eindruck über unsere Organisation haben Sie bei Ihrem Besuch in unseren Räumlichkeiten oder unserer Website erhalten?
- Waren die Menschen, mit denen Sie gesprochen haben, darauf vorbereitet, Ihnen Auskunft über das Unternehmen zu geben und mit Ihnen ein Bewerbungsgespräch zu führen?
- Würden Sie sich auf Basis Ihrer Erfahrung in der Zukunft für weitere Positionen bewerben?

MEINE MEINUNG

„Markenpflege kann im Stillen wirken. Ich kenne ein Unternehmen, das die meisten Recruiter nicht auf ihrem Radar haben, von dem mir die Stellenkandidaten aber ständig erzählen. Jeder mit Insiderwissen über Hightech will dort arbeiten. Das Unternehmen ist eine solide Organisation, in der qualifizierte Mitarbeiter Stabilität finden. Und dennoch arbeitet das Unternehmen sehr unternehmerorientiert in seinen Produktlinien. Es hat eine geringe Mitarbeiterfluktuation, und als Recruiter erhalte ich nur sehr wenige Anfragen von Mitarbeitern dieses Unternehmens, weil Mitarbeiter dort tendenziell länger bleiben, wenn sie einmal für diese Organisation arbeiten. Die Angestellten sprechen mit Bewunderung von ihrem Unternehmen. Sie kennen die Gewinn-und-Verlust-Rechnung – da wird nichts versteckt. Und sie reuen sich immer über die Entwicklung des Aktienkurses. Wenn Sie mit einem der Mitarbeiter sprechen, stellen Sie fest, dass jeder einzelne eine überaus positive

Haltung hat, auch wenn die Arbeitstage dort lang sind. Ich habe noch nie einen Mitarbeiter dieses Unternehmens getroffen, der mit seinem Job unzufrieden war."

- Kristin Motta, Director of Staffing and Search, CM Access –

Die meisten Organisationen, die Mitarbeiter einstellen, behandeln Bewerbungen als einmaliges Ereignis, und wenn sie sagen, „wir behalten Ihre Unterlagen", weiß selbst ein vielversprechender Kandidat, dass er wahrscheinlich nie wieder von diesem Unternehmen hören wird. „Wir müssen schleunigst diese Stelle besetzen", will das Unternehmen damit sagen, „und Sie sind entweder drin oder draußen." Das ist eine vergebene Chance.

Nehmen wir an, bei Ihrem Unternehmen handele es sich um eine Wirtschaftsprüfungsgesellschaft und Sie suchten nach Wirtschaftsprüfern mit fünf Jahren Berufserfahrung. Es bewirbt sich ein qualifizierter Kandidat, der aber nur über zwei Jahre Berufserfahrung verfügt. Entweder Sie schicken ihn auf immer und ewig in die Wüste, indem Sie ihm ein vorgefertigtes Standardschreiben senden („Danke für Ihr Interesse an einer Mitarbeit in unserem Unternehmen usw."), *oder* Sie könnten ihm sagen, dass ihm noch ein wenig Berufserfahrung fehle und ihn bitten, sich für Ihren Kandidaten-Newsletter zu registrieren. Einmal pro Quartal senden Sie ihm und anderen vielversprechenden Wirtschaftsprüfern einen Newsletter mit Informationen über das Geschehen in Ihrem Unternehmen. Diese Informationen könnten Sie durch Inhalte ergänzen, die den Empfängern dabei helfen, dazuzulernen und sich weiterzuentwickeln. Das Ganze reichern Sie um Tipps Ihrer vorhandenen Wirtschaftsprüfer an; das könnte ein Porträt eines herausragenden Prüfers sein, zum Beispiel eine Darstellung seiner Karriereentwicklung. Drei Jahre später, wenn der einstige Stellenbewerber über ausreichend Berufserfahrung verfügt, wird er geneigt sein, sich für Ihr Unternehmen zu entscheiden. Das war nicht so schwer, oder?

Unternehmen mit überzeugenden Einstellungsprozessen wie Accenture, Deloitte und Siemens UK knüpfen diese Art langfristiger Beziehungen mit Kandidaten weltweit und pflegen die Verbindung zu einer Gruppe von Kandidaten, die vielleicht eines Tages genau die richtigen sein werden und die bereits Interesse an einer Beschäftigung bei diesen Unternehmen signalisiert haben.

Schneidern Sie Ihre Botschaft genau auf Ihre Zielgruppe zu

Ihre Medienaktivitäten sollen die richtigen potenziellen Kandidaten ansprechen. Sie wollen, dass sich die besten Kandidaten für Ihr Unternehmen interessieren, und die am geringsten qualifizierten Bewerber abgeschreckt werden. Das bedeutet, dass Sie Ihre Arbeitgebermarke in Ihre Stellenangebote und selbst in Ihre Stellenbeschreibungen integrieren müssen.

Definieren Sie die Kandidaten, von denen Sie sich eine Bewerbung wünschen. Im Marketing wird das als „Segmentierung" bezeichnet – eine Methode zur passgenauen Abstimmung entscheidender Markenbotschaften auf die einzigartigen Wünsche und Bedürfnisse eines bestimmten Kundensegments, damit Sie Ihre Werbung und Ihr Marketingbudget möglichst effektiv einsetzen.

Hinweis: Die meiste Produktwerbung ist nicht darauf ausgerichtet, mögliche Kunden abzuschrecken, wohingegen das Beschäftigungsmarketing sehr wohl darauf ausgelegt ist, nicht qualifizierte Kandidaten nicht noch zu einer Bewerbung zu ermutigen. In dieser Hinsicht gleicht es eher dem Marketing, das US-Colleges betreiben, um qualifizierte Bewerber anzulocken. Aber auch in der Werbung ist Segmentierung gang und gäbe. Zum Beispiel wird bei Golfturnieren für Luxuslimousinen und Premium-Finanzdienstleistungen geworben, weil die Zuschauer von Golfturnieren meistens zu den wohlhabenden Bevölkerungsschichten gehören. Dagegen wird bei Football-Spielen eher für Mineralwasser und Bier geworben.

Im Jahr 1989 präsentierte Nike seinen Kernkundensegmenten – Läufern und Basketballspielern – den Slogan „Just Do It“, und zwar mit dem Versprechen von Leistung und Stil, verkörpert durch Michael Jordan. Im Verlauf der Jahre nahm Nike eine so tief greifende Veränderung seiner Kernbotschaft vor, dass es mit einem vollständigen und relevanten Markenversprechen neue Marktsegmente erobern konnte.

To-do-Liste

- Wie lange dauert es, bis wir hochrangige Positionen besetzen können?
- Wie hoch sind unsere Gehälter im Vergleich zum Markt?
- Haben wir das Segment unserer Schlüsselmitarbeiter definiert?
- Wie viele Mitarbeiter unseres Kernsegments sind Spitzenkräfte?
- Wissen wir, welche Dinge für unsere Kernsegmente – die wichtigsten Mitarbeiter – attraktiv sind?
- Wie gut gelingt es uns, Kandidaten davon zu überzeugen, ihre aktuelle Stelle zu kündigen und den Wechsel zu vollziehen?
- Wie viele unserer neu eingestellten Mitarbeiter wurden über interne Empfehlung gewonnen?
- Erfüllen wir unsere Recruiting-Ziele in Segmenten mit hoher Priorität (Funktionsbereiche, Diversität, zentrale Recruiting-Segmente)?

In seiner Anfangszeit war Nike nicht einmal im Golfgeschäft aktiv, inzwischen ist es eines der Top-Golfausrüster der Welt. Als Gruppe suchen Golfer immer nach einer weiteren Leistungsverbesserung, und hinter dem Slogan „Just Do It“ entwickelte Nike eine Botschaft für Golfer, die auf eine Technologie hinwies, die eine bessere Technik ermöglichte. Im Zentrum von Nikes Golfmarketing stand Tiger Woods, der Vitalität, Power, und Fertigkeiten symbolisiert, die mehr als exzellent sind. Nike ist es gelungen, eine Assoziation zwischen seiner Golftechnologie und Tiger Woods' Leistung herzustellen. Außerdem schuf Nike mit Woods einen stylishen neuen „Look" im Sportsegment Golfbekleidung – ein unverkennbarer Schritt zum Ausbau seines Markenimages. (Achten Sie auf die subtile Veränderung der Form der Kappen, die Golfprofis bei Turnieren tragen – das begann mit Woods und Nike.)

Ob es sich um Basketball, Golf oder Streetwear-Sportschuhe handelt, Nike will Kunden ansprechen, für die Leistung und Stil wichtiger sind, als ein niedriger Preis. Nike fokussiert auf Spitzenkunden: loyal, engagiert und in jeder Sportart ihrer Marke verbunden. Das ist die „Just Do It"-Botschaft. Für Golfer wurde die Botschaft so angepasst, dass sie die dahinterliegende Technologie betonte. Das Ergebnis: ein neues Kundensegment, das das Gefühl hat, Nike kenne seine Wünsche, und das bereit ist, für diese Sportartikel mehr – viel mehr – zu bezahlen.

Auf ähnliche Weise muss Ihre Kommunikation bei Ihrer zentralen Arbeitgebermarke beginnen, und dann auf den Kandidaten zugeschnitten werden, der Ihre Werte, Ihre Mission und Ihren Arbeitsstil teilt. Wenn ein herausragender Kundenservice zum Beispiel ein Kernwert darstellt und Ihre Arbeitgebermarke die Zufriedenheit über die Erfüllung der Kundenwünsche betont, dann werden Sie diese Botschaft für jedes Segment Ihrer Belegschaft anders verpacken:

- *Kundenservice.* „Seien Sie die Person, mit der unsere Kunden zu tun haben – verkörpern Sie gegenüber den wichtigsten Personen unsere Werte."
- *Fertigung.* „Wir versetzen Sie in die Lage, Kunden die höchste Priorität einzuräumen, weil wir glauben, dass sie Six-Sigma-Qualität verdienen."
- *Informationstechnologie.* „Sie ermöglichen unseren Mitarbeitern, unsere Kunden mit einem schnellen und korrekten Service zu begeistern."

- *Personalverwaltung.* „Zufriedene Mitarbeiter erbringen einen guten Kundenservice.“

Wenn Sie diese gemeinsamen Nenner etabliert haben, die Individuen zum Erfolg verhelfen, beginnen Sie die Erfahrung einer Anstellung in Ihrem Unternehmen auf persönlicher Ebene zu kommunizieren. Mit den Worten von Rob O'Keefe von TMP Worldwide Advertising and Communications heißt das: „Verstehen Sie das Segment als Ganzes, aber vermarkten Sie an das Individuum. Letztlich muss eine erfolgreiche Arbeitgebermarke auf persönlicher Ebene verstanden werden, um Bedeutung beziehungsweise einen emotionalen Kontext zu erhalten.“

Allerdings gibt es nicht die eine magische Werbezeile, die jeden anspricht, den Sie brauchen, ohne dass Sie weitere Anstrengungen unternehmen müssten. Sie können jedoch eine disziplinierte Kette an Kommunikationen und Erfahrungen knüpfen, die die folgende Serie an Handlungsschritten in Ihrer Kommunikation beinhaltet:

- Bringen Sie unterschiedliche Attraktionen für unterschiedliche Tätigkeiten und Kompetenzen in Erfahrung.
- Machen Sie sich mit demografischen und psychografischen Segmentierungsfragen wie Diversität, Teilhabe, generations- und lebensphasenbedingte Anforderungen vertraut.
- Unterteilen Sie Kandidatenmerkmale (Werte, Kompetenzen und Erfahrung) in Muss- und Kann-Kriterien.
- Formulieren Sie Stellenbeschreibungen, die Kandidaten inspirieren, herausfordern und informieren, um hoch leistungsfähige Bewerber anzulocken.
- Heben Sie alle entscheidenden, aber schwer zu messenden Kompetenzen wie Urteilskraft und Führungsqualität in allen Recruiting-Maßnahmen hervor.
- Betonen Sie die greifbaren und die nicht greifbaren Vorteile einer Beschäftigung bei Ihrem Unternehmen.

Lassen Sie uns die Anwendung dieser Schritte im Einzelnen betrachten:

Bringen Sie unterschiedliche Attraktionen für unterschiedliche Tätigkeiten und Kompetenzen in Erfahrung

Einige Reruiter und viele Hiringmanager verlassen sich auf verallgemeinerte Annahmen über die Wünsche von Mitarbeitern, anstatt diese direkt nach ihren Wünschen zu befragen. Selbst mit noch so guten Absichten wirkt die Personalabteilung in ihrer speziellen Unternehmensecke und man kann nicht von ihr erwarten, dass sie die Werte, den Druck und die Prioritäten aller Personen, die in anderen Funktionsbereichen arbeiten, von sich aus versteht. Sie müssen gut strukturierte Umfragen durchführen und möglicherweise sehr viele Fragen stellen, um zu erfahren, welche Aspekte (neben dem Gehalt) für Ihre besten Mitarbeiter die größte Bedeutung haben.

Eine groß angelegte Umfrage bietet genug Raum für eine Generalisierung („Menschen, die in technischen Bereichen arbeiten, bevorzugen tendenziell ...“), aber diese besitzen dann eine gewisse Bedeutung, weil jede Gruppe in einem ähnlichen Umfeld agiert. Zum Beispiel führen alle Kundenservicebetreuer ähnliche Aufgaben aus, ihre Interaktionen mit Kunden ähneln sich und sie haben alle denselben Vorgesetzten. Der Geist dieser Abteilung könnte lauten, „alles zu tun, damit Kunden zufrieden sind“, und der Vorgesetzte besitzt die Entscheidungsbefugnisse, um dieses Versprechen durch entsprechende Handlungen zu unterstützen.

Ein anderes Beispiel: Verkäufer wollen siegen. Alle Recruiting-Botschaften, die sich an Verkäufer richten, sind in diesem Sprachduktus abgefasst. Was gibt es noch, das Ihr Unternehmen von anderen unterscheidet? Wenn Sie häufig neue Produkte oder Serviceleistungen einführen, können Sie eine Botschaft rund um Vielfalt, Neuartigkeit und Mehrfachverkauf an bestehende Kunden kreieren. Ein Verkäufer, der sich für neue Produkte begeistert, wird in Ihrem Geschäft vermutlich erfolgreicher sein, als andere.

Die Segmentierung in Gruppen ist ein erster Schritt; da Sie jedoch immer nur ein Individuum anlocken, müssen Sie tiefer in die Mentalität Ihrer besten Mitarbeiter vordringen. Und dafür müssen Sie Folgendes tun:

Machen Sie sich mit demografischen und psychografischen Segmentierungsfragen wie Diversität, Teilhabe, generations- und lebensphasenbedingte Anforderungen vertraut

Hat jeder in Ihrem Unternehmen dieselben Wünsche, Bedürfnisse und Einstellungen? Nein. Warum klingen dann alle Recruiting-Botschaften gleich? Die Menschen sind unterschiedlich, und Sie differenzieren sich von Ihren Wettbewerbern, indem Sie Ihre Stellenkandidaten als Individuen behandeln.

Wie finden Sie heraus, was für die verschiedenen Kohorten wichtig ist? Indem Sie mit Ihren vorhandenen Mitarbeitern, Kandidaten und potenziellen Bewerbern sprechen. Wenn Ihr Stellenangebot lautet, „gehobene Position mit flexiblen Arbeitszeiten", dann wird sich eine andere Gruppe an Kandidaten bewerben, als auf ein Stellenangebot mit dem Text, „Spitzentechnologie für energiegeladene Web-Experten". Das soll nicht heißen, dass Sie für die zweite Position keinen herausragenden 60 Jahre alten Kandidaten finden können, sondern dass potenzielle Bewerber auf Basis der Stellenbeschreibung eine Selbstauswahl treffen.

Lassen Sie uns als einfaches Beispiel die breiten Generationsunterschiede betrachten, die in Kapitel 2 angesprochen wurden: Wir haben gesehen, dass sowohl die älteste als auch die jüngste Gruppe der heutigen Erwerbstätigen (Babyboomer und Generation Y) Sinnstiftung in ihrer Arbeit sowie das Gefühl suchen, dass ihre Leistung zählt. Dabei führen unterschiedliche Gründe zu diesem gemeinsamen Wunsch: Die finanziell etablierteren Babyboomer haben viele Jahre für Geld gearbeitet und wollen in den späten Jahren ihrer Berufstätigkeit etwas bewirken. Jüngere Arbeitnehmer haben weniger finanzielle Verpflichtungen und wollen sowohl ihre Ideale verwirklichen als auch an ihrer Erfolgsbilanz arbeiten.

Für die Generation X, die dazwischen liegt, hat eine sinnstiftende Arbeit auf individueller Ebene nicht unbedingt eine geringere Bedeutung, aber als Gruppe tendieren sie eher dazu, sich auf Karriereaufbau und Arbeitsplatzsicherheit zu konzentrieren. Ihre Kinder sind jünger als die der Babyboomer und ihre finanziellen Verpflichtungen sind größer als die der Generation Y.

Diese Unterschiede haben praktische Auswirkungen auf die Recruiting-Strategie. Sie sprechen jede Gruppe über unterschiedliche Kommunikationskanäle an – zum Beispiel durch Werbung auf Websites, die für die jeweilige Zielgruppe von Interesse sind. Aus demselben Grund werden Sie unterschiedliche Aspekte Ihrer Arbeitgebermarke betonen. Boomer wollen mehr Flexibilität. Also könnten Sie erwähnen, dass Ihr Unternehmen Telearbeit unterstützt. Kandidaten der Generation Y sind als Gruppe stark an persönlicher Weiterentwicklung und Lernerfahrungen interessiert. Also könnten Sie eine Botschaft entwickeln, die deutlich macht, dass Ihr Unternehmen von seinen Mitarbeitern erwartet, dass sie ständig dazulernen (vor allem, was neue Technologien betrifft).

Hiringmanager können eine einfache Lektion aus Marketing und Werbung ziehen: Verleihen Sie Ihrer Botschaft ein Gesicht, eine Stimme und eine Sprache, die Ihre Zielgruppe dazu anspornt, sich mit Ihrem Unternehmen zu identifizieren. Wenn Sie energiegeladene Nachwuchsverkäufer suchen, sprechen Sie mit einigen Ihrer jungen Verkaufsmitarbeiter, bevor Sie sich daran machen, eine Botschaft für diese Zielgruppe zu formulieren. Fragen Sie sie: „Welche Dinge sind Ihnen in dieser Tätigkeit wichtig?“ Passen Sie Ihre Botschaft entsprechend an die Antworten an. Und sorgen Sie dann dafür, dass Kandidaten, mit denen Ihr Unternehmen Bewerbungsgespräche führt, im Verlauf des Bewerbungsprozesses Mitarbeiter aus Ihrem Unternehmen kennenlernen, die so ticken wie sie (mehr darüber in Kapitel 8 und 11).

Entwickeln Sie eine unstillbare Wissbegier über Ihre vorhandene und potenzielle Belegschaft und die greifbaren und nicht greifbaren Nutzen, von denen diese sich angezogen fühlt. Greta Roberts und Lori Moffatt von Target Teams, Inc. stellten fest, dass sich allein durch die Hervorhebung der nicht greifbaren Nutzen (Schulung) die Qualität der Kandidaten und vorhandenen Mitarbeiter verbessern ließ. Greta berichtet:

Wir arbeiteten mit einem Finanzdienstleister, dessen Stellenanzeigen auf unerfahrene Nachwuchskräfte ausgerichtet waren. Nachdem sie eingestellt wurden, nahmen sie an einer acht- bis zwölfwöchigen Schulung teil und fielen dann durch die Prüfung. Die Fluktuationsrate war ungewöhnlich hoch. Das Unternehmen glaubte, das sei einfach der Preis, den es für eine strenge Schulung zahlen musste. Aber wissen Sie was? Die Stellenbeschreibungen erwähnten die strengen Schulungsmaßnahmen an keiner Stelle, sodass das Unternehmen ständig die falschen Kandidaten ansprach. Dabei gibt es eine Reihe von Stellenkandidaten, für die Schulung ein großer Motivationsfaktor ist und die dafür leben. Also änderten wir den Text der Stellenanzeigen folgendermaßen: „Wir bieten Ihnen eine kostenlose Schulung. Sie werden von uns zertifiziert. Sie werden von einem führenden Finanzdienstleister alles über die Finanzdienstleistungsbranche lernen, was Sie für Ihre Tätigkeit brauchen."

Daraufhin veränderte sich die Qualität der Stellenbewerber, die auf diese Anzeigen reagierten. Das Unternehmen musste also nur die richtigen Leute ansprechen, die die Schulung als Privileg und nicht als Belastung betrachteten.

Unterteilen Sie Kandidatenmerkmale (Werte, Kompetenzen und Erfahrung) in Muss- und Kann-Kriterien

In den letzten Jahren haben wir einen Trend zu hyperspezifischen Stellenbeschreibungen festgestellt, die immer mehr Details über die Kompetenzen und Erfahrung enthalten, die von einem perfekten Kandidaten erwartet werden. Stellensuchende mokierten sich, alle Stellenanzeigen seien für „totale Überflieger" gemacht.

Tatsächlich sind einige Merkmale wichtiger als andere. Wenn Sie die Kandidatensegmente definieren, an die sich Ihre Stellenangebote richten, dann erstellen Sie eine Rangliste über die Fertigkeiten, Kompetenzen und Erfahrung und unterteilen sie in Muss-Kriterien und Kann-Kriterien. Das zwingt den Vorgesetzten in seiner Rolle als Hiringmanager dazu, sich vorab Gedanken über die Entscheidungen zu machen, die er später sowieso treffen muss. Außerdem spiegelt dieses Vorgehen die Realität einer Tätigkeit wider. Wenn Sie in der Fertigung tätig sind, bedeutet „Qualität hat Vorrang" genau das, und nicht „Qualität hat Vorrang, aber ist manchmal an Effizienz und Innovation gebunden."

Wenn Sie dieselbe Übung, nämlich die Definition der Werte und Einstellungen des perfekten Kandidaten, durchführen, erstellen Sie ein aussagekräftigeres Porträt des idealen Mitarbeiters.

Milano Reyna, Worldwide Human Interest Director der Werbeagentur Saatchi & Saatchi beschreibt, wie sich die Beschreibung des perfekten Stellenkandidaten aus der Unternehmensmission ergab:

Unser Traum ist, als Brutkasten für weltverändernde Ideen und Konzepte verehrt zu werden, der für seine Kunden nachhaltiges Wachstum generiert. Welche Sorte Menschen stellen wir ein, um diesen Traum zu verwirklichen? Wir brauchen Träumer. Sie müssen Teamplayer sein, weil das unsere Art zu arbeiten ist. Sie müssen vernetzt sein, was bedeutet, dass Sie sich in der mobilen Welt, dem Web und in anderen Kulturen auskennen. Sie müssen uns mit anderen fähigen Köpfen zusammenbringen. Sie werden hier nicht glücklich, wenn Sie lieber in einem Kokon arbeiten. Der ideale Kandidat muss provokativ sein, was bedeutet, er muss in der Lage sein, andere mit seinen Ideen zu fesseln. Das ist ganz entscheidend für die Medienarbeit. Er muss Courage haben, damit er wirklich kreative Arbeit leisten kann, ohne auf Genehmigung zu warten. Und er muss veränderungsorientiert sein. Hier muss man anpacken und Dinge umsetzen.

Diese Worte definieren Werte, Einstellungen und sogar Temperament: Träumer, Teamplayer, vernetzt, provokativ, couragiert und veränderungsorientiert. Andere positive Qualitäten wie Beständigkeit, Gründlichkeit, eine breite Neugier und der Wunsch, anderen zu dienen, werden nicht einmal erwähnt, weil das Faktoren sind, die zwar schön und nützlich und in anderen Geschäftsfeldern möglicherweise sogar unerlässlich sind, aber in den hier erwähnten Positionen stellen sie keine Erfolgstreiber dar.

Die genannten Qualitäten wurden den besten Mitarbeitern von Saatchi & Saatchi nicht *aufgedrückt*, sondern in ihnen *entdeckt*. Der große Schritt, den Milano nach der Erkenntnis unternahm, dass diese Qualitäten einen erfolgreichen Mitarbeiter ausmachten, bestand darin, dass er sie von neuen Mitarbeitern verlangte.

Beachten Sie außerdem, dass Milano relevante Ergebnisse mit persönlichen Qualitäten verbindet. „Veränderungsorientiert“ kann zwar eine Charaktereigenschaft sein, aber das Ergebnis dieser Eigenschaft ist, dass die betreffende Person ein Macher ist und „Dinge bewegt.“ „Provokativ“ ist nicht nur eine Haltung, sondern bedeutet, dass jemand in der Lage ist, „die Aufmerksamkeit Dritter mit einer Idee zu fesseln.“

Klingt das wie eine Ihrer Stellenbeschreibungen? Falls nicht, müssen Sie den nächsten Schritt machen.

Formulieren Sie Stellenbeschreibungen, die Kandidaten inspirieren, herausfordern und informieren, um hoch leistungsfähige Bewerber anzulocken

Die besser formulierten, aber dennoch traditionellen Stellenbeschreibungen fokussieren auf Leistung, also das Ergebnis der beschriebenen Kompetenzen und Verantwortlichkeiten. Das ist soweit in Ordnung, allerdings wachen Arbeitgeber eifersüchtig über ihre hoch leistungsfähigen Mitarbeiter (das machen Sie ja auch, oder nicht?). Diese Spitzenkräfte müssen sich dazu inspiriert fühlen, auf Ihr Stellenangebot zu reagieren. Sie lieben die Herausforderung und die müssen Sie ihnen bieten. Außerdem wollen sie mehr Information als durchschnittliche Kandidaten.

Stellenbeschreibungen, Stellenanzeigen und Onlinestellenangebote sind nichts anderes als Werbung. Es gibt gute und schlechte Werbung, und als Konsumenten reagieren wir auf beides. Warum sollten Sie jedoch Geld in Medien stecken, um Ihren wichtigsten Vermögenswert anzulocken und das dann auf die gleiche gewöhnliche und unelegante Weise zu machen wie alle Ihre Wettbewerber?

Sie müssen erkennen, was Sie unterscheidet. Holen Sie sich die Unterstützung von Marketingexperten, die Ihnen dabei helfen. In der Anfangszeit von Monster schnitten wir über einen Zeitraum von zwei bis drei Wochen alle Anzeigen für eine spezifische Tätigkeit aus den Zeitungen aus. Alle hatten mehr oder weniger denselben Wortlaut: „Wir bieten ein wettbewerbsfähiges Gehalt, exzellente Sozialleistungen und Weiterentwicklungsmöglichkeiten." Keine Anzeige unterschied sich von der anderen und keine von ihnen konnte einen wählerischen Kandidaten zu einer Bewerbung inspirieren.

Wenn Sie Hilfe bei der Formulierung brauchen, um das Interesse hoch leistungsfähiger Kandidaten zu wecken, dann fragen Sie sich oder Ihre Recruiter, wie sie mit Topkandidaten zu einer Einigung kommen könnten. Sie können Ihnen sagen, warum sich Kandidaten bewerben und warum nicht. Sie können Ihnen etwas über die unterschiedlichen Bedürfnisse der Kandidaten erzählen, die sich für eine Tätigkeit im Verkauf versus einer Tätigkeit in der IT-Abteilung bewerben, und welche Aspekte Ihrer Stellenbeschreibung und Ihrer Kultur bei Kandidaten ankommen oder auch nicht. Denn Ihre Recruiter führen jeden Tag Bewerbergespräche.

Übung: Wie Sie sich von der Masse abheben

Nehmen Sie Ihr Stellenangebot, starten Sie eine Onlinesuche und finden sie zehn andere Stellenangebote für die gleiche Tätigkeit. Drucken Sie sie ohne den Unternehmensnamen aus und hängen Sie sie an die Wand, um zu sehen, ob sich Ihr Stellenangebot auf irgendeine Weise von den anderen Angeboten unterscheidet. Falls nicht, wenden Sie die Techniken aus diesem Kapitel an, um Ihre Botschaft zu optimieren.

Übung: Spickzettel für eine Stellenbeschreibung

Wenn Sie nicht genau wissen, wie Sie anfangen sollen, dann versuchen Sie, eine typische Stellenanzeige anhand der folgenden Punkte umzuformulieren:

- Beginnen Sie mit Ihrer Arbeitgebermarke.
- Formulieren Sie Ergebnisse, nicht nur Kompetenzen.
- Vermeiden Sie generische Phrasen und Behauptungen.
- Bestimmen Sie Qualitäten, die Ihre Werte erfüllen.
- Verwenden Sie nicht greifbare Nutzen, um eine Reaktion von den richtigen Kandidaten zu erhalten.
- Formulieren Sie *konkrete* Erwartungen – Kriterien, anhand derer die Leistung der Mitarbeiter beurteilt wird.
- Reduzieren Sie die Zahl der „Anforderungen", bis Sie wissen, welche wirklich erfolgskritisch sind.
- Fordern Sie Stellenkandidaten auf, ihre bisherigen Leistungen zu belegen: Die Anforderungen können zum Beispiel lauten: „eine messbare Steigerung der Kundenzufriedenheit" oder „eine nachweisliche Steigerung der Auslandsabsätze".

Heben Sie alle entscheidenden, aber schwer zu messenden Kompetenzen wie Urteilskraft und Führungsqualität in allen Recruiting-Maßnahmen hervor

Wenn zwei Kandidaten über dieselben Kompetenzen verfügen und beide gleichermaßen gut zu Ihrem Unternehmen zu passen scheinen, wie entscheiden Sie dann, welchen der beiden Kandidaten Sie einstellen? Indem Sie nach den nicht greifbaren Qualitäten Ausschau halten, die den großen Unterschied in der Leistung ausmachen, zum Beispiel Führungsqualitäten, Urteilskraft, Klugheit, Courage, Wissbegier, Empathie, Wagemut, Fokus, Antrieb, Ehrgeiz und andere Qualitäten, die die erfolgreichen von den weniger erfolgreichen Kandidaten unterscheiden. Wenn Sie im Führen von Bewerbungsgesprächen versiert sind, fassen Sie bei beiden Kandidaten in

Bezug auf diese Qualitäten nach und verifizieren die Ergebnisse, indem Sie Referenzen einholen.

Warum wollen Sie diese Qualitäten nicht von Anfang an in Ihren Stellenausschreibungen und -beschreibungen zum Ausdruck bringen? Die Supermarktkette Wegmans, die seit Ewigkeiten die Auszeichnung „bester Arbeitgeber“ gewinnt, ist ein ausgezeichnetes Beispiel für ein Unternehmen, das mit den Qualitäten, die in seiner kundenzentrierten Kultur Erfolg erzeugen, den Markt anführt. Lesen Sie ein Stellenangebot von Wegmans, in dem ein Manager für die Pharmazeutikabteilung gesucht wird, und Sie werden feststellen, dass in jeder Zeile Kundenzufriedenheit, Kundenbegeisterung und ein geradezu obsessiver Kundenfokus betont werden. Hier einige typische Sätze:

- Setzt seine Urteilskraft ein, um einen überwältigenden Kundenservice zu erbringen und findet stets Wege, um Kundenwünsche zu erfüllen.
- Erkennt Haltung und Einstellungen der Kunden, stellt Beziehungen zu Kunden her und entwickelt eine substanzielle Kundenbasis.
- Nutzt Unterschiede, um einen überwältigenden Kundenservice zu erbringen und Kunden einzigartige Servicemerkmale anzubieten.

Wegmans weiß bereits, dass es einen qualifizierten Pharmazeuten einstellen wird (und erwähnt am Ende der Anzeige, dass der Kandidat eine pharmazeutische Ausbildung besitzen muss). Wegmans verwendet die Stellenbeschreibungen, um die wichtigsten Aspekte einer Tätigkeit hervorzuheben.

Die meisten Stellenangebote sind so formuliert, dass sie darüber Auskunft geben, was ein Kandidat tun *kann*. Nur sehr wenige spiegeln wider, was der Kandidat tun *wird*. Wegmans formuliert sehr klare Erwartungen an die Mitarbeiter in seiner Apotheke: Kundenprobleme lösen, Kunden begeistern. Bei genauerer Betrachtung liegt der eigentliche Zweck des Bewerbungsgesprächs darin, die „Can do“-Kandidaten von den „Will do“-Kandidaten zu trennen, das heißt, zwischen dem potenziell möglichen und dem tatsächlichen Verhalten am Arbeitsplatz zu differenzieren. Wenn Sie von Anfang an klare Erwartungen stellen, werden Sie später bessere Ergebnisse erzielen (mehr darüber in Kapitel 8).

Die Formulierung einer Botschaft Ihrer Arbeitgebermarke, die für bestimmte Kandidatentypen relevant ist, ist eine zeitaufwendige Angelegenheit. Für die meisten Manager bedeutet das, dass sie ihre Komfortzone verlassen müssen. Diese Aufgabe ist multidimensional, wobei sich viele der Dimensionen nur schwer quantifizieren lassen (wie lautet Ihr Ergebnis für Empathie?). Aber sie hat den Vorteil, dass sie Sie dazu bringt, über die eigentlichen Kriterien für Erfolg in der ausgeschriebenen Tätigkeit nachzudenken. Und wie eine gute Werbung werden Ihre Marke und Ihre Stellenausschreibungen mehr geeignete Kandidaten anlocken.

Betonen Sie die greifbaren und die nicht greifbaren Vorteile einer Beschäftigung in Ihrem Unternehmen

Hiringmanager und Recruiter mögen davon ausgehen, das Gehalt und die Sozialleistungen seien die einzigen wichtigen Kriterien, die das Interesse potenzieller Kandidaten wecken können. Da täuschen sie sich allerdings. McKinsey & Co. entdeckte in seiner Personalarbeit eine signifikante Bruchstelle zwischen dem traditionellen Fokus der Personalabteilung auf greifbare Nutzen (Vergütung, Arbeitsplatzsicherheit, Karriereentwicklung) versus dem Fokus der Kandidaten auf nicht greifbare Nutzen, wie zum Beispiel Herausforderung, Autonomie, Spaß bei der Arbeit, Stolz auf das Unternehmen, Work-Life-Balance und andere Faktoren. Die Autoren einer Studie aus dem Jahr 2005 schrieben:

Das traditionelle Recruiting fokussiert auf funktionale Nutzen, wie Arbeitsplatzsicherheit, Kreativitätschancen und individuelles Wachstum und Vergütung. Jedoch sind die nicht greifbaren, emotionalen Assoziationen eines Arbeitgebers – „es macht Spaß, hier zu arbeiten“, „wir haben eine leidenschaftliche, intelligente Kultur“ und „hier herrscht ein ausgeprägtes Teamgefühl“ – für Stellenbewerber genauso wichtig, wie vergleichbare Assoziationen von Markenprodukten für potenzielle Käufer.[1]

Wenn es keine anderen Differenzierungsmerkmale zwischen verschiedenen potenziellen Arbeitgebern gibt, wird ein Kandidat auf die Vergütung fokussieren. Darüber hinaus können Sie die immateriellen Nutzen meistens flexibler auf die jeweiligen Präferenzen eines Kandidaten abstimmen, als die materiellen, wie zum Beispiel betriebliche Altersvorsorge.

Der Energiekonzern Valero betont in seinem Recruiting den Faktor Stolz – „Stolz auf unser Unternehmen. Stolz auf unsere Arbeit. Und Stolz auf unsere Standortgemeinden.“ Diese kurze und prägnante Botschaft zielt auf den am wenigsten greifbaren Nutzen – ein Gefühl – und fährt mit der Aussage fort, Stolz sei ein Grund dafür, dass die Mitarbeiter gerne bei Valero arbeiten. Wie ausgeprägt ist die Nichtgreifbarkeit dieses Gefühls? Wie wichtig ist es?

Zusammenfassung

- Attraktion beginnt mit Wahrnehmung; Sie müssen aus der Geräuschkulisse der täglichen Werbebotschaften hervorstechen.
- Die Erfahrung aller Kandidaten, nicht nur der erfolgreichen, ist für das Recruiting wichtig.
- Das Feedback der Kandidaten ist ein wichtiger emotionaler Prüfstein für Ihr Marketing.
- Eine effektive Marketingbotschaft wird auf Ihre Arbeitgebermarke und die speziellen Kandidaten zugeschnitten, deren Interesse Sie wecken wollen.
- Stellenausschreibungen und Stellenbeschreibungen müssen die Botschaft Ihrer Arbeitgebermarke mit den greifbaren und nicht greifbaren Nutzen verschmelzen, die für die besten Kandidaten relevant sind.

Kapitel 7: Senden Sie ihnen eine Botschaft

Ein Lebenslauf taucht auf Ihrem Bildschirm auf, und die Person, die hinter diesem Lebenslauf steckt, macht einen fantastischen Eindruck. Das Problem ist, dass Sie ihr keine geeignete Position anbieten können. Also sehen Sie sich den nächsten Lebenslauf an.

In sechs Monaten könnten Sie diesen Bewerber jedoch möglicherweise gebrauchen. Warum sprechen Sie nicht heute schon mit ihm? Sie könnten ihm dadurch die Zeit geben, Ihre Arbeitgebermarke kennen zu lernen und Vertrauen zu ihr zu entwickeln. Was glauben Sie, an welches Unternehmen sich dieser Kandidat in sechs Monaten erinnern wird, wenn Sie und alle Ihre Wettbewerber sich um ihn reißen werden?

Terry Frugoli, Recruiter bei Microsoft, kennt den Wert eines umfassenden Netzwerks an Beziehungen zu Kandidaten auf allen Ebenen. „Einer meiner Kollegen in Redmond bat mich, an einer Jobmesse für Vertrieb und Marketing teilzunehmen", erinnert sich Terry, der in San Francisco lebt. „Obwohl die meisten Besucher dieser Messe Kandidaten waren, mit denen ich normalerweise gar nicht sprechen würde, weil ich im technischen Bereich arbeite, bin ich hingegangen."

„Warum? Nun, keiner weiß, wann sich das Geschäft verändert, und dann werden alle sagen, ‚Terry, Sie müssen jetzt Vertriebs- und Marketingspezialisten einstellen.' Wenn ich 50, 60 oder 100 potenzielle Kandidaten aus Vertrieb und Marketing in meiner Datenbank habe, dann habe ich Kandidaten, die ich ansprechen kann. Wenn ich zu jedem einzelnen eine gute Beziehung hergestellt habe, selbst wenn es nur ein Fünfminutentelefonat ist – dann werde ich beim nächsten

Kontakt nicht hören, ‚Tut mir Leid, Terry, aber ich habe überhaupt keine Zeit für Sie', sondern ‚Toll von Ihnen zu hören. Wissen Sie, ich bin sehr glücklich in meinem Job, aber ich habe einige Freunde, die wirklich gut sind ... oder ‚Ich bin sehr daran interessiert, mit Ihnen über mögliche Chancen zu sprechen.'"

Wenn Sie Mitarbeiter einstellen, sind Sie im Beziehungsmarketing tätig. Bis jetzt haben Sie darüber nachgedacht, wie Sie Ihre Arbeitgebermarke von der Marke Ihrer Wettbewerber differenzieren können. Wenn Sie die Aufgaben aus Kapitel 6 gemacht haben und wissen, dass Ihre Stellenbeschreibungen Ihr einzigartiges Versprechen widerspiegeln, dann sind Sie bereit. Nun ist es eine Frage der Vermittlung Ihrer Botschaften über die Kanäle, über die Sie Ihre Zielgruppe am effektivsten erreichen können. Beginnen Sie direkt vor Ihrer eigenen Tür, und zwar mit der Recruiting-Sektion Ihrer eigenen Website.

Ihre Recruiting-Website

Im „Karriere"-Abschnitt Ihrer Website sollten Ihre Kultur, Ihre Werte und Ihre Chancen zum Ausdruck kommen. Auch wenn das scheinbar auf der Hand liegt, sind wir in der echten Welt oft alarmiert darüber, wie generisch, nachlässig, oberflächlich und ehrlich gesagt langweilig die Karrieresites der Unternehmenswebsites oft sind. Mal sind sie nichts anderes als ein schwarzes Brett mit Stellenangeboten, die meistens dröge formuliert und oft sogar schon überholt sind, mal besteht sie aus einer labyrinthisch anmutenden Bewerbungssoftware.

Das ist keine gute Methode, um einen guten Eindruck zu hinterlassen. Denken Sie daran, dass sich Kandidaten auch darüber ein Bild von Ihrem Unternehmen machen, selbst wenn sie nur aus reiner Neugier Ihre Karrieresites anklicken. (Genauer gesagt, machen sie sich ein Bild von der Bedeutung der Mitarbeiter in Ihrem Unternehmen. Wenn die Karrieresite ein Stiefkind der ausgefeilten, coolen Homepage oder der Produktsites ist, was sagt Ihnen das?)

Ihre Arbeitgebermarke steht im Mittelpunkt der Homepage Ihrer Karrieresite. Seien Sie mit Ihren einzigartigen Merkmalen führend – was unterscheidet Sie von anderen Arbeitgebern? Machen Sie die greifbaren und nicht greifbaren Nutzen einer Anstellung in Ihrem Unternehmen deutlich. Sagen Sie, warum Sie ein großartiger Arbeitgeber sind. Besser noch: Lassen Sie Ihre Mitarbeiter erklären, warum Sie so großartig sind. Sagen Sie einem erstmaligen Besucher Ihrer Karrieresite, welche Voraussetzungen erfüllt sein müssen, um in Ihrem Unternehmen erfolgreich zu sein.

Denken Sie an den Kundenservice. Unternehmen der Fortune 1000 haben auf der ganzen Welt Helpdesks und Kundenserviceabteilungen. Selbst kleine Unternehmen bieten auf ihrer Website Hilfe und eine kostenfreie Servicenummer, die Sie anrufen können. Sie helfen Ihnen bei jedem kleinen Problem. Sie wissen nicht, wie Sie die Zahnpasta aus einer Tube der Marke Crest bekommen? Procter & Gamble druckt auf jede Zahnpastatube eine kostenlose Servicenummer. Wie oft lädt die Karrieresite einer Unternehmenswebsite Stellenkandidaten dazu ein, einen qualifizierten Recruiting-Spezialisten anzurufen, der ihm bei der Bewerbung hilft? Selbst wenn Sie diesen Grad an Service nicht bieten wollen, gibt es einfache Wege, um zu erreichen, dass Ihre Recruiting-Site die Besten der Besten anlockt. Lori Erickson, Monsters Senior Vice President of Global Human Ressources, erklärt die Grundlagen:

Eine herausragende Marke zu besitzen, ist notwendig, reicht aber nicht aus, um automatisch hervorragende Mitarbeiter ins Unternehmen zu locken. Monster wurde auf einer herausragenden Marke aufgebaut – unsere Werbespots, unsere Maskottchen, unsere Stellenangebote. Aber vor drei Jahren konnten Sie unsere Recruiting-Website anklicken und nicht viel darüber in Erfahrung bringen, wie es ist, bei Monster zu arbeiten. Alles, was Sie vorfanden, waren Stellenangebote und Lebensläufe. Wir erwarteten von der Produktmarke, dass sie uns geeignete Kandidaten frei Haus lieferte.

Die Karrieresite Ihrer Unternehmenswebsite muss Sie auf authentische Art und Weise von anderen Arbeitgebern differenzieren, die um dieselben qualifizierten Kandidaten werben, wie Sie. Welche Dinge hinterlassen einen Eindruck? Menschen wollen grundlegende Informationen und sie wollen sich vorstellen können, wie es ist, für Ihr Unternehmen zu arbeiten. Sie sollten Bilder in Ihre Karrieresite integrieren, die die Botschaft unterstützen, die Sie aussenden wollen.

Monster befindet sich zum Beispiel in einer wunderschön renovierten Mühle in Massachusetts. Wir haben einen großen, offenen Bereich, den wir als „Monster Den" bezeichnen, mit Wandmalereien unserer Monster-Maskottchen, Billardtischen, Tischtennisplatten und Tischkicker sowie riesigen Polstersesseln. Außerdem gibt es einen Fitnessraum, einen Laden und eine großartige Aussicht. Unsere physische Arbeitsumgebung ist ein Verkaufsmerkmal, also haben wir sie auf unserer Recruiting-Site abgebildet. Zukunftsorientierte Unternehmen integrieren ein Streaming Video über die Arbeitsumgebung, vor allem, wenn sie jüngere Arbeitskräfte ansprechen wollen. In unseren Videos sind Mitarbeiter auf allen Ebenen und in den unterschiedlichsten Positionen zu sehen. Für uns ist die Vielfalt unserer Belegschaft wichtig, also versuchen wir, das in die Bilder über unser Unternehmen einzuflechten, damit ganz unterschiedliche Kandidaten, die uns testen wollen, das Gefühl erhalten, „Wow, ich könnte zu diesem Unternehmen gehören."

Unsere Kultur ist eine der stärksten Anziehungspunkte unseres Unternehmens, und die Anziehungskraft unserer Kultur ist ein Erfolgsindikator. Also betonen wir das auf unserer Recruiting-Site.

Kleine und große Unternehmen arbeiten ständig an der Optimierung ihrer Karrieresites. Selbst ohne technologische Raffinessen gibt es einige grundlegende Anforderungen, die Sie erfüllen müssen, damit Ihre Karrieresite die erwünschte Wirkung erzielt:

- Lassen Sie das Management und die Mitarbeiter auf direkte und informelle Weise die Ziele, die Mission, die Kultur und die Werte Ihres Unternehmens beschreiben.
- Lassen Sie Ihre Mitarbeiter zu potenziellen Stellenkandidaten sprechen – auf Webpages, oder besser noch, als Video-Testimonials.

- Machen Sie es Stellensuchenden leicht, die richtige Tätigkeit zu finden.
- Machen Sie es Stellenkandidaten leicht, sich für diese Tätigkeit zu bewerben.
- Machen Sie es denjenigen, die auf Ihrer Website keine geeignete Stelle finden, leicht, Ihnen eine Kurzbewerbung mit Lebenslauf und Anschreiben zu senden.
- Erteilen Sie eine Empfangsbestätigung, wenn sich jemand bewirbt oder Ihnen eine E-Mail schreibt.

Wenn diese Anforderungen leicht zu erfüllen wären, würden Webdesigner eine Patentlösung entwickeln und nach Hause gehen. Sie sind aber nicht leicht zu erfüllen. Glücklicherweise ist eine gute grundlegende Kandidatenerfahrung jedoch weder schwierig zu erreichen noch teuer. Der Manager, der die Stellenbeschreibung formuliert, kann diese zum Beispiel um eine persönliche Anmerkung (gegebenenfalls anonym) über die Bedeutung der ausgeschriebenen Position ergänzen:

Der beste Part der Tätigkeit eines Marketingassistenten

„Unsere Kunden stammen aus aller Welt. Jeder, der neugierig auf Menschen ist, der gerne andere Menschen überzeugt und gerne kommuniziert, wird feststellen, dass die Tätigkeit eines Marketingassistenten einem Diplomstudiengang über die menschliche Natur gleicht."

– Jesse Harriott, Vice President, Global Monster Insights –

Stellenbeschreibung versus Stellenanzeige

Eine gute Stellenbeschreibung betont, was ein Mitarbeiter tagtäglich leisten muss und wie sein Erfolg gemessen wird. Eine gute Stellenanzeige betont, warum sich ein qualifizierter Arbeitnehmer für die ausgeschriebene Stelle bewerben soll.

Achten Sie darauf, dass wir *bewerben* gesagt haben. Das kann bedeuten, mehr Informationen zu recherchieren, eine Onlinebewerbung auszufüllen, einen Lebenslauf zu senden oder zum Telefonhörer zu greifen. Der Schlüssel liegt darin, dass der Kandidat die Initiative ergreift.

Die Stellenanzeige führt die Anforderungen der Stellenbeschreibung auf, die mit der Tätigkeit verbundenen Aufgaben, Kompetenzen etc., aber damit enden die meisten Stellanzeigen auch schon. Gelegentlich enthalten sie auch Standardphrasen, die das Unternehmen anpreisen. Gute Stellenanzeigen inspirieren die richtigen Kandidaten dazu, aktiv zu werden, indem sie die Botschaft der Arbeitgebermarke in die notwendigen Informationen einflechten.

Wenn die zentrale Botschaft zum Beispiel lautet, dass Sie Mitarbeiter suchen, die Entscheidungen treffen können und handeln statt zu grübeln, dann werden Sie das mit Sätzen wie dem folgenden betonen: „handelt zügig, um Kundenbedürfnisse zu erfüllen", „XYZ sucht Verkaufsprofis, die entschlossen handeln" oder „ ... die der Abteilung eine klare Richtung vorgeben".

Nachfolgend eine Musterstruktur für eine Stellenanzeige.

Anzeigenüberschrift

Nicht die Positionsbezeichnung, sondern eine Überschrift, die ein Blickfänger ist. Stellen Sie sich eine Kandidatin vor, die sich durch 23 Stellenanzeigen mit der Überschrift „Legal Assistant"[2] kämpft und plötzlich die Überschrift entdeckt: „Erfolgreiche Juristin mit Adleraugen gesucht" oder „Hilft Kindern, die mit dem Gesetz auf Kriegsfuß stehen". Kandidaten scannen Stellenanzeigen, wie Sie Le-

[2] Anm. d. Übers.: Hier handelt es sich um ein neues Berufsbild, dessen Ausbildung in Deutschland gerade in der Entwicklung ist. Es entspricht ungefähr einem/r Rechtsanwaltsfachangestellten mit internationaler Ausrichtung und Englisch als Arbeitssprache.

bensläufe sichten, also geben Sie ihnen einen Grund, sich für Ihr Unternehmen zu interessieren!

Eine Momentaufnahme der Tätigkeit (Wonach der Recruiter sucht)

Beginnen Sie mit der Anzeigenüberschrift und nennen Sie anschließend zügig die Ergebnisse, die Sie erwarten: „eine Gewinnsteigerung von mindestens 20 Prozent“, „begeistert Patienten mit einer Servicequalität, mit der diese nicht gerechnet haben“ oder „verwandelt 50 Prozent der Neukunden in regelmäßige Kunden“.

Erste Aussage der Arbeitgebermarke (inklusive nicht greifbarer Nutzen)

Die nächste Aussage gibt Auskunft über die nicht greifbaren Nutzen der Tätigkeit auf Basis Ihrer Überzeugungen über Ihre Arbeitgebermarke, und teilt Kandidaten mit, welche einzigartigen Vorteile sie erwarten. Diese können jobspezifisch sein, wie zum Beispiel, „dieses großartige Team braucht einen innovativen Vorgesetzten“ (Innovation und Führungsqualität sind hier der Schlüssel), oder sie können unternehmensspezifisch sein, zum Beispiel, „nach 40 Jahren ohne Entlassung fühlt sich das Unternehmen XYZ wie eine zweite Familie an. Wir kümmern uns um unser gegenseitiges Wohlergehen und das unserer Standortgemeinden.“

Warum diese Tätigkeit wichtig ist

Beziehen Sie sich hier auf den Kern Ihrer Arbeitgebermarke. Wenn „Stolz“ zum Beispiel eine Schlüsselbotschaft ist, dann sagen Sie, warum diese konkrete Tätigkeit Anlass zu Stolz gibt: „Unsere technischen Kundenbetreuer sind die Ansprechpartner für unsere Kunden und das Gesicht unseres Unternehmens. Ihr Stolz auf ein perfekt gelöstes Problem ist der Schlüssel zu unserem Erfolg.“ Eine direkte Aussage des entsprechenden Managers ist hier besonders effektiv: „Der Vorgesetzte dieser Position sucht nach Kandidaten, die auf ihre Arbeit, ihr Unternehmen und auf sich selbst stolz sind.“

Grundlegende Informationen über die Tätigkeit

Verantwortlichkeiten, Aufgaben, erforderliche Kompetenzen und Fertigkeiten – all das stammt aus der Stellenbeschreibung. Fragen Sie sich, „Was ist für diese Tätigkeit wirklich erforderlich?“ Das erlaubt Ihnen trotzdem, die Bewerbungen je nach Ihrer Entscheidung zu filtern, aber es wirft gute Kandidaten nicht aus dem Rennen. Wenn eine bestimmte Qualität erwünscht, aber nicht notwendig ist, dann sagen Sie das.

Greifbare Nutzen
(Gehalt, Sozialleistungen etc.)

Aussagen wie „wir bieten ein wettbewerbsfähiges Gehalt und entsprechende Sozialleistungen“ sind Standardphrasen – beides wird erwartet. Einzigartige greifbare Nutzen können diese Erwartungen übertreffen: zum Beispiel, wenn Sie eine Mitgliedschaft in einem lokalen Fitnessstudio oder kostenlose Kinderbetreuung anbieten.

Zweite Aussage der Arbeitgebermarke

Stärken Sie den Kern Ihrer Arbeitgebermarke. Wenn Kandidaten Ihre Stellenanzeige bis hierher gelesen haben, dann sind sie interessiert. Heben Sie nun die emotionale Messlatte an, indem Sie kompetenten Kandidaten sagen, warum Sie wirklich und ehrlich davon überzeugt sind, dass Ihr Unternehmen die beste Option ist, die sie finden können. Denken Sie an die potenziell wechselbereiten Kandidaten, die an diesem Punkt ihre derzeitige Situation mit der Vorstellung vergleichen, für Ihr Unternehmen zu arbeiten. Bevor Sie sie zur Handlung aufrufen, erwähnen Sie einen Nutzen, für den diese Kandidaten ihre derzeitige Position aufgeben sollten. Zum Beispiel: „So wie wir an die kontinuierliche Verbesserung unserer Produkte glauben, bestehen wir auf die kontinuierliche Weiterentwicklung unserer Mitarbeiter. Daher bieten wir jedem Mitarbeiter Weiterbildungsvergütung, Erwachsenenbildung und Managementschulung vor Ort."

Sie können auch die erste Aussage Ihrer Arbeitgebermarke verstärken. Zum Beispiel: „Innovation ist mehr als ein Schlagwort; für uns ist sie ein Lebensstil. Jedes Jahr verleiht unser Mitarbeiter-Produktinnovationsausschuss Auszeichnungen im Wert von mehr als 20.000 Dollar in Form von besonderen Boni an Mitarbeiter, die innovative Ideen entwickelt haben."

Handlungsaufruf

Wenn Sie die Bewerbungen der Leser Ihrer Stellenanzeige erhalten wollen, ist der Aufruf „Bewerben Sie sich jetzt!" in Ordnung. Wenn Sie Bewerber wirklich wie Kunden behandeln, dann denken Sie daran, dass sie online sind, Ihre Stellenanzeige lesen und nur zwei Klicks von den Stellenangeboten Ihrer Wettbewerber entfernt sind. Was können Sie versprechen (und einhalten), das sich von den Versprechen Ihrer Wettbewerber unterscheidet? Eine sofortige Eingangsbestätigung und eine Antwort innerhalb einer Woche – entweder „Nein, danke" für nicht qualifizierte Bewerber oder ein Telefonanruf bei aussichtsreichen Bewerbern? Wie sieht es mit einer Antwort innerhalb von drei Tagen aus? Ist das vielversprechend? Ja. Können Sie sich dadurch differenzieren? Ja!

Zwei weitere Handlungsaufrufe sind bei Onlinestellenangeboten Standard geworden: „Leiten Sie dieses Stellenangebot an einen Freund weiter" und „Erfahren Sie mehr über das Unternehmen XYZ." Wenn Kandidaten einem der beiden Aufrufe folgen, können

Sie das nutzen, um Ihr Interesse zu bekräftigen. Wenn Kandidaten das Stellenangebot an einen Freund mailen, sollte Ihr System so eingerichtet sein, dass Sie ihnen eine separate E-Mail senden können. Darin danken Sie diesen Kandidaten für ihre Empfehlung und laden sie dazu ein, Ihnen ihren Lebenslauf für Ihre Datenbank zu senden. Wenn Sie den Link „Erfahren Sie mehr“ anklicken, leiten Sie sie zu einem Abschnitt Ihrer Karrieresite und danken Sie ihnen für ihr Interesse an einer Laufbahn in Ihrem Unternehmen.

Wenn Sie sie zur Unternehmenshomepage leiten, können Sie die Botschaft der Arbeitgebermarke nicht mehr steuern. Sie wollen daher das Interesse der Kandidaten an einer Beschäftigung in Ihrem Unternehmen wecken, bevor Sie sie zu den Sites leiten, auf denen sie Ihre schönen, glänzenden Produkte studieren können.

Das soll nicht heißen, dass Sie die Produktmarken nicht zu Ihrem Vorteil nutzen können. McDonald's verschenkte elektronische Gutscheine für McDonald's-Produkte an jeden, der sich über die Unternehmenswebsite bewarb. Ob der jeweilige Bewerber eingestellt wurde oder nicht, das Unternehmen wollte jedem für sein Interesse danken. Der Konzern nutzte das Geld aus dem Verbrauchermarketing und seine Kundenloyalität, um sein Recruiting einem Feinschliff zu unterziehen. Das bleibt in Erinnerung.

Kanäle

Sie haben eine Botschaft. Sie wissen, wer sie empfangen sollte. Nun ist es an der Zeit zu entscheiden, wie sie die Empfänger erreichen, das bedeutet festzulegen, welche Kommunikationskanäle Sie nutzen wollen.

Wir müssen diese Diskussion nicht mit einer Menge Marketingbegriffen befrachten, aber *Kanäle* ist ein guter Begriff, der sorgfältig definiert werden muss. Kanäle gelten im Allgemeinen als eine Leitung, über die Ihre Botschaft versendet wird – wie Wasser, das durch ein Rohr fließt. Das traf auf Massenmedien wie Fernsehen, Radio und

Zeitungen zu. Weil Werbung in Massenmedien teuer ist und ein breites Publikum anspricht, haben Recruiter Botschaften formuliert, die die größtmögliche Zahl an potenziellen Kandidaten ansprechen.

Das Internet hat die Landschaft der zielgruppenspezifischen Werbung für immer verändert. Heute gibt es zahlreiche unterschiedliche Kommunikationskanäle, wobei dieselben Medien, die Millionen Menschen erreichen, auch eine ganz spezifische Zielgruppe ansprechen können.

Das Internet ist insofern multidirektional, als es dem Empfänger einer Botschaft ermöglicht, zu erwidern oder die Botschaft an Dritte weiterzuversenden, und es liefert eine passgenauere Rückmeldung auf die Antwort. Das kann sich bis zum letzten Kanal des Recruiting-Marketings fortsetzen – ein Arbeitgeber und ein Arbeitnehmer, die sich finden. Ein Arbeitgeber kann diesen One-to-one-Kanal für jeden einzelnen Kandidaten erneut nutzen.

Ein Beispiel für eine Kommunikation in vielfältige Richtungen ist der Online-Jobsearch Agent. Ein potenziell wechselbereiter Kandidat (beschäftigt oder nicht) gibt einer Website Informationen über seine Erwartungen an eine Tätigkeit. Diese Information wird zu einem Software-„Agenten", der den Suchenden per E-Mail informiert, wenn ein Stellenangebot auftaucht, das der Beschreibung des Stellensuchenden entspricht. Dieser hat dann die Option, sich das Stellenangebot anzusehen (und sich zu bewerben) oder auch nicht. Wenn die Stellenangebote in der E-Mail nicht zur Beschreibung des Kandidaten passen, hat dieser die Möglichkeit, den Suchagenten mit exakteren Informationen zu füttern. Diese Serie an Interaktionen ist ein Kanal für den Arbeitgeber, der immer besser wird, wenn der Kandidat seinen Suchagenten verfeinert.

Manchmal vergessen Arbeitgeber die Tatsache, dass Monster und andere Online-Karriereservices Medienvehikel sind, die ihre Organisation und ihre Stellenangebote jeden Monat für 20 Millionen Menschen sichtbar machen. Leider behandeln Arbeitgeber ihre Onlinemedienbotschaften nicht mit derselben Sorgfalt und demselben Markenbewusstsein, das sie bei dem Versuch an den Tag legen würden, einen Menschen zu überzeugen. Darüber hinaus vergessen Recruiter, dass Kandidaten mit Onlinemedien genauso umgehen, wie Verbraucher mit Produkten; das heißt, sie sind darauf konditioniert, schnell nach Relevanz zu suchen. Wenn sie keine solche entdecken, klicken sie sofort weiter.

Recruiter beschäftigen sich den ganzen Tag lang mit Stellenbeschreibungen und vergessen daher leicht, dass sich die typische Stellenbeschreibung aus einer dicht gedrängten Liste an Aufgaben und Anforderungen zusammensetzt, aber wenig Informationen darüber enthält, wie es tatsächlich ist, in dieser speziellen Position zu arbeiten. Wird die Arbeit befriedigend sein? Wird sie interessant sein? Herausfordernd?

Anders als bei Printmedien (zumeist Zeitungen und Zeitschriften, aber auch Außenwerbung bis hin zu Schaufensteraushängen) kann ein Stellenangebot eines kleinen Unternehmens online durchaus mit einem Stellenangebot von General Electric mithalten. Vor Jahren dominierten die Großunternehmen einer Stadt den Stellenmarkt der Zeitungen, sodass sich Kandidaten erst einmal durch 80 Seiten ganz- und halbseitiger Werbeanzeigen kämpfen mussten, bevor sie zu den Anzeigen kleiner Unternehmen kamen. Heute kann Marys Kleinstadtapotheke an der Ecke mit CVS um hoch qualifizierte Mitarbeiter konkurrieren. Möglicherweise ist es für bestimmte Mitarbeiter wichtiger, dass ihr Arbeitsweg zu Marys Apotheke 20 Minuten kürzer ist als zu CVS. Außerdem arbeiten manche Menschen tatsächlich lieber in kleinen Unternehmen, in dem sich alle kennen. Kleine Unternehmen versuchen inzwischen zudem, mit dem Segment der potenziell wechselbereiten Arbeitnehmer in Kontakt zu kommen. Das war viel schwieriger, als ihre Stellenangebote unter den riesigen Printanzeigen der großen Schwergewichte begraben wurden.

Dies ist die Art und Weise, wie Unternehmen, die eine klare Arbeitgebermarke etabliert haben, von der neuen Macht der Arbeitnehmer, die wir in Kapitel 1 angesprochen haben, profitieren können. Denn die inzwischen nivellierten Ausgangsvoraussetzungen bedeuten, dass sie über die neuen Medien konkurrieren können. Das ist ein weiterer Grund, warum eine Arbeitgebermarke und eine starke, konkrete Werbung im Internet eine noch größere Bedeutung haben. Ein David, der darüber verfügt, ist durchaus in der Lage, Goliath zu schlagen, wenn es darum geht, Mitarbeiter zu gewinnen, die genau das suchen, was Kleinunternehmen bieten.

Aber die neuen Medien stellen auch Herausforderungen an Recruiter: Für sie bedeutet das hydraähnliche Problem der „Vernetzung", dass ein Stellenangebot überall und für jedermann ersichtlich ist. Damit wächst das Problem der Recruiter, nicht qualifizierte Kandidaten von einer Bewerbung abzuhalten. Rob O'Keefe von TMP Worldwide Advertising and Communications stellt fest, dass dieses Übermaß an Vernetzung auch für hoch qualifizierte Arbeitnehmer ein Problem ist, weil die Recruiter, die glauben, sie erhielten zu viele Bewerbungen, Eintrittsbarrieren errichtet haben, die unter Umständen auch geeignete Kandidaten von einer Bewerbung abhalten.

Während Websites in erster Linie als Medienvehikel fungieren, entwickeln sie sich zunehmend zu Treffpunkten und befeuern den noch jungen Trend des Social Networkings. (Selbst Blogs sind mit anderen Blogs verlinkt. Viele haben „Talk Back"-Funktionen, sodass an ein und demselben Ort eine Vielzahl von Stimmen laut werden.) Kurz nachdem ein neuer Service wie MySpace, Facebook oder YouTube Einzug in die populäre Vorstellungskraft hält, nutzen Arbeitgeber diese Services zur Mitarbeitergewinnung. (Außerdem nutzen sie spezielle Networking-Sites und Verzeichnisse – daher die derzeitige Populariät von LinkedIn, Orkut, Ryze, ZoomInfo und anderen.) Die erfolgreichen Sites nehmen gerne das Publikum anderer Service-Sites auf, da sich die Communities schon immer um gemeinsame Interessen, Methoden und Werte gruppierten. Social-Networking-Sites werden im Recruiting eine zunehmend wichtige Rolle spielen, wenn bestimmte Zielgruppen ihre bevorzugten Sites finden.

Wie wird unser Onlineverhalten in fünf bis zehn Jahren aussehen? Internettrends sind bekanntermaßen schwer vorherzusagen, und oft wird ein Trend von einem anderen beeinflusst. Vor fünf Jahren testete Monster zum Beispiel das Konzept, Stellenkandidaten per Mobiltelefon über neue Stellenangebote zu informieren; in den USA war der Computer jedoch so fest als Medium für Informationssuche etabliert, dass kaum ein Kandidat die Notwendigkeit für eine mobile Benachrichtigung sah. In China besitzen dagegen so viel mehr Menschen ein Mobiltelefon als einen Computer, dass das Mobiltelefon möglicherweise ein ausnehmend wichtiges Medium ist, um Bewerber und Stellenangebote zusammenzubringen. Im selben Zeitraum verschmolz im Westen der Handcomputer mit dem Mobiltelefon. Es könnte sein, dass diese Veränderungen in Technologie und Medien das „Smartphone" als Multifunktionsgerät zukünftig zu einer wichtigen Plattform für Stellenbewerber macht.

Mit mehr Sicherheit kann man Folgendes annehmen: Wenn Arbeitgeber Kandidaten kontaktieren, ist die Botschaft wichtiger und dauerhafter, als das Medium, das sie transportiert. Individuen wählen Arbeitsstellen aus den unterschiedlichsten individuellen Gründen aus. Die Arbeitgeber müssen sie mit einer Botschaft erreichen, die darauf ausgerichtet ist, die profiliertesten, am besten verstandenen und potenziell leistungsfähigsten Kandidaten anzusprechen.

Das stellt an Recruiter die nicht-enden-wollende Aufgabe, die richtigen Kanäle auszuwählen. Sie kommen jedoch nur dann zu einer klugen Entscheidung, wenn sie ein profundes Verständnis ihrer bevorzugten Zielgruppe gewonnen haben, genau wissen, welche Botschaft sie ihnen senden wollen und die verfügbaren Kommunikationskanäle genau kennen. Danach sind die Entscheidungen taktischer Natur – getrieben von Ergebnissen und der Investitionsrendite.[1]

Manchmal erweisen sich Printmedien als richtig, manchmal ist es eine Nischen-Website, manchmal große Internet-Karriereservices, manchmal Methoden mit persönlichem Kontakt wie Jobmessen oder Campus-Recruiting. Angesichts der Zahl an Recruiting-Kanälen im Internet, der Mobilität und der veränderlichen Kandidatenprofile sowie der Geschwindigkeit des technischen Wandels, denken wir, dass Arbeitgeber ihre Kommunikationskanäle mindestens einmal pro Jahr überprüfen sollten.

Onlinebewerbungen

Das Web ist der ultimative Kanal, über den sich Kandidaten Arbeitgebern präsentieren können, und zwar in Form von Datenbanken, in die sie ihre Lebensläufe einstellen und persönlichen Websites. Wenn Arbeitgeber oder Recruiter nach qualifizierten Mitarbeitern suchen, können sie diese online aus Millionen Lebensläufen oder aus den in ihren Unternehmensdatenbanken gespeicherten Lebensläufen herausfiltern.

Ob die Datenbanken 2.000 oder 20.000 oder 20 Millionen Lebensläufe enthalten, in jedem Fall brauchen Sie Suchinstrumente und Techniken, die so leistungsfähig sind, dass sie die richtige Nadel im Heuhaufen finden. Das gilt auch für das offene Web: Wenn Sie einen Suchbegriff wie *Harvard* verwenden, erhalten Sie möglicherweise Lebensläufe, in denen Harvard Business School, Harvard Common Press, Harvard Pilgrim Health Plan oder Harvard, Illinois steht. Die Suchinstrumente werden immer besser, lernen Sie also die Beherrschung von Suchtechniken und machen Sie sich darüber Gedanken, wie Sie suchen – ob das eine Onlinedatenbank, eine Unternehmensdatenbank oder das gesamte Web ist. (Die Onlinesuche ist eine eigene Disziplin, und es gibt Menschen, die Hervorragendes leisten, um dieses Feld weiterzuentwickeln, sowohl was die Instrumente als auch die Techniken betrifft.)

Der potenziell wechselbereite Arbeitnehmer, der Ihr Stellenangebot nicht sieht (weil er in dieser speziellen Woche keine Stellenangebote geprüft hat), hat seinen Lebenslauf vermutlich online gestellt. Möglicherweise ist er für Ihre Anfrage offen und entscheidet über seine Reaktion auf Basis der Überzeugungskraft Ihrer Marke und der Relevanz der gebotenen Chance. Potenziell wechselbereite Arbeitskräfte nehmen eine Vorauswahl der Stellen beziehungsweise Anfragen vor, die sie für wichtig halten. Das ist der Grund, warum Ihre Markenbotschaft selbst bei einer indirekten Anfrage kristallklar sein muss.

Wenn Sie diese Zielgruppe ansprechen – das heißt, die Arbeitnehmer, die angestellt sind, aber ihren Lebenslauf online gestellt haben, da sie potenziell an einem Wechsel interessiert sind –, sollten Sie realistische Erwartungen über die Reaktionsquote haben. Wenn Sie selbst auf Kandidaten zugehen, müssen Sie damit rechnen, dass eine Reihe persönlicher oder beruflicher Verpflichtungen diese Kandidaten davon abhalten, sich bei Ihnen zu bewerben. Selbst dann ist Ihre Initiative aber eine Gelegenheit zur Markenpflege, denn Ihr Vorstoß könnte in sechs Monaten vielleicht doch zu einem Arbeitsplatzwechsel führen.

Für Onlinelebensläufe gilt dasselbe wie für die Kandidatenansprache über Werbung: Wenn Sie Ihre gesamte Energie in eine transaktionsorientierte Mitarbeitergewinnung investieren, handeln Sie wie ein Jäger. Das heißt, Sie müssen jeden Tag losziehen, um neue Beute zu erlegen. Wenn Sie einen Teil Ihrer Energie in den Aufbau von Beziehungen zu potenziell wechselbereiten Kandidaten investieren, handeln Sie wie ein Landwirt, der in Vorwegnahme einer reichen Ernte geduldig wartet.

Selbst von einem transaktionsorientierten Standpunkt aus sind Bewerberdatenbanken eine vorrangige Quelle für qualifizierte Arbeitskräfte, und in Zeiten des Fachkräftemangels können Sie es sich nicht leisten, irgendeine Quelle zu ignorieren. Sie müssen eine Position besetzen: Sie schalten breite Stellenanzeigen, Sie postieren Ihr Stellenangebot in Nischen, Sie durchforsten Ihre eigene Datenbank und weitere Datenbanken und Sie durchsuchen das Web. Sie erschließen neue Quellen und Blogs und besuchen Recruiting-Events. Sie tun alles, um geeignete Kandidaten zu finden, diese anzusprechen und Ihre Marke in der Wahrnehmung der Arbeitnehmer zu verankern, die Sie gewinnen möchten.

Öffentliche Präsenz

Öffentlichkeit, PR, „Thought Leadership“, Medienpräsenz und Präsenz im öffentlichen Markt – die Recruiter, die wir am meisten bewundern, nutzen diese Komponenten der strategischen Markenpflege mit Blick auf langfristige Ziele. Betrachten Sie eine der wirklich einflussreichen nationalen oder lokalen Arbeitgebermarken, und Sie werden Leute finden, die auf deren öffentliche Präsenz fokussiert sind.

An früherer Stelle haben wir vorgeschlagen, dass Sie die Marketingabteilung bei der Formulierung der endgültigen Aussagen Ihrer Arbeitgebermarke und den Inhalt Ihrer Stellenangebote um Unterstützung bitten. Die öffentliche Präsenz ist eine weitere Aktivität, bei der Sie das Know-how Ihrer Marketingspezialisten nutzen wollen. Wenn Sie ein Unternehmen mit 20 Mitarbeitern, aber ohne Marketingabteilung sind, dann suchen Sie sich externe Unterstützung.

Caroline Brown, Senior Manager of Employment Marketing bei Home Depot, nutzt das Know-how ihres Unternehmens im Produktmarketing, um potenzielle Kandidaten anzusprechen. Zum Beispiel: „Als wir NASCAR[3*] sponserten, setzten wir eine kurze Recruiting-Botschaft an den unteren Rand der NASCAR-Terminkalender.“ Und sie fügt hinzu: „Bei mehr als 2.000 Home-Depot-Märkten im ganzen Land ist es sehr wahrscheinlich, dass die meisten unserer Kandidaten auch bei uns einkaufen, und wir wissen, dass viele von ihnen NASCAR-Fans sind.“ Gibt es einen besseren Ort, um nach herausragenden Mitarbeitern zu suchen, als unter Ihren Kunden? Das Marketing weiß, wo diese zu finden sind.

Die Kommunikation Ihrer Arbeitgebermarke über kommerzielle Kanäle bietet den Vorteil, dass Sie dadurch enger mit dem Markt als Ganzes in Kontakt kommen. Eine gute öffentliche Präsenz setzt zudem einen positiven Kreislauf rund um Ihre Einstellungspraxis in Gang. Wir haben bereits über die Notwendigkeit der Schaffung einer authentischen Arbeitgebermarke gesprochen sowie die Anforderung, dass Ihre öffentlichen Aussagen von Ihren eigenen Mitarbeitern gehört (und geglaubt) werden. Sie können Ihnen sagen, ob die nach außen getragene Story mit der internen Realität übereinstimmt. Das Topmanagement kann diese Anstrengung zudem unterstützen, entweder intern oder als öffentlicher Sprecher.

[3] National Association for Stock Car Racing, großer US-Motorsportverband für Tourenwagenrennen (A.d.Ü.)

So wie Ihre Arbeitgebermarke im Einklang mit Ihrer übergeordneten Unternehmensmarke stehen muss, muss Ihre öffentliche Präsenz als Arbeitgeber im Einklang mit der breit angelegten Öffentlichkeitsarbeit Ihres Unternehmens stehen. Holen Sie dafür die Meinung Ihres PR-Verantwortlichen ein. Erinnern Sie ihn daran, dass das Recruiting einen positiven Beitrag zu den PR-Initiativen leistet (ein weiterer positiver Kreislauf, wenn man es richtig macht).

Die öffentliche Präsenz, sei sie groß oder klein, kann aus vielfältigen und parallel verlaufenden Anstrengungen bestehen, zum Beispiel:

- *Traditionelle PR.* Pressemitteilungen und Interviews mit der lokalen oder nationalen Wirtschaftspresse können der Welt mitteilen, wie es ist, für Ihr Unternehmen zu arbeiten. Über die PR-Arbeit Ihres Unternehmens können Sie in der Öffentlichkeit verbreiten, dass sich Ihre Mitarbeiter für karitative Zwecke einsetzen, die von Ihrem Unternehmen gesponsert werden. Das zieht Menschen an, die sich für ähnliche Dinge engagieren.
- *Interne PR.* Jede Organisation mit mehr als zehn Angestellten scheint anfällig für Bereichsbildung und interne Abschottung gegenüber anderen Organisationsbereichen. Wenn Sie wollen, dass Ihre Mitarbeiter ein besseres Recruiting unterstützen, müssen Sie über Ihre Anstrengungen sprechen, den Wert Ihrer Arbeit erklären und die integrierte Disziplin fördern, über die wir gesprochen haben. Die Führungskräfte müssen den Wert dieses Ansatzes in Bezug auf den Gewinn und/oder die Erfüllung der Unternehmensmission verstehen. Sorgen Sie mit internen Newslettern, Intranet, Betriebsversammlungen, Mitarbeiterempfehlungsprogrammen und ähnlichen Dingen dafür, dass jeder weiß, was Sie tun. Das gilt nicht nur für Recruiting-Profis und die Mitarbeiter der Personalabteilung. Die Hiringmanager, die den Wert hoch qualifizierter Mitarbeiter kennen, müssen dafür sorgen, dass sich das intern herumspricht.
- *Die Stimmen der Mitarbeiter.* Es ist gut, wenn Ihre Mitarbeiter auf Ihrer Website zu Wort kommen und Ihre Behauptungen bele-

gen; das wirkt überzeugend. Bringen Sie Ihre besten Mitarbeiter dazu, Blogs zu verfassen, ohne den Inhalt zu zensieren. Entsenden Sie sie zu Konferenzen und Recruiting-Veranstaltungen. Geben Sie ihnen Zeit zum Networken, selbst wenn das nicht Teil Ihres Mitarbeiterempfehlungsprogramms ist. Sponsern Sie eine große Party in Ihrem Unternehmen – mit der einzigen Teilnahmevoraussetzung, dass jeder Mitarbeiter einen Freund oder eine Freundin mitbringt. (Erinnern Sie sich an das Markenattribut „Verifizierung der Aussagen"? Das ist ungefiltertes Lob, das besagt, „Dies ist ein großartiger Arbeitsplatz." Ein solches Lob ist unbezahlbar.)

- *Professionelle Präsenz.* Ihre Mitarbeiter auf allen Ebenen sollten Berufs- und Branchenverbänden angehören und an entsprechenden Zusammenkünften teilnehmen. Manager können sowohl in ihrer Branche als auch innerhalb ihrer Disziplin dienen, lehren und Netzwerkarbeit leisten; zum Beispiel könnte der Finanzmanager einer Reproanstalt sowohl im internationalen Branchenverband International Repographic Association als auch im Aufsichtsgremium der Wirtschaftsprüfer State Board of Accountancy aktiv sein. Eine aktive Mitgliedschaft ist gut für das berufliche Auftreten und für Netzwerkarbeit im Wettbewerb um qualifizierte Mitarbeiter.

- *Präsenz auf dem Campus.* Thought Leadership bedeutet, dass Mitarbeiter Ihres Unternehmens innovative Geschäftsmethoden oder Innovationen in der Produktentwicklung, Daten oder Technologie entwickeln. Bei der Betrachtung der Beschäftigungslandschaft fällt potenziell wechselbereiten Arbeitskräften auf, welches Unternehmen auf seinem Gebiet intellektuell führend ist. Wer ist der Branchenmotor? Wo werden sie als Mitarbeiter am meisten lernen können? Wer beschäftigt Menschen, die sich potenzielle Stellenkandidaten als Vorgesetzte, Mentoren und Rollenmodelle für Innovation wünschen?
  Thought Leadership wird typischerweise durch Publikationen und die Präsentation von Untersuchungsergebnissen, Weißbücher, Live- und Online-Seminare („Webinar"), durch die An-

meldung von Patenten, öffentliche Stellungnahmen zu wichtigen Branchenthemen und die Übernahme einer führenden Rolle im Branchenwandel demonstriert. Thought Leadership zieht Aufmerksamkeit, Publicity, Interesse und gute Stellenkandidaten an. Ein Warnhinweis: Versuchen Sie nicht, Thought Leadership vorzutäuschen. Thought Leadership erfordert originelle und nachhaltige Beiträge, und keine Nachahmer-Pressemitteilungen oder halbherzige „Untersuchungsergebnisse".

- *Auszeichnungen.* Die Auszeichnung als „bester Arbeitgeber", ob sie von einem Magazin wie *Fortune* verliehen wird, oder von Ihrer lokalen Wirtschaftszeitung, ist nicht nur eine Ehre; vielmehr sollte sie bei jeder Gelegenheit Teil Ihrer öffentlichen Präsenz werden. Dasselbe gilt für Auszeichnungen und Lob wie „Am meisten bewundert" oder „Bevorzugter Arbeitgeber" egal welcher Medien. Diese Auszeichnungen sind die erste Antwort auf die Frage begehrter Arbeitskräfte, „Warum soll ich für Ihr Unternehmen arbeiten?" Sie können dadurch für diejenigen, die diese Auszeichnungen verleihen, sichtbarer werden. Allerdings besteht der einzige Weg zur Gewinnung einer solchen Auszeichnung in der Schaffung eines großartigen Arbeitsplatzes.

Jede legitime Auszeichnung dieser Art bildet einen Zusatznutzen einer großartigen Arbeitskultur, aber nicht deren Ziel. Wenn Sie jedoch über eine solche Kultur verfügen, dann fördern und bewerben Sie diese. Sprechen Sie mit lokalen Medien (und/oder Organisationen, die Auszeichnungen dieser Art verleihen). Sagen Sie Ihnen, warum Ihre Organisation ein herausragender Arbeitgeber ist. Studieren Sie frühere Gewinner dieser Auszeichnungen, um zu erfahren, wo Sie sich verbessern können. Wenn Sie zu klein sind, als dass *Fortune* auf Sie aufmerksam würde, dann denken Sie daran, dass deren Liste nur einen kleinen Bruchteil an Unternehmen enthält und Ihr jeweiliger Berufsverband oder Stadtmagazin eine effektivere Auszeichnung verleihen kann. Wenn legitimierte Blogger Ihr Unternehmen loben, dann teilen Sie das den Lesern Ihrer Website mit. All das sind Bestätigungen der Aussagen Ihrer Arbeitgebermarke.

Der Status als bester Arbeitgeber verlangt mehr als kostenlose Donuts für Mitarbeiter und einen Tischkicker. Er verlangt die Schaffung einer Kultur, die die eigenen Mitarbeiter dazu aufruft, andere aktiv zu einer Mitarbeit in Ihrem großartigen Unternehmen anzuregen. Und um das alte Lied noch einmal zu zitieren: Dazu bedarf es einer Persönlichkeit.

Persönlichkeit

Wenn Sie prahlen, dann sollten Sie etwas haben, worüber Sie prahlen können. Recruiterin Kelly Hogan beschreibt in diesem Zusammenhang die Arbeitskultur bei Eze Castle Software. Achten Sie darauf, wie einfach ihre „Verkaufsargumente" auf den Details der charakteristischen Unternehmenskultur von Eze Castle aufbauen, die so charakteristisch sind, dass wir sie als Persönlichkeit bezeichnen würden:

Montag bis Donnerstag bilden eine Mischung aus Geschäft und Freizeit – business and casual. Der Freitag ist ausschließlich casual. Mittwoch und Freitag treffen wir uns alle, sodass Sie mit Leuten sprechen können, mit denen Sie sonst wenig zu tun haben. Sie werden den CEO, den President, die Vice Presidents und alle anderen Manager in Unterhaltungen mit anderen Mitarbeitern sehen.

Wir bieten ganzjährige Schulung und Zertifizierung. Wir haben ein Mentoren-Programm und möchten, dass Sie dies nutzen. Am Internationalen Potluck Day feiern wir unsere globale kulturelle Ausrichtung, wenn Mitarbeiter aus der ganzen Welt ihr Lieblingsessen mitbringen. Vielleicht arbeiten Sie mit Führungskräften im Verbesserungsausschuss zusammen, der sich darüber Gedanken macht, wie wir unsere Zusammenarbeit noch optimieren können, oder im Ausschuss für Gemeindearbeit.

Eine unserer weiteren Initiativen ist das „Pflichtenrad". Anstatt externe Dienstleister zu beauftragen, unsere Chips aufzufüllen und uns mit Kaffee zu beliefern, beteiligt sich jeder Mitarbeiter an diesen Arbeiten. Es kann sein, dass Sie sechs Mal im Jahr zusammen mit dem President oder Ihrem Vorgesetzten oder einer anderen hochrangigen Führungskraft gemeinsam die Spülmaschine ausräumen oder Chips auffüllen, die Post verteilen oder die Obstkörbe in den Büroräumen auffüllen.

Niemand ist von diesen Pflichten ausgenommen. Das ist Teil einer Mentalität des aktiven Engagements, die auch unsere Zusammenarbeit prägt. Wir wollen, dass Sie das Gefühl haben, als sei dies Ihr zweites Zuhause, weil es Zeiten gibt, in denen Sie viele Überstunden machen und einfach mehr Zeit im Unternehmen verbringen müssen. Und Sie wollen sich an Ihrem Arbeitsplatz wohlfühlen. Dafür engagieren wir uns alle gemeinsam.

Kelly hat hier eine Menge Vorteile und Privilegien beschrieben. All diesen kleinen Attraktionen liegt das gemeinsame und von allen geteilte Gefühl der Verantwortung, positiven Spannung und Weiterentwicklung zugrunde. Ein CEO muss keine Post verteilen und das ist wahrscheinlich auch nicht die effektivste Verwendung seiner Zeit. Aber bedenken Sie den Wert, den es hat, wenn ein hoch kompetenter neuer Mitarbeiter sieht, dass sich der Big Boss genauso beteiligt wie alle anderen. In der Unternehmenskultur von Eze Castle Software ist das unbezahlbar. Dieser neue Mitarbeiter wird seinen Freunden erzählen, dass er einen großartigen Arbeitgeber hat. Die Persönlichkeit des Unternehmens spornt zu Empfehlungen an, und Mundpropaganda war schon immer die beste Methode, um Neuigkeiten zu verbreiten.

Mitarbeiterempfehlungsprogramme

In den letzten Jahren haben sich interne Mitarbeiterempfehlungsprogramme im Recruiting zu wahren „Killeranwendungen" entwickelt. Jedes Unternehmen sagt, es wünsche sich, dass 30, 50 oder mehr Prozent seiner Mitarbeitergewinnung über Weiterempfehlung durch die eigenen Mitarbeiter geschehe. Wie die meisten Killeranwendungen müssen Mitarbeiterempfehlungsprogramme jedoch eng mit dem Gesamtbild verknüpft sein. Außerdem erfordern sie viel Sorgfalt und Pflege.

Was solche Mitarbeiterempfehlungsprogramme betrifft, haben unsere Untersuchungen eine Bruchstelle zwischen der Wahrnehmung der Manager und der Mitarbeiter festgestellt. Während 81 Prozent der Mitarbeiter glauben, die Aussagen der Angestellten hätten einen großen Einfluss auf die Meinung potenzieller Stellenkandidaten, beteiligen nur 33 Prozent der Unternehmen ihre Mitarbeiter an der Bewerbung ihrer Arbeitgebermarke. Während 66 Prozent der Arbeitgeber glauben, sie kommunizierten effektiv die Schlüsselelemente ihrer Arbeitgebermarke, geben lediglich 30 Prozent der Mitarbeiter an, ihre Organisation mache ganz bewusst Werbung für die Nutzen einer Beschäftigung bei diesem Unternehmen. Wenn die Mitarbeiter die Botschaft nicht kennen, wie sollen sie dann als Markenbotschafter auftreten?[2] Hier klafft eine Lücke. Lassen Sie uns also betrachten, wie gut Mitarbeiterempfehlungsprogramme mit den übrigen Recruiting-Aktivitäten verknüpft sind.

- Mitarbeiterempfehlungsprogramme belohnen bestehende Mitarbeiter dafür, geeignete Kandidaten in das Unternehmen zu locken. Ein typisches Programm zahlt seinen Angestellten einen Bonus, nachdem die von ihnen empfohlenen Kandidaten einen Arbeitsvertrag erhalten haben. Die Logik des Einsatzes der Mitarbeiter zur Anwerbung neuer Kandidaten ist überzeugend:
- Mitarbeiter kennen die Voraussetzungen für eine erfolgreiche Tätigkeit im Unternehmen und kennen seine Kultur. Daher empfehlen sie eher geeignete Kandidaten.
- Mitarbeiter kennen andere Arbeitnehmer mit vergleichbaren Kompetenzen, zum Beispiel ehemalige Kollegen, Schulkameraden, Mitglieder von Netzwerkgruppen und Freunde.
- Mitarbeiter haben andere Arbeitskräfte (typischerweise ehemalige Kollegen) unmittelbar am Arbeitsplatz erlebt und nicht nur im Rahmen eines Bewerbungsgesprächs.

- Mitarbeiter, die an einem Mitarbeiterempfehlungsprogramm teilnehmen, haben ein doppeltes Interesse daran, überzeugende Kandidaten aufzuspüren – um kurzfristig einen Empfehlungsbonus zu erhalten und langfristig den Unternehmenserfolg zu steigern.
- Mitarbeiter kennen andere Mitarbeiter, die zwar nicht aktiv nach einer neuen Stelle suchen, aber potenziell wechselbereit sind.
- Mitarbeiter, die auf ihre eigene Reputation achten, empfehlen nur hoch kompetente Arbeitskräfte.
- Mitarbeiterempfehlungsprogramme können mittelfristig kostengünstiger sein als andere Methoden.

Ebenso haben Mitarbeiterempfehlungsprogramme aber auch ihre Schattenseiten:

- Menschen tendieren dazu, Leute zu kennen, die ihnen selbst ähneln. Die meisten Mitarbeiterempfehlungsprogramme fördern kaum die Diversität am Arbeitsplatz (entweder die soziale/demografische Diversität oder eine Diversität an Fertigkeiten und Kompetenzen).
- Der engste Bekanntenkreis der Mitarbeiter bewegt sich tendenziell innerhalb eines eng abgesteckten geografischen Bereichs, und das begrenzt den Pool an potenziellen Stellenkandidaten, die vielleicht zu einem Standortwechsel bereit sind.
- Amateur-Recruiter verfügen über wesentlich weniger Erfahrung als Manager oder professionelle Recruiter, was die Beurteilung der Qualifikationen eines potenziellen Kandidaten für eine bestimmte Position angeht. Das Weiterempfehlungssystem dient als Pipeline für das Aufspüren von geeigneten Kandidaten, aber nicht für die abschließende Entscheidungsfindung.
- Um zu verhindern, dass zwei Mitarbeiter für sich beanspruchen, einen neuen Mitarbeiter vermittelt zu haben, bedarf es einer sorgfältigen Buchführung und genauer Regeln. (Erhält der erste

Mitarbeiter, der die Empfehlung ausgesprochen hat, den Bonus? Was geschieht, wenn Mitarbeiter A die Empfehlung ausspricht, diese aber zunächst zu keiner Einstellung führt, Mitarbeiter B denselben Kandidaten ein Jahr später aber ebenfalls empfiehlt, und diesmal ein Arbeitsvertrag zustande kommt?)

- Wenn das System zu kompliziert ist, werden die Mitarbeiter nicht mitmachen.
- Die Mitarbeiter müssen geschult werden, um das System effektiv nutzen zu können.
- In größeren Unternehmen müssen Mitarbeiterempfehlungsprogramme ständig öffentlich gemacht werden, um dauerhaft auf breiter Ebene aktiv genutzt zu werden. Andernfalls werden sie Teil eines amorphen Selbstbedienungsladens für einige wenige Mitarbeiter. (Und wenn ein Mitarbeiter einen Freund empfiehlt, erwartet er, dass diesem der rote Teppich ausgerollt wird; zumindest, dass man ihn zügig kontaktiert. Das ist eine positive Erwartung, melden Sie sich also zügig bei den empfohlenen Kandidaten.)
- Die Programme kosten Zeit und Geld. Ihre Kosteneffektivität muss mit anderen Methoden verglichen werden.

Mitarbeiter kennen die Voraussetzungen für eine erfolgreiche Tätigkeit im Unternehmen und kennen seine Kultur. Daher empfehlen sie eher geeignete Kandidaten.

Bestenfalls entwickeln sich Mitarbeiterempfehlungsprogramme zu einem festen Bestandteil der Unternehmenskultur und der Arbeitgebermarke, wenn Sie Begriffe wie *Teamwork* oder *Belohnung für Initiative* verwenden. Damit deren Potenzial ausgeschöpft werden kann, müssen sie von der untersten Organisationsstufe bis zu Unternehmensspitze aktiv verstanden, unterstützt, beworben und gefördert werden. Wenn der Juniorassistent auf der untersten Organisationsebene fünf gute Mitarbeiter ins Unternehmen holt, weil er gut verdrahtet und aktiv ist, sollte der CEO ihn vor dem gesamten Unternehmen erwähnen und belobigen (besser noch sollte er ihm vor den Augen aller einen Bonusscheck überreichen).

Je mehr Mitarbeiter sich an dem Mitarbeiterempfehlungsprogramm beteiligen, desto größer wird Ihr potenzieller Empfehlungspool. Warum wollen Sie das auf Ihre Mitarbeiter beschränken? Warum dehnen Sie Ihr Mitarbeiterempfehlungsprogramm nicht auf Auftragnehmer, Lieferanten und Kunden aus? Auf ehemalige Mitarbeiter? Wenn Sie eine Kleintierhandlung betreiben, entfernen Sie das Schild „Mitarbeiter gesucht" aus dem Fenster und hängen Sie stattdessen ein Poster mit folgendem Text auf: „Schicken Sie uns einen herausragenden Mitarbeiter und gewinnen Sie dafür einen Monat kostenloses Futter für Ihr Haustier!" Sie betreiben eine physiotherapeutische Praxis? Bieten Sie doch jedem Kunden, der Ihnen einen qualifizierten Mitarbeiter vermittelt, fünf Gratisbehandlungen an.

Hier gibt es viel Raum für Experimente. Mitarbeiterempfehlungsprogramme funktionieren am besten, wenn Menschen ein persönliches Interesse daran haben, nur die besten Kandidaten zu empfehlen und nicht nur ihre Freunde. Einige Programme nehmen Manager ab einer bestimmten Gehaltsstufe aus, weil es zu deren Aufgabe gehört, nach kompetenten Kräften Ausschau zu halten. Wenn Sie das Netz Ihres Mitarbeiterempfehlungsprogramms wirklich weit spannen wollen, dann sollten Sie lediglich die Personen aus Ihrem Programm aussparen, die dafür bezahlt werden, dass sie kompetente Mitarbeiter finden – zum Beispiel Ihre Recruiter. (Wenn Ihre hochrangigen Führungskräfte keine Bonuszahlung annehmen wollen, können Sie diese an eine lokale karitative Einrichtung spenden und das öffentlich machen.) Mehrere Onlineunternehmen arbeiten daran, das Konzept der Weiterempfehlung gegen Bezahlung in großem Stil ins Web zu tragen, indem sie Kunden proprietäre Netzwerke bieten, deren Mitglieder gute Empfehlungen aussprechen.

Sind Sie für ein erfolgreiches Mitarbeiterempfehlungsprogramm bereit? Um Professor Frederick Reichheld (aus seinem exzellenten

Buch *The Ultimate Question*) zu zitieren, kommt es tatsächlich darauf an, ob Ihre vorhandenen Mitarbeiter Ihr Unternehmen ihren Freunden empfehlen würden.

Chris Forman, President der Human-Ressources-Beratung AIRS glaubt, dass man Amateur-Recruiter schulen kann, indem man ihnen Geschichten erzählt. Er sagt: „Mitarbeiter prägen sich Geschichten ein. Im Moment suchen wir einen Kundenservicebetreuer. Also erzählte ich meinen Mitarbeitern: ‚Neulich ging ich abends essen und wurde von der besten Kellnerin der Welt bedient. Sie war einfach phänomenal. Sie war clever, sie war aufmerksam und schnell, und ich habe ihr ein Trinkgeld von 30 Prozent gegeben. Und am Ende gab ich ihr meine Visitenkarte und sagte, wissen Sie was? Sollten Sie jemals keine Lust mehr auf Ihren Job hier haben, dann melden Sie sich bei uns.‘ Menschen verstehen die Botschaft. Ich sage unseren Ingenieuren, wenn sie zu einer Veranstaltung des Upper Valley [Connecticut River] Engineers Club gehen, sollen sie auf die cleverste Person im Raum zugehen und sagen: ‚Sie sind die cleverste Person hier. Ich würde wirklich gerne mit Ihnen arbeiten. Warum? Weil Sie die cleverste Person in diesem Raum sind.‘

Chris erklärt, ein gutes Mitarbeiterempfehlungsprogramm könne mit den alten Regeln brechen, zum Beispiel hinsichtlich der Anwerbung von Familienmitgliedern. „Das mag zunächst nicht eingängig erscheinen, aber wir lieben Nepotismus. Bei uns arbeiten zum Teil auch die Schwager und Schwestern unserer Mitarbeiter. Mein Vater arbeitet ebenfalls im Unternehmen. Das sind unsere besten Mitarbeiter. Man stellt zwar nie zwei Familienmitglieder auf einmal ein, aber wenn irgendwelche Leute sagen, stellen Sie grundsätzlich niemals Freunde, Nachbarn oder Verwandte ein, dann seien Sie gewarnt, denn Sie könnten herausragende Kandidaten übersehen.“

Es gibt viele Wege, um ein Mitarbeiterempfehlungsprogramm zu installieren – von einem sehr informellen Bonussystem in einem kleinen Unternehmen bis zu einem voll ausgereiften System, das Mitarbeiter identifiziert und begleitet, die die besten Beiträge leisten. Manager können Mitarbeitern, die neue Kandidaten in ihre Abteilungen holen, zusätzliche Anreize bieten. Das könnte eine umfangreichere Gehaltserhöhung sein, deren Höhe sich nach der Leistung der neu angeworbenen Mitarbeiter bemisst. Sie können jedem Mitarbeiter grundlegende Networking-Fertigkeiten vermitteln und dafür sorgen, dass Siegerstorys breit veröffentlicht werden. Sie können einen Teil der Belohnung bei Unterzeichnung des Arbeitsvertrags mit einem empfohlenen Kandidaten auszahlen und den Rest nach drei, sechs oder zwölf Monaten.

Rob O'Keefe von TMP Worldwide Advertising and Communications empfiehlt eine Variante, die er als „Präferenzprogramm" bezeichnet:

Ein Mitarbeiterempfehlungsprogramm arbeitet auf Basis der Prämisse, dass ein Arbeitgeber seine Mitarbeiter über vakante Positionen informiert und die Mitarbeiter darüber nachdenken, wen Sie kennen, der die Stellenanforderungen erfüllt und gut in die Organisation passen würde, und daraufhin aktiv werden.

Ein Präferenzprogramm fokussiert zunächst auf die Identifizierung der Verfechter der Arbeitgebermarke auf dem Zenith ihrer Überzeugung (wenn sie in das Unternehmen eintreten) und ihre Begleitung über ihre gesamte Beschäftigungserfahrung. Dieses Programm fordert die Markenprediger auf, potenzielle Empfehlungskandidaten für jedwede Position im Unternehmen zu identifizieren – egal ob es eine Vakanz gibt oder nicht.

Mit anderen Worten: Nutzen Sie Ihre Mitarbeiter, um die Pipeline mit Kandidaten zu bestücken, bevor Sie sie wirklich brauchen. Das intelligente Engagement Ihrer Mitarbeiter, die Ihre Arbeitgebermarke bewerben, ist die ultimative Form der Bewerberansprache. Sie gehört zu jedem Recruiting-Programm in jeder Recruiting-Disziplin, und sie wird üblicherweise als Networking bezeichnet.

Das professionelle Netzwerk

Jeder, der Mitarbeiter einstellt, braucht ein Netzwerk. Man kann es nicht einfacher auf den Punkt bringen. Wählen Sie Ihre Metapher:

eine Pipeline an laufend neuen Kandidaten, einen Talentpool, aus dem Sie schöpfen können, oder ein Stapel Lebensläufe in Ihrer Datenbank. Egal, welches Bild Sie wählen, ein aktives Talentnetzwerk ist die Methode, um die lineare Spur der transaktionsorientierten, unter Zeitdruck stehenden, eiligen Mitarbeitergewinnung verfolgen zu können. Das Netzwerk an potenziell wechselbereiten Arbeitskräften eines Recruiters – von langfristig interessanten Kandidaten bis zu ehemaligen Mitarbeitern des Unternehmens – sorgt dafür, dass der positive Beschäftigungskreislauf der Anwerbung, Gewinnung und Entwicklung in Schwung bleibt.

Wir müssen Vollzeit-Recruiter kaum von der Bedeutung des Networkings beziehungsweise der Vermittlung der Networking-Grundlagen überzeugen. Aber für Vorgesetzte, die sich in ihrer Rolle als Hiringmanager oft zu stark auf die Personalabteilung verlassen, Unternehmer oder Inhaber eines Kleinunternehmens muss das Networking von seinen Mythen befreit werden.

Im Recruiting geht es letztlich um die Beziehung zwischen einem individuellen Kandidaten und einem individuellen Arbeitgeber, egal ob dieser ein professioneller Recruiter, Manager, Unternehmenseigner oder ein Personalgeneralist ist. Wir haben über die Verbreitung der Botschaft gesprochen, weil Sie in einer Welt der mobilen Arbeitskräfte breite Bekanntheit brauchen, um mit der kleinen Zahl an richtigen Kandidaten in Kontakt treten zu können. An einem gewissen Punkt führen Ihre Anstrengungen, den Markt an potenziellen Kandidaten zu erreichen, zu einer positiven Reaktion eines Kandidaten, der bereit ist, eine berufliche Beziehung zu Ihrem Unternehmen zu unterhalten, und das ist der Beginn eines Netzwerks.

Ein professionelles Netzwerk besteht nicht in einer passiven Namensliste, sondern beinhaltet eine nicht endende Serie an aktiven Beziehungen. Das haben Sie vielleicht schon einmal gehört, aber lassen Sie es trotzdem einen Moment auf sich einwirken.

Unterhalten Sie wirklich vielfältige Beziehungen zu potenziellen Kandidaten? Beziehungen, die nicht nur in einer einzigen E-Mail, sondern über Wochen, Monate und Jahre der Interaktion bekräftigt wurden?

MEINE MEINUNG

„Vor kurzem sprach ich mit einem Senior Vice President für Human Resources, der mir erklärte, ‚Wissen Sie, Ich frage mich, warum Recruiter nie anrufen, um mich dazu zu bewegen, zu ihren Unternehmen zu wechseln. Sie rufen mich immer an und fragen, wen ich kenne.'

„Ich antwortete, ‚Sie verstehen das falsch! Alle diese Recruiter hoffen, Sie würden sagen, ‚Oh ja, diese Position klingt, als sei sie eine gute Option für mich selbst.'" Meistens beginnen diese Gespräche mit einer Anfrage bezüglich einer Empfehlung, dahinter steht aber die Hoffnung, die Person am anderen Ende der Leitung werde erkennen, wow, es klingt, als sei das die richtige Position für sie selbst."

– John Wilson, Wilson Recruiting –

Es gibt hundert Ausreden für die Vernachlässigung der Netzwerkarbeit. Sie haben Anforderungen zu erfüllen und Fristen einzuhalten. Networking verspricht keine schnellen Nutzen. Es gibt unzählige Sackgassen. Oder Sie sind nicht der Typ, der bei Networking-Veranstaltungen mit anderen Shakehands macht. Sie sind einfach kein Networking-Typ. Sie betreiben ein Kabelunternehmen, und der Servicetechniker hat soeben gekündigt, und ihre Kunden klingeln Sturm. Sie können nicht einfach zu einer Networking-Veranstaltung gehen und eine Menge langfristiger Beziehungen zu potenziellen Kabelservicetechnikern knüpfen etc. Sie müssen die Vakanz *hier und jetzt* besetzen.

Nichtsdestotrotz ist ein großes, aktives Netzwerk an potenziell wechselbereiten Arbeitnehmern die beste Quelle für kompetente Mitarbeiter. Der Zeitaufwand, Ihr Portfolio um Networking zu ergänzen, lohnt sich. (*Hinweis:* Executive-Search-Berater, die im Premiumsegment des Recruitings arbeiten, stützen sich grundsätzlich auf langfristige Beziehungen, um Spitzenpositionen zu besetzen. Dasselbe können Sie für Positionen auf allen Ebenen tun; alles, was sich verändert, sind die Plätze, an denen Sie potenzielle Kandidaten finden.

Angenommen, Sie wollen ein professionelles Netzwerk an potenziellen Kandidaten aufbauen, dann können Sie mit den folgenden einfachen Gewohnheiten beginnen, die wir bei jedem guten Networking-Recruiter erleben:

Beginnen Sie mit Beziehungen, denen Sie bereits vertrauen

Vertrauen ist das Bindemittel, das ein gutes Netzwerk zusammenhält. Beginnen Sie also bei den Menschen, die Sie schon kennen. Setzen Sie Kollegen, Freunde, ehemalige und aktuelle Mitarbeiter und bestehende Kandidaten auf Ihre Networking-Liste. Wenn Sie in den letzten zwei Jahren mit beeindruckenden Kandidaten Bewerbungsgespräche geführt, sie dann aber doch nicht eingestellt haben, kontaktieren Sie sie aufs Neue. Fragen Sie jeden, mit dem Sie über die Arbeit sprechen, „Wen kennen Sie?"

Schließen Sie sich Gruppen an

Alle Berufsverbände verfolgen mindestens zwei Zwecke, und der zweite ist in jedem Fall Networking. Wenn Sie Webdesigner anheuern wollen, die wissen, wie man nutzerfreundliche Websites designt und einrichtet, können Sie die Zusammenkünfte der Berufsverbände der Webdesigner, Usability-Spezialisten, Werbefachleute oder großer Computer/Multimediainteressen besuchen.

Begeben Sie sich an die Plätze, an denen die Lebensläufe gespeichert sind

Tauchen Sie in die Bewerberdatenbank Ihres Unternehmens ein oder vertiefen Sie sich in den Ordner mit der Aufschrift „Interessante Kandidaten". Stöbern Sie in Onlinedatenbanken und lernen Sie, online nach geeigneten Lebensläufen zu suchen. Suchen Sie nach

Verbindungen: Wer ist mit Ihnen zur Schule gegangen? Wer arbeitete in denselben Unternehmen wie Sie? Wer arbeitet für Ihre Wettbewerber oder Ihre Lieferanten oder in einem verwandten Bereich? Wer erfüllt diese Kriterien *und* lebt in einem Radius von 50 Kilometern? Denken Sie kreativ über die Lebensläufe nach, die Sie bisher studiert haben. Wer war vielversprechend, aber unerfahren? Wer suchte nach der falschen Stelle? Wer ist weggezogen (aber vielleicht wieder zurückgezogen?).

Es ist leicht, Lebensläufe zu finden. Beziehungen aufzubauen und zu pflegen, nachdem man diese Menschen aufgespürt hat, ist aufwendiger, aber es funktioniert. Online können Sie jemand finden, mit dem Sie vor vielen Jahren und drei Unternehmen zuvor zusammengearbeitet haben. Probieren Sie es aus – durchsuchen Sie das Web, indem Sie den Namen eines Unternehmens und einiger ehemaliger Kollegen eingeben. Sie werden alte Bekannte finden.

MEINE MEINUNG

„Eigentlich gibt es zwei Arten von Recruiting, die ich als virtuelles Recruiting und Relationship-Recruiting bezeichne: Beim virtuellen Recruiting geht es um das Hier und Jetzt. Das ist der Fall, wenn Sie einen Database Administrator SQL Server in Arizona brauchen und diese Position unter Nennung des wettbewerbsfähigsten Angebots, das überhaupt menschenmöglich ist, einem Kandidaten antragen, den Sie gerade in Boston gefunden haben. Bei Relationship-Recruiting geht es um langfristige Gespräche, die Sie mit dem Kandidaten führen – über seine Lebensziele, ob er Kinder hat, wo er lebt, was ihm wichtig ist, wie er Entscheidungen trifft. Vor allem aber geht es nicht um die Stelle, die Sie heute zu vergeben haben, sondern vielmehr darum, zwei Stellenausschreibungen später zusammenzukommen."

– Jeff Gore, Stride & Association –

Begeben Sie sich an die Orte, an denen sich die Kandidaten aufhalten

Vielleicht sind Sie es Leid, an Treffen von Kandidaten auf Stellensuche teilzunehmen, weil Sie glauben, anschließend würden Sie in ungeeigneten Bewerbungen ersticken; tatsächlich geschieht das auch gelegentlich. Aber was ist mit den Leuten, die mit Kandidaten in Übergangssituationen oder einer Phase der Neuorientierung arbeiten? Die Karrierezentren von Universitäten, Karriere-Coaches und Outplacement-Beratungen arbeiten mit potenziellen Kandidaten und sind nicht unbedingt auf Ihr Geld angewiesen. Selbst Menschen, die informelle Unterstützungsgruppen für Stellensuchende betreiben – die Sorte, die sich einmal pro Woche in den Räumen der Pfarrgemeinde trifft – können ausgefeilte Netzwerker sein.

Network Online (aber mit Kopf)

Die Teilnahme an Online-Networking kann dazu beitragen, Ihre Pipeline zu füllen. Diese Sites sind noch kein Ersatz für persönliche Gespräche oder Networking-Telefonate. Diese bieten eine Nähe, die in der Herstellung von Kontakten über Fremde verloren geht. Social-Networkingsites und Interessensgruppen können Kontakte liefern, sobald Sie wissen, wie Sie sie verwenden, ohne zum Ziel unqualifizierter Bewerbungen zu werden.

Interessieren Sie sich für mehr als die zu besetzende Stelle

Networking bedeutet Zuhören. Fragen Sie Menschen nach ihren Erfahrungen, Werten und Ambitionen. Finden Sie heraus, was ihnen an ihrer derzeitigen Arbeitsstelle gefällt, und was besser sein könnte. Hören Sie sich ihre subjektive Geschichte an, die sich nur schwer aus einem Lebenslauf herauslesen lässt und die Ihnen jemand in einer förmlicheren Situation nicht erzählen würde (zum Beispiel in einem Bewerbungsgespräch).

Seien Sie hilfsbereit

Jeder herausragende Networker, den wir kennen, bietet Menschen uneigennützig seine Hilfe an. Nennen Sie es gute Manieren, guter Geschäftssinn (weil Menschen auf Gegenseitigkeit getrimmt sind und Ihnen etwas zurückgeben wollen) oder einfach nur gutes Karma, aber immer wieder gelingt es denen, die fragen, „Was kann ich für Sie tun?", Beziehungen zu knüpfen, die darin resultieren, dass sie herausragende Stellenkandidaten finden. Hilfsbereitschaft ist ein Akt der Freundschaft, der einer Netzwerkbeziehung Vertrauen verleiht.

Fassen Sie nach

Denken Sie über Folgendes nach: Die meisten Recruiter, Hiringmanager und Personalspezialisten treffen so viele Menschen im Verlauf einer Woche, dass sie sich eine Haltung aneignen, die sie insgeheim denken lässt, „Der Nächste, bitte". In Kapitel 6 haben wir empfohlen, vielversprechenden (aber noch nicht ganz ausgereiften) Kandidaten einen Newsletter anzubieten, um Kontakt zu halten. Das ist passive Kommunikation. Wenn Sie Menschen treffen, die wirklich interessant sind oder wirklich Verbindungen zu einer Vielzahl von potenziellen Kandidaten haben, dann schreiben Sie mit einem dicken Rotstift NACHFASSEN auf ihre Visitenkarten, oder heften Sie ihre Lebensläufe in einen speziellen Ordner. Rufen Sie sie dann im Abstand von einigen Monaten immer wieder mal an und sprechen Sie mit ihnen – Wie geht es Ihnen, wen kennen Sie, was kann ich für Sie tun?

Wenn Sie sich diese Gewohnheit zugelegt haben, fahren Sie fort und betreiben Sie ein formelleres Networking, mit dem Ziel der Mitarbeitergewinnung. Es gibt professionelle Networking-Seminare, Kurse von Organisationen wie der Society for Human Ressource Management, SHRM oder Business Network International (BNI) und gute Bücher (einige finden Sie im Abschnitt „Nützliche Adressen" am Ende des Buches).

Taktiken für einen akuten Fachkräftemangel

Das gesamte Buch dreht sich um Mitarbeitergewinnung in den kommenden Jahren, in denen ein Fachkräftemangel droht. Wie in Kapitel 1 erwähnt, leiden einige Unternehmen auf bestimmten Gebieten bereits jetzt unter einem Mangel an qualifizierten Fachkräften. Die akutesten Beispiele, die wir kennen, stammen aus dem US-Gesundheitswesen. Es fehlen Krankenpflegekräfte, Apotheker, Radiologen, Medizintechniker etc. und das ist erst der Beginn. Joseph Cabral, Vice President und Personalvorstand bei North Shore-LIJ Health System, beschreibt, wie der Fachkräftemangel das Geschäft heute schon prägt:

Da sich die Gesundheitsindustrie im Lauf der Jahre weiterentwickelt hat, hat sich die Gewinnung qualifizierter Fachkräfte für schwer zu besetzende Positionen zu einer noch größeren Herausforderung entwickelt. Viele unserer Positionen erfordern Kompetenzen über ein bestimmtes Fachwissen hinaus, zum Beispiel IT, ein Gebiet, auf dem eine Position unter Umständen technisches und klinisches Fachwissen voraussetzt. Umgekehrt existiert oft die Fehlannahme, wir würden ausschließlich Kandidaten mit einem klinischen Hintergrund oder Vorerfahrung im Gesundheitswesen einstellen. Die Sorte Kompetenzen und Hintergrundwissen, die wir suchen, sind absolut positionsabhängig; jede Situation kann anders sein, je nach den Anforderungen.

Organisationen aus dem Gesundheitswesen sind mit zunehmender Technologie, wachsenden Anforderungen und einem engen Finanzkorsett sowie radikalen Veränderungen konfrontiert. Zum Beispiel müssen elektronische medizinische Patientenakten vereinheitlicht werden, um die Patientenbetreuung zu optimieren und die Effizienz zu steigern. Bisher sind die medizinischen Patienteninformationen aber noch über verschiedene inkompatible Systeme verstreut.

Wie kommen Krankenhäuser und andere Einrichtungen damit zurecht?

Zum Einen verlassen sie sich nicht auf eine einzige Quelle für qualifizierte Kandidaten. Sprechen Sie heute mit einem Recruiter aus dem medizinischen Bereich, und er wird Ihnen bestätigen, dass er jede verfügbare Technologie nutzt – von der Internetwerbung über die Entwicklung einer klar umrissenen Marke und Recruiting im Ausland bis zur Bildung von Netzwerkgruppen und der Organisation von gesellschaftlichen Veranstaltungen für Krankenpflegekräfte und andere medizinische Fachkräfte.

Lektion eins für eine akute Mangelsituation: Diversifizieren Sie Ihr Portfolio an Recruiting-Instrumenten. Arbeiten Sie die Kapitel dieses Buches durch und nutzen Sie jede der hier vorgestellten Techniken. Involvieren und mobilisieren Sie Ihre gesamte Organisation.

Lektion zwei: Wenn Sie keine geeigneten Mitarbeiter finden, dann entwickeln Sie Mitarbeiter zu geeigneten Fachkräften. Zunehmend unterstützen Krankenhäuser Aus- und Weiterbildung und pflegen enge Beziehungen zu Ausbildungsinstituten. Im kalifornischen San Antonio führte Barry Burns von Methodist Healthcare System Stipendien an einer neuen Apothekerschule ein. Recruiter klappern Colleges ab, sprechen mit Highschool-Studenten über medizinische Laufbahnen und halten mit ihnen Kontakt.

Lektion drei: Pflegen Sie die Mitarbeiter, die Sie haben. Ein Fachkräftemangel strapaziert das Recruiting-Budget, aber er droht auch, die vorhandenen Mitarbeiter auszubrennen, deren Kompetenzen so rar und nachgefragt sind.

Lektion vier: Investieren Sie mindestens so viel Energie in die Mitarbeiterbindung, wie in Ihre Mitarbeitergewinnung. Dann müssen Sie weniger in den Ersatz der Mitarbeiter investieren, die das Unternehmen verlassen (siehe Kapitel 9).

Wenn die Botschaft wirkt

Die Werbephase des Beschäftigungskreislaufs der Anwerbung, Gewinnung und Entwicklung von Mitarbeitern ist bestenfalls eine lange Kette an Erfahrungen: Kompetente Kandidaten erfahren durch ein Stellenangebot, eine Empfehlung oder eine Weitervermittlung von Ihrem Unternehmen. Sie beschließen, mehr über Sie herauszufinden und hören sich um oder überprüfen Ihr Unternehmen online. Sie kontaktieren Sie oder werden von Ihnen kontaktiert. Diese Erfahrung gleicht der Erfahrung, die ein Verbraucher mit einer Marke oder einem Produkt macht.

Phil Knight, langjähriger Nike-Chef, sagte zu seinen Mitarbeitern: „Wir haben nichts außer unserer Marke." Knight und Nike leben diese Überzeugung so gründlich, dass viele Mitarbeiter sich selber als „Ekin" (Nike rückwärts gesprochen) bezeichnen und sich stolz das Nike-Logo – den berühmten „Swoosh" – tätowieren lassen. Die konsistente Markenbotschaft wird aus vielen Gründen über zahlreiche Kanäle ausgesendet, und ihre größte Qualität ist, dass sie einfach überzeugend ist. Die Macht dieser konsistenten, überzeugenden Botschaften ist die Macht zur Herstellung emotionaler Nähe zu Ihren Zielkunden – den hoch qualifizierten Fachkräften. Diese führt dazu, dass geeignete Kandidaten an Ihre Tür klopfen. Und das ist der Beginn der Gewinnungsphase.

Zusammenfassung

- Die Botschaft einer Arbeitgebermarke muss das Thema aller Aktivitäten der Kandidatenansprache sein, beginnend mit einer kandidatenzentrierten Recruiting-Website.
- Stellenangebote basieren auf Stellenbeschreibungen, aber dienen den besonderen Imperativen der Anwerbung der richtigen Kandidaten, und müssen sich daher von den Beschreibungen unterscheiden.
- Von der Platzierung von Stellenangeboten bis zu Bewerberdatenbanken und Social Networking, müssen alle diese Kanäle genau verstanden und richtig bedient werden, da Medienkonsumenten die potenziellen Überbringer Ihrer Botschaft sind.
- Weiterempfehlungs- und Networking-Programme können effektiv sein, aber beide müssen darauf ausgerichtet sein, die Zielkandidaten von den Überbringern der Botschaft zu trennen.

Kapitel 8: Holen Sie die Besten ins Unternehmen

Als Jim O'Mahony CEO der Werbefirma Saatchi & Saatchi in Sydney war, wusste er, dass eine Recruiting-Entscheidung so erfolgskritisch war, dass er die üblichen Regeln über den Haufen warf und ein außergewöhnliches Bewerbungsgespräch entwickelte. Jim erzählt:

Das Wichtigste in unserem Geschäft ist die richtige Partnerschaft zwischen dem CEO und dem Kreativdirektor. Wenn Sie eine wirklich und wahrhaftig gute Partnerbeziehung zwischen diesen beiden Positionen erzeugen, dann funktioniert alles. Die Organisation funktioniert reibungslos, es wird neues Geschäft generiert, die Arbeit ist brillant, der Planungsdirektor ist großartig, der Finanzdirektor ist glücklich – alles ist wunderbar.

Ich suchte nach einem neuen Kreativdirektor für Sydney und fand einen Kandidaten aus New York. Und so verlief das Bewerbungsgespräch: Wir verbrachten drei Tage zusammen in Los Angeles. Wir gingen zusammen am Strand spazieren, wir aßen zusammen, wir tranken zusammen, wir gingen zusammen ins Kino und kauften zusammen in Geschäften ein. Dabei sprachen wir die ganze Zeit miteinander und kamen immer wieder auf verschiedene Themen zurück und entwickelten Ideen, ganz so, als würden wir bereits zusammen arbeiten

Ich hätte ihm jeden psychometrischen Test der Welt geben können, aber diese drei Tage mit ihm zu verbringen, über die Arbeit, Familie, Träume und Ziele zu sprechen – auf diese Weise erfuhr ich wirklich, was er fühlte, wer er war und wie er sein Bestes geben würde.

Erwies sich dieser Kandidat als erfolgreiche Neueinstellung? Im Mai 2007 wählte eine Branchenorganisation ihn zum besten Kreativdirektor und sein Büro zur angesagtesten Agentur von Australasien. O'Mahonys unorthodoxer Bewerbungsprozess, der sich nur auf die wirklich wichtigen Dinge konzentrierte, hatte sich auf wunderbare Weise ausgezahlt.

Was würde Sie dazu veranlassen, ein dreitägiges Bewerbungsgespräch zu führen? In Jims Fall war es die Aussicht, eine Schlüsselpartnerschaft zu erzeugen, aus der sich alle anderen Erfolge ergeben würden.

Es ist Zeit, alle Kandidaten als wichtige Schlüsselpersonen zu behandeln. Hier in der Gewinnungsphase des Beschäftigungskreislaufs testen Sie alle Kandidaten aus, die Sie angeworben und alle potenziell wechselbereiten Arbeitnehmer, die Sie aufgespürt haben. Hier entscheiden Sie, wen Sie einstellen wollen und wie Sie sie von einer Beschäftigung in Ihrem Unternehmen überzeugen.

Wir können die Wirkung dieser Phase auf Kandidaten, die über den Erfolg Ihrer Organisation entscheiden, gar nicht genug betonen. Zwar ist diese Phase die kürzeste – typischerweise dauert sie nur drei bis vier Tage –, aber die Dynamiken zwischen Arbeitgeber und Arbeitnehmer während dieser Phase setzen die Erwartungen für die folgende Beziehung. Validiert Ihr Verhalten und das Verhalten jeder einzelnen Person, mit denen ein Kandidat im Verlauf des Einstellungsprozesses zu tun hat, die Arbeitgebermarke, die den Kandidaten zunächst angelockt hat, oder zerstört es sie? Erzeugen Sie einen echten Geschäftsdialog, in dessen Verlauf beide Seiten kritische Informationen erhalten? Bilden Sie Vertrauen, zeigen Sie Respekt und beginnen Sie den Integrationsprozess schon bevor ein Kandidat offiziell zum Mitarbeiter wird? Wenn Sie all das tun, dann funktioniert Ihr Gewinnungsprozess.

Sie können nicht mit jedem potenziellen Kandidaten drei Tage verbringen, aber Sie können alle Kandidaten so behandeln, als sei die Entscheidung für Ihr Unternehmen eine ihrer wichtigsten Entscheidungen. Würdigen Sie die Bedeutung ihres Interesses an Ihrem Unternehmen, selbst wenn Sie anschließend die Entscheidung treffen, diesen Kandidaten nicht einzustellen.

Wir haben festgehalten, der potenziell wechselbereite und hoch qualifizierte Kandidat halte das Steuer in der Hand. Das verändert die Gewinnungsphase grundlegend. Manager neigen dazu zu glauben, wenn jemand sich einmal bei ihrem Unternehmen beworben habe, seien sie diejenigen, in deren Hand die alleinige Entscheidung über eine Einstellung oder Nichteinstellung liege. In der Welt der Stellenkandidaten als Konsumenten führt die Gewinnungsphase jedoch zu zwei Einstellungsentscheidungen: eine des potenziellen Arbeitgebers und eine des Stellenkandidaten.

Sehr gute Kandidaten lernen, sich eingehend mit dem potenziellen Arbeitgeber, dem Markt und sich selbst zu beschäftigen und präsentieren sich als Sieger; das ist eine sorgfältig auf die ausgeschriebene Position abgestimmte „Verkaufspräsentation“. Das ist die richtige Methode, um einen guten Eindruck zu machen und ein Vertragsangebot zu erhalten. Heute sind Arbeitgeber gut beraten, den Stellenkandidaten, den Markt und sich selber eingehend zu studieren und von dem Moment an, da sie auf einen Kandidaten aufmerksam werden, bis zu dem Moment, da dieser in das Unternehmen eintritt sowie in der Folgezeit, einen überzeugenden Eindruck zu machen.

Jim O'Mahony vermittelte seinem Kandidaten in Los Angeles eine starke Botschaft: „Sie verdienen diese Vorzugsbehandlung.“ In den drei Tagen, die sie miteinander verbrachten, erfuhr er eine Menge über seinen potenziellen Kreativdirektor und lud diesen umgekehrt dazu ein, eine Menge über ihn, sein Unternehmen und seine Tätigkeit in Erfahrung zu bringen. Dabei war das Ganze beileibe keine sichere Angelegenheit. (Immerhin bat Jim einen hoch bezahlten Profi mit Familie in einen anderen Bundesstaat, 16.000 Kilometer von seinem bisherigen Standort entfernt, umzuziehen.) Jim wendete die bestmögliche Verkaufsmethode an, indem er beiden Seiten die Möglichkeit bot, umfassende Informationen einzuholen und auszutauschen, sodass am Ende beide Seiten die richtige Entscheidung trafen.

Dieses Kapitel handelt von der Praxis, die Recruiting-Profis *Selektion* nennen. Einfach ausgedrückt bedeutet das, dass Sie zwischen qualifizierten Kandidaten wählen müssen. Ihr Urteilsvermögen basiert auf zwei Achsen: was Kandidaten *können*, also auf etwas, das Sie anhand ihrer nachweislichen Kompetenzen, Erfahrung, Wissen, Ausbildung und ihrem bisherigem Verhalten bestimmen, und dem, was sie *tun werden*, und zwar auf Basis ihres Temperaments, ihrer Motivation, Werte und Überzeugungen und (auch hier) ihres bisherigen Verhaltens.

Der Trichter

Der Selektionsprozess gleicht ein wenig einem klassischen Trichter, dem Recruiting-Profis eine Vielzahl von aussichtsreichen Kandidaten zuführen, wobei am Ende des Trichters ein Kandidat übrig bleibt, mit dem ein Vertrag geschlossen wird (für die abschließende Vereinbarung zwischen einem Kandidaten und dem Arbeitgeber werden wir den Begriff *Abschluss* verwenden). Dieser Prozess ist in Abbildung 8.1 dargestellt.

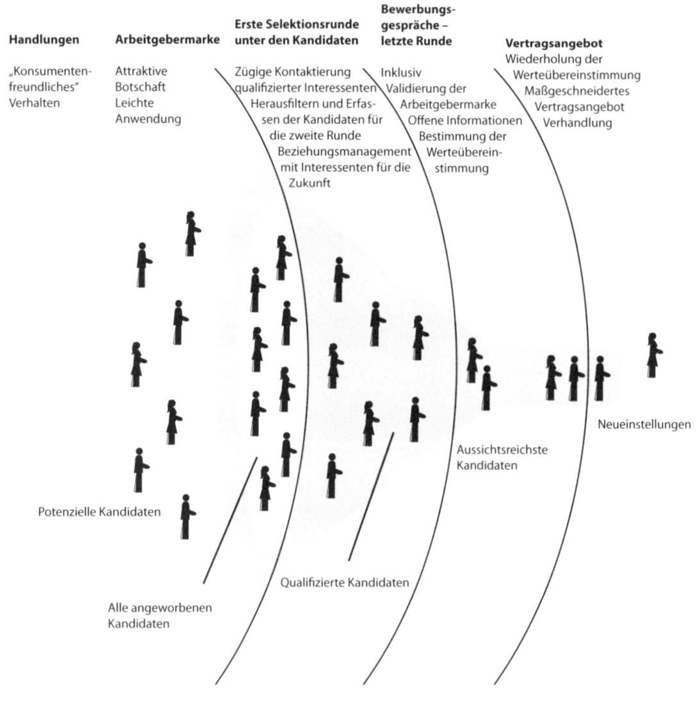

Ein Manager in einem großen multinationalen Konzern und der Linienmanager eines kleineren Unternehmens durchlaufen denselben Prozess. Der Konzern setzt vielleicht mehr Technologie ein und arbeitet wahrscheinlich mit Spezialisten (Leute, deren ausschließliche Aufgabe es ist, ständig den Trichter zu füllen). In einem kleineren Unternehmen ist der Linienmanager möglicherweise für den gesamten Prozess verantwortlich. Diese Größenunterschiede haben aber kaum Auswirkungen auf die emotionale Erfahrung der Stellenkandidaten. Sie werden trotzdem auf Ihre Organisation aufmerksam (oder Ihre Organisation auf die Stellenkandidaten), sie nehmen nach wie vor an Bewerbungsgesprächen teil und sie prüfen nach wie vor die Glaubwürdigkeit Ihrer Arbeitgebermarke. Wenn Ihre Marke zum Beispiel Effizienz und exzellente operative Prozesse betont, dann sorgen Sie besser dafür, dass die Methode, mit der Sie die Kandidaten durch den Selektionsprozess schleusen, effizient ist, andernfalls werden die Kandidaten an Ihrer Marke zweifeln.

Egal wie groß Ihr Unternehmen ist oder in welchem Geschäftsfeld Sie aktiv sind, es gibt einige einfache Schritte, die Sie unternehmen können, um einen soliden, überzeugenden Selektionsprozess zu fördern.

Binden Sie Ihre Mitarbeiter frühzeitig ein

Sie haben sich bereits mit dem Vorgesetzten in seiner Rolle als Hiringmanager und anderen Spezialisten zusammengesetzt, um Stellenbeschreibungen, Stellenangebote oder den Text für Recruiting-Werbung zu formulieren. Wenn die Kandidaten bereit für ein Bewerbungsgespräch sind, öffnen Sie den Prozess für andere Abteilungen, mit denen Sie arbeiten. Bestimmen Sie, wer mit dem Kandidaten sprechen sollte, indem Sie das „Ökosystem“ der ausgeschriebenen Position untersuchen. Wer ist darauf angewiesen, dass die Person in dieser Position gute Arbeit leistet (zum Beispiel Abteilungskollegen, Kunden und Mitarbeiter in angrenzenden Produktionsschritten)? Wer ist der richtige Mentor für diese Person? Setzt die Position technische Kompetenzen, sei es Computerprogrammierung oder der Betrieb eines Gabelstaplers, voraus, die von einem Experten beurteilt werden sollten? Wer könnte in zwei Jahren der Vorgesetzte dieser Person sein?

Die Einbindung anderer Mitarbeiter ist für die Planung des Karriereverlaufs eines herausragenden Kandidaten in Ihrem Unternehmen von zentraler Bedeutung. Während Prognosen Veränderungen unterworfen sind, bringt Sie diese eingehenden Überlegungen weit über die checklistenbestimmte Einstellungspraxis hinaus, die zu einer lediglich mittelmäßigen Belegschaft führt. Bringen Sie die Vorgesetzten in ihrer Rolle als Hiringmanager sowie deren Kollegen dazu, sich dazu zu äußern, wer auf welche Weise von der zu besetzenden Tätigkeit betroffen ist, und wo jemand versetzt werden muss – abwärts, seitwärts oder aufwärts. Damit antizipieren Sie das Unvermeidliche, den Wandel. An einem bestimmten Punkt kann die Verteilung der Verantwortung für das Recruiting mühselig werden. Google, einst für seinen langen und anspruchsvollen Bewerbungsprozess berühmt, hat seine Methoden vor Kurzem gestrafft.[1]

Die wichtigsten Personen sind diejenigen, die die letzte Verantwortung für die Ergebnisse tragen, die von der ausgeschriebenen Position erwartet werden. Verteilen Sie Informationen, verteilen Sie die Bewerbungsgespräche, aber begrenzen Sie die Einstellungsentscheidung auf die Personen, die die Vorgesetzten des neuen Mitarbeiters sein werden.

Einige clevere Recruiter laden einen Gesprächspartner als „Joker" dazu, der alle unbequemen Fragen beantwortet, die ein Kandidat möglicherweise stellt. Das könnte ein Kollege sein, der die Arbeitsbedingungen vertraulich schildert. Es könnte auch ein Spezialist sein, der die wirklich harten Fragen beantworten kann, die Vorgesetzte in ihrer Rolle als Hiringmanager vielleicht nur widerwillig diskutieren („Wie ist der Diskriminierungsprozess letztes Jahr ausgegangen?", „Wie fühlt es sich an, für ein Unternehmen zu arbeiten, das in seinen Einzelhandelsgeschäften Zigaretten verkauft?"). Allein die Anwesenheit einer solchen Person demonstriert Vertrauen und Respekt gegenüber dem Kandidaten.

Selbst in einem kleinen Unternehmen sollten Sie mehrere Perspektiven einholen. Wenn Mary am Ende des Büroflurs eine stattliche Erfolgsbilanz in der Anwerbung guter Mitarbeiter vorzuweisen hat, dann bitten Sie sie, mit dem Kandidaten zu sprechen. Das gilt für Lkw-Fahrer genauso wie für den Unternehmenseigner. Halten Sie das für unrealistisch? Wenn Sie glauben, der Manager sei der Einzige, der einen Kandidaten bewerten kann, könnten Sie sich von wichtigen Informationen abschneiden und dem Kandidaten die Chance nehmen zu sehen, wie Ihre Mitarbeiter Ihre Arbeitgebermarke mit Leben füllen.

Schulen Sie die Mitarbeiter, die mit dem Kandidaten sprechen

„Ich spreche einfach mit ihm, und dann weiß ich schon, ob der hier reinpasst."

„Ich muss nur eine Frage stellen, und dann gebe ich Ihnen eine Entscheidung."

„Ich brauche nur einen Blick auf den Lebenslauf werfen, und dann weiß ich schon Bescheid."

Wie oft haben Recruiting-Profis solche herablassenden (und offen gesagt ignoranten) Bemerkungen gehört? Die Erfolgsbilanz von Amateur-Interviewern spricht für sich selbst – Entscheidungen, die auf dünnsten Vermutungen oder Vorurteilen basieren, gefolgt von langem Bedauern und Schuldzuweisungen.

Wenn Sie ein Personal- oder Recruiting-Profi sind, dann holen Sie sich die Unterstützung des Topmanagements für ein Schulungsprogramm in der Gesprächsführung mit Stellenbewerbern. Geben Sie Ihren Managern gute Bücher über richtige Gesprächsführung an die Hand. Wenn Sie ein Manager sind (vor allem, wenn Sie schon ähnliche Dinge wie die eingangs zitierten selbst gesagt haben), dann lassen Sie sich schulen. Lesen Sie über richtige Gesprächsführung. Lernen Sie, welche Fallstricke Sie vermeiden müssen. Zum Beispiel vergessen Manager oft, dass sich Kandidaten in einem Bewerbungsgespräch oft ein wenig bloß und verwundbar fühlen. Wenn Manager erkennen lassen, dass ihnen das bewusst ist, zeigen sie Empathie und dann verläuft das Gespräch besser.

Machen Sie die einfachen Dinge richtig

Wenn Kunden die Unternehmenszentrale von Monster besuchen, führen wir sie vor ihrem Termin in unseren großen Aufenthaltsraum, den Monster Den. Dann fragen wir immer, „Welche dieser acht Kaffee-, Tee- oder Mineralwassersorten hätten Sie gerne? Möchten Sie sich entspannen, bis Ihr Gesprächspartner bereit ist? Wir bieten ihnen an, „Sehen Sie sich um und machen Sie es sich bequem. Möchten Sie einen ruhigen Platz, an dem Sie sich ungestört Notizen machen oder telefonieren können?“ Die Kunden fühlen sich willkommen. Und auch Stellenkandidaten werden nicht anders behandelt. Im Monster Den können wir immer sagen, wer von draußen kommt, weil das die einzigen Personen sind, die einen Anzug tragen. Aber Sie müssen genau hinsehen, um zu wissen, ob es sich um einen Stellenkandidaten handelt, der zu einem Bewerbungsgespräch kommt, oder einen Kunden, der gekommen ist, um näher über sein Geschäft zu sprechen.

Diese Anstrengung kostet nicht viel Geld und sie unterscheidet uns auf beeindruckende Weise im Kampf um hoch qualifizierte Mitarbeiter von unseren Wettbewerbern. Selbst nicht erfolgreiche Kandidaten erinnern sich an den Den und die Art und Weise, wie sie behandelt wurden. Das ist nur ein Beispiel dafür, wie man einfache Dinge richtig macht.

Erledigen Sie die einfachen Dinge zügig

Nehmen Sie an Ihrem Auswahlprozess in den nächsten 30 Tagen fünf Verbesserungen vor. Richten Sie für eingehende Bewerbungen eine Autoresponse-Funktion und ein Nachfasssystem ein. Beantworten Sie Dankesschreiben Ihrer Stellenkandidaten. Bieten Sie ihnen einen Parkplatz. Rufen Sie die Manager am Morgen eines Bewerbungsgesprächs an und erinnern Sie sie daran, sich noch einmal den Lebenslauf des Kandidaten anzusehen. Wenn Sie ein Manager sind, dann reservieren Sie sich 30 Minuten vor dem Bewerbungsgespräch für die Vorbereitung. Sorgen Sie dafür, dass Ihnen dieses Verhalten, wenn irgend möglich, in Fleisch und Blut übergeht.

Erledigen Sie die schwierigen Dinge, indem Sie ihnen die Zeit widmen, die sie verdienen

Lernen Sie, Bewerbungsgespräche zu führen, lernen Sie zu verhandeln und holen Sie sich Hilfe in den Bereichen, in denen Sie sie brauchen. Wenn die Einstellung von neuen Mitarbeitern eine leichte Sache wäre, dann hätten wir nur perfekte Unternehmen, zufriedene Mitarbeiter und laufend steigende Gewinne.

Der Testkäufer

Einzelhandelsgeschäfte setzen Testkäufer ein, um herauszufinden, welche Erfahrungen die Kunden in ihren Geschäften machen. Dasselbe könnten Sie mit Ihrem Bewerbungsprozess machen. Lassen Sie einen Testkandidaten eine Reihe Bewerbungsgespräche führen, lassen Sie sich anschließend über seine Erfahrung berichten und identifizieren Sie Wege zur Verbesserung.

Eine gute Idee wäre vielleicht, dafür einen Kollegen, dem Sie vertrauen, aus einem andere Unternehmen einzusetzen, das nicht zu Ihren Wettbewerbern gehört.

Dabei suchen Sie gezielt nach negativen Erfahrungen, und zwar solchen, die sich leicht beheben lassen (zum Beispiel bessere Anfahrtsbeschreibungen auf Ihrer Website) und solchen, die einer eingehenderen Betrachtung bedürfen (zum Beispiel ein Manager, der zu spät zu Bewerbungsgesprächen kommt oder den Lebenslauf des Kandidaten nicht gelesen hat). Ernste Probleme, wie zum Beispiel ein Manager, der unangemessene oder illegale Fragen stellt, können dabei zwar auch auftauchen, aber der eigentliche Nutzen dieser Übung liegt darin, die kleinen Dinge hervorzuheben, mit denen sich die Erfahrung der Stellenkandidaten mit Ihrem Unternehmen verbessern lässt.

Eine schnellere Version dieser Übung ist der Selbstdurchlauf durch den Bewerbungsprozess, wobei Sie alle „Berührungspunkte" notieren, die ein Kandidat erfährt – vom Parkplatz über den Empfangsbereich bis zu der Frage, wie viele Manager er treffen wird, und warum. Sie werden auch auf diese Weise Punkte finden, die sich verbessern lassen.

Und schließlich haben einige uns bekannte Personalmanager mit zweitplatzierten beziehungsweise „Silbermedaillen"-Kandidaten Abschlussgespräche geführt und sie darin ermutigt, in Beziehung zum Unternehmen zu bleiben und sie um ihre Meinung über die Verbesserung des Bewerbungsprozesses gebeten. Allein mit dieser Frage demonstrieren sie Respekt dem Kandidaten gegenüber (der für zukünftige Stellenangebote offen bleibt).

Vermarkten, aber nicht verkaufen

Es lohnt sich, Peter Druckers Weisheit hier zu wiederholen: Das Ziel des Marketings ist, den Verkauf überflüssig zu machen. Das bedeutet, der Trichter sollte die besten Kandidaten identifizieren, die geneigt sind, die ausgeschriebene Position anzunehmen, diese Kandidaten durch den Trichter schleusen und gleichzeitig Kandidaten, die es sich anders überlegt haben oder doch nicht infrage kommen, elegant aus dem Prozess entfernen. Alle Kandidaten haben Wahlmöglichkeiten. Zu dem Zeitpunkt, da Sie sich in der späten Gesprächsphase befinden, sollten Sie mit Kandidaten sprechen, die nicht nur für die ausgeschriebene Stelle befähigt, sondern auch bereit sind, diese anzunehmen, weil sie die Werte Ihres Unternehmens teilen, an seine Mission glauben und gut zu den Managern und Kollegen zu passen scheinen. Um Drucker zu zitieren: „Die Stelle passt zu ihr, also verkauft sie sich von alleine."

Wie das funktioniert? Nehmen wir an, Sie haben geeignete Bewerber, weil Sie sie gut selektiert und die ausgeschriebene Position über Ihre Arbeitgebermarke gut an die Bewerber vermarktet haben. Dann sollten die Bewerbungsgespräche im fortgeschrittenen Stadium des

Bewerbungsprozesses auf zunehmend immaterielle Faktoren, wie zum Beispiel das Entwicklungspotenzial und die kulturelle Übereinstimmung, fokussieren. Mit anderen Worten: Je weiter Sie sich durch den Trichter bewegen, desto stärker werden die Kandidaten daraufhin bewertet, wie gut sie zu Ihrem Unternehmen passen. Das, was die Kandidaten so besonders macht, ist das, was Ihre Organisation so besonders macht.

Offenheit und Aufrichtigkeit ist einer der Schlüssel dazu: Demonstrieren Sie von Anfang an die Bedeutung der Entscheidung über die Werte, indem Sie diese zum Bestandteil der ersten Qualifizierungsrunden machen (zum Beispiel eines Telefoninterviews). Tragen Sie Ihre Arbeitgebermarke am Revers. Seien Sie offen, was die Kriterien betrifft, anhand derer Sie den besten Kandidaten auswählen.

Ein weiterer Schlüssel ist die Erzeugung einer zuverlässigen Feedbackschleife im Verlauf des Prozesses. Betrachten Sie die Kandidaten, die die bisherigen Auswahlrunden geschafft haben, und die, die ausgeschieden sind. Wenn es sich bei dem Bewerbungsgespräch um ein Gruppengespräch handelt, dann sammeln sie im Verlauf des Gesprächs konkrete Eindrücke über den oder die Kandidaten.

Es gibt Punkte in diesem Prozess, an denen Sie die ausgeschriebene Position gegenüber Ihrem Wunschkandidaten bewerben. Die Experten unter den Verkaufsmanagern verwenden dafür eine Reihe an Techniken (mit Bezeichnungen wie beratender Verkauf, Spin-Selling etc.). Im Bewerbungsprozess bedeutet das, dem Kandidaten zuzuhören und seine individuelle Situation zu verstehen. Welche Aspekte der Position und Ihrer Arbeitgebermarke sind dem Kandidaten wirklich wichtig? Welche internen Vorteile könnten ihn veranlassen, sich eher zu Ihrem Unternehmen hingezogen zu fühlen, angesichts der Tatsache, dass er woanders das gleiche Gehalt und die gleichen Sozialleistungen erhält?

Manager übersehen gerne die Tatsache, dass jeder Kandidat das Zentrum seines eigenen Beschäftigungsuniversums ist. Dem Kandidaten ist es völlig egal, ob Sie 100 Lebensläufe studieren, zehn Telefoninterviews führen und drei persönliche Gespräche führen mussten, um an diesen Punkt des Bewerbungsprozesses zu gelangen. Und Ihnen wiederum ist es völlig gleichgültig, ob der Kandidat andere Arbeitgeber in Betracht gezogen und wieder verworfen hat, bevor er sich von Ihrer Marke hat anwerben lassen. Sie widmen sich einem Kandidaten mit einem einzigartigen Katalog an Bedürfnissen und einem einzigartigen Blickwinkel. Ihre Neugier auf das Potenzial des Kandidaten, seine Bedürfnisse und Wünsche ermöglichen Ihnen, diese mit der ausgeschriebenen Position in Zusammenhang zu bringen. Die Position wird in Verkaufsbegriffen ausgedrückt, zu einer *Lösung* für die Situation des Kandidaten (der Wunsch nach einer besseren Arbeitsstelle).

Allerdings bedeutet Verkauf nicht, dass Sie ein rosarotes Bild von der Position zeichnen sollten, um einen vielversprechenden Kandidaten zu überzeugen. Sandy Lewis, Personalverantwortliche der Unternehmensberatung iP Capital Group, beschreibt eine Methode, mit der Sie sich Gewissheit verschafft, dass der Prozess auf dem richtigen Weg ist. „Wir sind schonungslos aufrichtig, was die unangenehmen sowie die angenehmen Seiten der Tätigkeit betrifft. Das ist Teil des Verkaufs unseres Unternehmens, und nicht nur der ausgeschriebenen Position. Es ist ein Kompliment, wenn ein Mitarbeiter sagt, ‚Sandy, dieser Job ist genauso, wie Sie und andere ihn mir beschrieben haben.‘ Das bedeutet, wir haben das Bewerbungsgespräch richtig geführt.“

Mehr dazu in einem späteren Abschnitt dieses Kapitels mit der Überschrift „Vertragsabschluss“.

Machen Sie die Person, die die Entscheidung über die Einstellung trifft, für die Ergebnisse verantwortlich

Fremde in eine Beziehung zu zwingen, führt bei Blind Dates, Staatenbildung und in der Wirtschaft in die Katastrophe. Wenn ein Manager für die Leistung eines bestimmten Mitarbeiters verantwortlich ist, dann muss er bei der Einstellungsentscheidung ein Mitspracherecht haben. Es gibt Situationen, in denen das vielleicht nicht möglich ist, zum Beispiel, wenn der Manager noch ganz neu ist, aber grundsätzlich sollten Sie für Verantwortlichkeit und Rechenschaftspflicht sorgen.

MEINE MEINUNG

„Wir binden von Anfang an den Vorgesetzten des zukünftigen Mitarbeiters ein, weil er es ist, zu dem der Kandidat eine Beziehung herstellen muss, und nicht zu Susi Schmidt aus der Personalabteilung. Am Ende bleiben die Mitarbeiter nicht, weil das Personalteam bei der Einstellung so einen tollen Job gemacht hat, sondern wegen ihres Vorgesetzten, ihrer Unternehmensführung und ihrer Wachstumschance."

Überprüfen und verfolgen Sie Ihr bisheriges und aktuelles Vorgehen

Wenn Sie verstehen, auf welche Weise Ihr bisheriges Vorgehen zu den aktuellen Ergebnissen geführt hat, können Sie Fehler korrigieren und Erfolge wiederholen. Das bedeutet, dass Sie bestimmen müssen, wer die besten Einstellungsentscheidungen getroffen hat, und wie der- oder diejenigen zu diesen Entscheidungen gekommen sind. Welche Fragen haben diese Personen in den Bewerbungsgesprächen gestellt? Haben sie überlegene Stellenbeschreibungen und Stellenangebote formuliert?

Diese Details erfahren Sie, indem Sie den Weg der Kandidaten durch den Trichter verfolgen. Stellen Sie folgende Fragen:

- Woher kamen unsere besten Kandidaten (Mundpropaganda, Empfehlungen durch Mitarbeiter, Bewerberdatenbanken, unsere Website oder andere Quellen)?
- Sind wir auf die Kandidaten zugegangen, oder sind sie auf uns zugegangen?
- Wie schnell haben wir den Dialog mit potenziellen Kandidaten aufgenommen?

- Wie viele potenzielle Kandidaten ergaben sich aus den Lebensläufen, die wir in unserer Datenbank gespeichert hatten?
- Wussten die Kandidaten, wo sie in dem Bewerbungsprozess standen (oder fielen sie in ein „schwarzes Loch")?
- Wie viele gute Neubesetzungen wurden intern realisiert (zum Beispiel durch die Versetzung von einer Abteilung in eine andere)?
- Unterschieden sich die Kosten des Aufspürens des besten Kandidaten von anderen Neueinstellungen? Warum oder warum nicht?
- Wie lange dauerte der Einstellungsprozess von Anfang bis Ende?

Große Unternehmen mit eigenen Recruiting-Mitarbeitern haben die Mittel und die Möglichkeit, eine detailliertere Analyse vorzunehmen, um ihre Ergebnisse an Benchmarks zu messen, wie sie zum Beispiel die Human-Ressources-Beratung Staffing.org, ein Anbieter von Messgrößen für Recruiting-Ergebnisse, gesetzt hat. Sie können herausfinden, wer das beste Recruiting betreibt, wenn sie die relative Leistung der neuen Mitarbeiter in den ersten Monaten betrachten.

Tragen Sie all diese Daten zusammen, und Sie werden möglicherweise eine Überraschung erleben. Zum Beispiel könnte eine Quelle für Neueinstellungen oder ein Manager Spitzenkräfte hervorbringen, die aber nie lange bleiben und immer wieder ersetzt werden müssen. Ob dieses Einstellungsmuster kosteneffektiv ist, hängt davon ab, wie viel Gewinn sie generieren versus den Gesamtkosten häufigerer Neueinstellungen (alle zwei Jahre von vorne zu beginnen ist teuer – siehe „Die Kosten der Mitarbeiterfluktuation" in Kapitel 9).

Wenn Sie Ihre Behandlung der konsumorientierten Kandidaten auf die Versprechen Ihrer Arbeitgebermarke abstimmen, wird jede Phase entlang des Auswahltrichters, der Ihren Selektionsprozess darstellt, einem doppelten Zweck dienen: Sie werden die Praxis der Kandidatenauswahl Ihrer Organisation schärfen, und Sie werden dazu beitragen, eine größere Gruppe an qualifizierten Kandidaten zu behalten, die vielleicht eines Tages für Ihr Unternehmen arbeiten und als Förderer Ihrer Marke auftreten werden. Auch wenn Sie nur einige wenige Kandidaten einstellen können, können Sie Ihre Markenbotschaft an alle aussenden und somit Ihren Erfolg bei der Suche nach Qualität stärken.

Das Bewerbungsgespräch

Gewiss können Sie lernen, eine oder mehrere effektive Gesprächstechniken zu beherrschen; welche spezifische Methode Sie wählen, hängt von der Kultur Ihrer Organisation, Ihren Stärken, Ihrem Temperament und der ausgeschriebenen Position ab.[2] Wahrscheinlich werden Sie für die meisten Positionen eine verhaltensbasierte Gesprächsmethode wählen und eine fallstudienbasierte Methode für anspruchsvollere Positionen. Einige Gruppen, vor allem auf technischen Gebieten, schwören auf das „Verwirr"-Gespräch, in dessen Rahmen ein Kandidat eine Frage, wie zum Beispiel „Wie viele Erbsen passen in das Yankee-Stadion" beantworten muss. (Das Ziel der Frage ist herauszufinden, wie der Kandidat mit unerwarteten Situationen oder Problemen umgeht).[3] Das sogenannte Stressgespräch soll alle vorgetäuschten beziehungsweise aufgesetzten Verhaltensweisen entlarven und die echten Wahrheiten über einen Kandidaten ans Tageslicht bringen. Egal für welchen Stil (oder Kombination an Stilen) Sie sich entscheiden, individuell oder als Team, hängt Ihr Erfolg davon ab, ob Sie die Bewerbungsgespräche so strukturieren können, dass Sie das wahrscheinliche Verhalten eines Kandidaten bei der Arbeit bestimmen und Ihre Arbeitgebermarke projizieren können.

Selektieren und projizieren

Das Bewerbungsgespräch ist ein Dialog, und das ist aus zwei Gründen wichtig:

Erstens vergessen Manager, die das Bewerbungsgespräch typischerweise als Gelegenheit betrachten, aus mehreren Kandidaten auszuwählen, dass die besten Kandidaten ebenfalls aus mehreren Optionen auswählen. Wenn die Kandidaten angestellt sind, könnten sie sich entscheiden, ihre derzeitige Position zu behalten. Sehr begehrte Kandidaten werden regelmäßig angesprochen und vergleichen Ihr Angebot daher mit mehreren anderen Angeboten, einschließlich der Angebote, die sie bereits abgelehnt haben. Selbst wenn sie sich in einer Übergangssituation zwischen zwei Arbeitsstellen befinden, haben sie die Option, weiterzusuchen.

Zweitens beginnt der Integrationsprozess eines neuen Mitarbeiters lange bevor er tatsächlich den Arbeitsvertrag unterschreibt. Bewerbungsgespräche dienen dazu, Erwartungen zu setzen, einen Kandidaten über Ressourcen zu informieren und die ersten Tage der Arbeitsaufnahme zu planen. Diese Information kann den Unterschied zwischen Ihrem Angebot und den Angeboten Ihrer Wettbewerber ausmachen. (Mehr darüber in Kapitel 9.)

Drittens vermarkten Sie Ihre Organisation ständig, auch bei allen Bewerbungsgesprächen. Johnson & Johnson behandelt jeden Kandidaten in den Bewerbungsgesprächen mit Respekt, weil das der Arbeitgebermarke eines Unternehmens entspricht, das sich kümmert, *und* das bewirkt, dass Kandidaten für die Marke eintreten, *und* fördert – nicht zufällig – die Marke unter Kunden, die deren Produkte kaufen.

Lisa Calicchio, Recruiting-Director für das Pharmazeutische Team von Johnson & Johnson, weist darauf hin, dass Respekt auch die offene Mitteilung beinhaltet, wie die Chancen eines Kandidaten stehen, und darüber hinaus die Entstehung einer längerfristigen Beziehung begünstigt.

Viele Kandidaten sagen am Ende des Gesprächs, „Ich würde gerne wissen – also, wenn ich eine Runde weiter bin, toll. Falls nicht, nun ja, dann bin ich traurig, aber bitte lassen Sie es mich wissen, damit ich mich weiter umsehen kann." Wir äußern uns so klar wie möglich, was den Status eines Kandidaten betrifft, bis zu dem Punkt, dass wir gleich eindeutig sagen, wenn sie es in die zweite Runde geschafft haben. Und wir lassen sie wissen, dass die Tür für zukünftige Chancen immer offen steht. Johnson & Johnson hat viele Kandidaten, die für eine bestimmte Tätigkeit vielleicht nicht geeignet sind, aber vielleicht später für eine andere. Also vermitteln wir eine ausgewogene Botschaft. Wir können also sagen, „dieses Mal nicht" und trotzdem ihr Interesse wach halten.

Schließlich hebt ein Bewerbungsprozess, der Ihre Werte widerspiegelt, potenzielle Konflikte zwischen Ihrer Persönlichkeit und der des Kandidaten hervor. Vielleicht vermitteln Sie ganz hervorragend einen taffen, wettbewerbsorientierten und individuellen Stil und glauben, Sie holten auf diese Weise mehr aus jedem einzelnen Kandidaten heraus. Aber wenn Zusammenarbeit für Ihre Arbeit entscheidend ist, welche Botschaft senden Sie dann aus?

Die Aufgabe eines Recruiters besteht darin vom ersten telefonischen Kontakt an, als Erstes und zügig eine sehr gründliche Analyse des Teils durchzuführen, der aussagt, was ein Kandidat *kann* – die Verifizierung der Kompetenzen und Erfahrung. Damit bleiben Werte, Kultur und Temperament – die Qualitäten, die den Teil dessen bilden, was ein Kandidat *tun wird* – für das Bewerbungsgespräch reserviert.

Ob ein Kandidat die Aufgaben der ausgeschriebenen Position erfüllen *kann,* lässt sich leichter bestimmen, als die Frage, ob er sie erfüllen *wird.* Das Bewerbungsgespräch soll beides feststellen.

Liz Kelleher, eine der besten Führungskräfte-Recruiterinnen, die wir kennen, stellt sich selbst die Frage: „Kann ich diesen Kandidaten befürworten? Nur wenn dies zutrifft, werde ich ihn dem Management vorstellen." Es ist ihre Aufgabe, die Position zu besetzen. Sie hat zwar zahlreiche offene Stellen zu besetzen, aber es braucht Zeit, um eine Beziehung zu einem Kandidaten herzustellen, die über ein reines Abhaken seiner Kompetenzen hinausreicht. Liz sucht nach Motivationen und lernt den Kandidaten auf persönlicher Ebene kennen. Sie bestimmt schon früh im Bewerbungsprozess den Ablauf – wer mit dem Kandidaten sprechen wird, wann und warum. Wenn ein Kandidat, den Liz befürwortet, schließlich dem Management präsentiert wird, fühlt sich der Kandidat normalerweise sehr wohl und ist gut vorbereitet. Das wiederum verbessert die Qualität des Gesprächs – nicht weil Liz ihn gecoacht hätte, sondern weil Liz festgestellt hat, dass sie für ihn eintritt, weil sich dieser Kandidat bewähren wird.

Ob ein Kandidat die Aufgaben der ausgeschriebenen Position erfüllen *kann*, lässt sich leichter bestimmen, als die Frage, ob er sie erfüllen *wird*. Das Bewerbungsgespräch soll beides feststellen.

Im Verlauf der Zeit haben wir gelernt, dass ein Kandidat, für den Liz eintritt, wahrscheinlich erfolgreich sein wird. Liz lässt niemanden ein Gespräch mit dem Topmanagement führen, den sie nicht selbst auch einstellen würde. Und das gilt nicht nur für hochrangige Führungskräfte, sondern vor allem auch für Mitarbeiter auf nachrangigen Hierarchiestufen, die oft nervös sind. Sie sind nicht so gelassen und geschmeidig in Bewerbungsgesprächen, aber sie sind die Zukunft Ihrer Organisation. Ein guter Gesprächsführer sorgt dafür, dass sie sich wohl fühlen, sodass der Vorgesetzte als Hiringmanager einen korrekten Gesprächseindruck erhält, und keinen, der von Nervosität verzerrt ist.

Und hier ein Beispiel über mehrere typische Fragen an einen zukünftigen Manager der mittleren Führungsebene, die in Bezug auf eine bestimmte Qualität der Organisationskultur, nämlich ob die individuelle Leistung beziehungsweise die Teamleistung eher als erfolgskritisch für das Geschäft oder eher als Teil der Kultur betrachtet wird, auf das prognostische *wird tun* abzielen:

Wie Steve Bewerbungsgespräche führt

„Wenn ich einen Kandidaten zu einem Bewerbungsgespräch einlade, fange ich nicht sofort an, ihn mit Fragen zu bombardieren. Ich sage immer dasselbe, nämlich dass eines der grundlegenden Prinzipien dieses Unternehmen lautet, dass der Stellenkandidat das Steuer in der Hand hält. Ich erkenne dem Kandidaten gegenüber an, dass er oder sie zu jedem Unternehmen gehen kann – er kann seine derzeitige Position behalten oder woanders arbeiten. Dann sage ich, ‚Anstatt dass ich Sie jetzt grille, lassen Sie uns eine Unterhaltung führen. Ich möchte, dass Sie so viel Zeit damit verbringen, mir Fragen zu stellen, wie ich damit verbringe, Ihnen Fragen zu stellen.'

Wenn Sie einen Kandidaten zum Gespräch einladen und dann eine Frage nach der nächsten auf ihn abschießen, ohne seine Perspektive einzuholen oder ihm Zeit zu geben, nachzudenken und dann zu antworten, dann ist das ein armseliges Bild Ihrer Arbeitgebermarke.

Wir fragen außerdem auch immer die Rezeptionistin und meine Assistentin Melissa Tremblay, ‚Was halten Sie von diesem Kandidaten?' Es ist erstaunlich, wie viele Managementkandidaten gegenüber Führungskräften erstklassiges Verhalten an den Tag leben, aber rüde, herablassend oder mit Missachtung gegenüber Personen in unterstützenden Funktionen auftreten. Das sagt uns eine Menge darüber aus, wie sie ihre Mitarbeiter behandeln werden."

– Steve Pogorzelski, Executive Vice President, Monster.com –

Frage: „Sie kommen in dieses Unternehmen und werden diese Abteilung führen. Sagen Sie mir, wie Ihr Plan für die ersten hundert Tage aussieht?"

Antwort: Sagt der Kandidat: „Ich werde sofort handeln und tief greifende Veränderungen einleiten.", dann funktioniert dieser Ansatz nur, wenn Ihre Organisation einen sehr großen Wert auf individuelle Leistung legt und von dem Kandidaten sofortige Veränderungen erwartet werden. Er bewährt sich jedoch nicht in einem Umfeld, das von wechselseitigen Abhängigkeiten geprägt ist, in einer Matrix-

Berichtsstruktur oder einem kundenfokussierten Umfeld. Eine Kultur der Zusammenarbeit würde eher eine Antwort wie die folgende vorziehen: „Ich werde mir die Zeit nehmen, um mit meinen Mitarbeitern im direkten Kundenkontakt zu sprechen. Ich werde mehr über die Kunden in Erfahrung bringen."

F: „Was war Ihr größter Erfolg, und was haben Sie daraus gelernt?"

A: Wie oft sagt ein Kandidat „ich" anstatt wir? Wenn er oft „ich" sagt, haben Sie es möglicherweise mit einem großen Ego zu tun, und keinem Teamplayer. Wenn Sie einen Kandidaten nach seinem größten Misserfolg fragen, bleibt er dann beim „ich", oder wird daraus plötzlich ein *Wir*-Ereignis? Wir mögen eine Haltung, die aussagt, „Ich teile den Erfolg, aber bin persönlich für Misserfolg verantwortlich." Das zeigt, dass diese Person bereit ist, aus ihren Fehlern zu lernen. Bei Monster dürfen Sie clevere Fehler machen, so lange Sie verstehen, warum Sie diesen Fehler gemacht haben. Bitten Sie den Kandidaten, Erfolg und Misserfolg zu analysieren: Hatten Sie zuvor Ihre Hausaufgaben gemacht? Warum ist gerade dieser Fehler passiert, und nicht jener? Sie können das nur ehrlich und aufrichtig beantworten, wenn Sie die Verantwortung für Fehler übernehmen, und wenn die Unternehmenskultur diese Haltung honoriert und nicht sanktioniert. Diese Einstellung bewährt sich in einer anderen Kultur möglicherweise nicht, in der Teamwork keine so große Rolle spielt oder persönliche Verantwortung zweitrangig ist.

Q: „Was treibt Sie morgens aus dem Bett? Was erfüllt Sie mit Leidenschaft?"

A: Hier eine andere oft verwendete Frage, mit der sich auf Basis der Bedeutung des Individuums versus des Teams sowohl ein Kandidat auswählen als auch eine Arbeitgebermarke projizieren lässt.

Typischerweise wird die Antwort eines Kandidaten ungefähr folgendermaßen lauten: „Ich löse gerne Probleme und gehöre gerne zu den Siegern." Oft wird der Kandidat eine Qualität nennen, die er Ihrem Marketing entnommen hat. Das ist okay – aber achten Sie auch auf die Botschaft zwischen den Zeilen: In einer teamorientierten Kultur würden wir gerne eine Antwort wie diese hören: „Ich möchte in der Lage sein, morgens hereinzukommen und hart zu arbeiten, hoch organisiert und effektiv zu sein, und dann nach Hause zu gehen und mit meinen Kindern zu spielen“ (oder mit meiner Band zu üben oder meiner ehrenamtlichen Tätigkeit nachzugehen). Wir glauben, dass jemand, der Ausgewogenheit schätzt, ein besserer Teamleiter sein wird. Aber auch hier gilt, dass das die kulturelle Eigenschaft von Monster ist. Die Organisation, in der ein einsamer Wolf erfolgreich ist, will vielleicht eine Antwort wie die folgende hören: „Ich löse gerne Probleme und gehöre gerne zu den Siegern“, gefolgt von „mein typischer Tag sieht so aus, dass ich bis fünf Uhr arbeite, dann im Fitnessstudio trainiere und anschließend wieder ins Büro gehe und bis zehn weiterarbeite.“ Nicht sehr ausgewogen, aber wenn Sie im Investmentbanking oder in einem Startup arbeiten, dann ist das vielleicht genau das, was die Kultur verlangt.

Bewerbungsgespräche können außerdem durch subtile Signale die Authentizität der Antworten eines Kandidaten offenlegen. Fragen Sie einen Manager, „Was denken Ihre Mitarbeiter über Sie?“ und Sie werden eine Menge darüber erfahren, wie offen er in Bezug auf seine Defizite ist (Untergebene kennen immer die Defizite ihrer Chefs), und Sie werden auch erfahren, ob der Kandidat offen und ehrlich mit seinen Mitarbeitern kommuniziert. Kann er Kritik von denjenigen ertragen, die er führt, oder weist seine Antwort auf einen hierarchieorientierten Kommandostil hin?

Q: Wie würden Sie sich gerne beruflich entwickeln?

Welche Chancen sehen Sie hier?

Warum würden Sie hier arbeiten wollen und nicht bei einem unserer Wettbewerber, oder einem ganz wettbewerbsfremden Unternehmen?

Wie würden Sie die ausgeschriebene Tätigkeit in den Kontext der Organisationsziele setzen?

A: Wenn Sie Fragen wie diese stellen, versuchen Sie den Kandidaten dazu zu bewegen, dass er ein Selbstporträt zeichnet, und in diesem Porträt werden Sie die Übereinstimmung oder Nichtübereinstimmung seiner Werte mit den Werten Ihrer Organisation erkennen.

Wenn Kandidaten heute in ein Bewerbungsgespräch gehen und nicht sehr viel über das Unternehmen wissen, dann sind sie faul. Bei der Fülle der im Internet verfügbaren Daten gibt es keine Entschuldigung für Ignoranz. Eine großartige Guerillataktik, um herauszufinden, was ein Kandidat über das Unternehmen weiß, ist, die Rollen zu tauschen und den Kandidaten aufzufordern, Sie zu befragen. Spricht er konkrete Probleme an? Wie verarbeitet er neue Informationen? Ist er bei seinen Recherchen auf neue Chancen gestoßen? Versetzen Sie den Kandidaten in Ihre Situation – und seien Sie darauf vorbereitet, dass ihnen gut vorbereitete Kandidaten harte Fragen stellen werden.

Der Recruiting-Experte Dr. John Sullivan empfahl ein verwandtes Reengineering des Bewerbungsgesprächs auf folgende Weise: „Überlegen Sie, wie Sie einen Küchenchef (oder einen Musiker oder Schriftsteller) einstellen würden. Sicher würden Sie keine Zeit damit vertun, über die Fähigkeit des richtigen Umgangs mit Küchenmessern zu diskutieren. Stattdessen würden Sie den Kandidaten in eine Küche stellen und anschließend die von ihm zubereitete Mahlzeit kosten. Dasselbe würde für einen Sportler gelten. Sie würden ihn seine Fertigkeiten vorführen lassen. Nichts sagt mehr über die zu erwartende Arbeitsleistung aus, als ein ‚Testmenü', selbst wenn es nicht lange dauert."[4]

Warum wollen Sie einen Kandidaten im Rahmen des Bewerbungsgesprächs auffordern, eine Aufgabe aus der ausgeschriebenen Tätigkeit auszuführen? Das ist die Basis des fallstudienbasierten Bewerbungsgesprächs, das von Unternehmensberatungen, Universitäten und anderen Arbeitgebern verwendet wird, bei denen Intellekt und Kommunikationsfähigkeiten erfolgsentscheidend sind. Konfrontieren Sie einen Kandidaten mit der echten Welt und beobachten Sie, was er daraus macht.

Der Vertragsabschluss

Die Bewerbungsgespräche wurden geführt, die Bewertungen eingeholt, und nun wägen Sie kollektiv das Für und Wider eines jeden

Topkandidaten ab. Es wird eine Entscheidung getroffen, und dann ist der Punkt gekommen, an dem mit dem auserwählten Kandidaten ein Vertragsabschluss erzielt wird, stimmt's?

Tatsächlich liegt der Zeitpunkt des Abschlusses bereits einige Schritte zurück. Zu dem Zeitpunkt, da Sie Ihre Entscheidung treffen, sollte der ideale Kandidat bereit sein, ja zu sagen, weil er im Verlauf der Anwerbungs- und Gewinnungsphase so viel erfahren hat, dass er weiß, wie gut er zum Unternehmen passt. Jetzt geht es nur noch darum, den Vertrag formal abzuschließen, also eine schriftliche Einigung zu erzielen. Das kann einige Verhandlung erfordern, eine Budgetüberprüfung und weitere Diskussionen über die Position (vor allem bei hochrangigen Führungspositionen). Wenn aber alles wunschgemäß verlaufen ist, sind Sie und der Kandidat der beiderseitigen Entscheidung schon sehr nahe.

Selbst der Vertragsabschluss bietet eine weitere Chance zur Validierung Ihrer Arbeitgebermarke. In der folgenden Betrachtung werden wir sehen, wie das Überprüfen von Referenzen, die Unterbreitung eines Vertragsangebots, die Verhandlungen und die Zeit der Integration und Einarbeitung die Organisation und den neuen Mitarbeiter auf beiderseitigen Erfolg ausrichten können.

Schließen Sie mit einem Fokus auf die greifbaren und nicht greifbaren Nutzen ab. Sie wollen nicht, dass ein Kandidat seine Entscheidung nur auf die Vergütung gründet, mit der ein Wettbewerber leicht gleichziehen kann. Sie müssen davon ausgehen, dass der Kandidat das Potenzial hat, andere Angebote zu erhalten (oder er hat keinen überzeugenden Grund, seine derzeitige Stelle aufzugeben). Selbst wenn er arbeitslos ist, müssen Sie sich vor Augen führen, dass er eher zwei weitere Wochen im Auto schlafen würde, als die falsche Stelle anzunehmen. Die Behandlung des Kandidaten als habe er Optionen, ist Teil seiner Behandlung als Kunden.

Beginnen Sie den Abschluss mit einer wohlüberlegten Kommunikation. Schriftliche Standardangebote klingen immer so, als kämen sie von der Steuerbehörde! „Ihr Gehalt beträgt soundsoviel, Sie haben sechs Wochen Urlaub (statt drei wie in den USA) etc." Die implizite Annahme lautet, dass es außer Zahlen nichts zu bereden gäbe, selbst nach einem Bewerbungsgespräch, das ein ausführlicher Geschäftsdialog war. Schriftliche Vertragsangebote (und die Anrufe, die ihnen vorausgehen) sollten die gemeinsamen Werte betonen, die Chance zur Karriereentwicklung, die Qualität des Teams, die Chance, das Unternehmen zu einer herausragenden Organisation zu machen – was immer bei dem Kandidaten Ihrer Erfahrung nach ankommt. Zum Beispiel:

Liebe Mary,

wir glauben, dass Sie die richtige Person für die Position der operativen Managerin bei XYZ sind, und zwar nicht nur, aufgrund der Kompetenzen, die Sie in Ihrer derzeitigen Position demonstriert haben, sondern auch aufgrund des profunden Verständnisses, das Sie in unseren Gesprächen über die sich verändernden operativen Modelle bei XYZ bewiesen haben. Als familiengeführtes Unternehmen sind wir nicht nur gewinn-, sondern auch werteorientiert, und Ihr Enthusiasmus und Ihre handlungsorientierte Haltung passen perfekt zu unserem Unternehmen. Auch Ihr ausdrücklicher Wunsch, die Stufe von einer Mitarbeiterin zur Managerin zu nehmen, scheint gut zu passen, und wir werden stolz darauf sein, sagen zu können, dass Sie gelernt haben, bei XYZ Mitarbeiter zu führen. In diesem Sinne freuen wir uns, Ihnen ein Jahresgehalt von 42.000 Dollar ... [etc.]

Dem Standardsatz über das Gehalt und die Sozialleistungen kann eine Aussage folgen, die jenseits des Geldes den Wert der Person wiederholt, die Sie einstellen.

Ein Brief ist nur eine Formalität. Sie und/oder der Vorgesetzte als Hiringmanager sollten am Telefon, in der E-Mail oder bei einem persönlichen Termin mit dem Kandidaten einen Ansatz verfolgen, der den neuen Mitarbeiter im Team willkommen heißt. Zeigen Sie dem Kandidaten, dass Sie wissen, dass er eine große Entscheidung trifft, und dass Sie wollen, dass er sich großartig damit fühlt.

Der Vertragsabschluss ist auch eine typische Zeit, um Referenzen zu überprüfen, aber eigentlich sollte das schon früher geschehen sein.

Paul W. Barada, Autor des Buches *Reference Checking for Everyone,* empfiehlt dabei das folgende Vorgehen:

Als Erstes Referenzen prüfen

So absurd es auch klingen mag, viele Arbeitgeber prüfen überhaupt keine Referenzen. Angesichts des Zustands der Welt ist das jedoch wichtiger als je zuvor. Eine kürzlich durchgeführte Monster-Umfrage ergab, dass 72 Prozent der Arbeitgeber Referenzen überprüfen, wobei 58 Prozent der Manager berichteten, Sie hätten erlebt, dass Stellenkandidaten ihre Arbeitserfahrung missinterpretiert hätten.

Überprüfen Sie jeden Kandidaten

Es gibt Arbeitgeber, die einige Kandidaten überprüfen, und andere nicht. Das bedeutet nicht, dass der Umfang oder die Gründlichkeit der Überprüfung bei jeder Position oder jeder Hierarchieebene gleich sein muss, aber eine bestimmte Form der Referenzüberprüfung, die der ausgeschriebenen Position angemessen ist, sollte bei jedem Kandidaten stattfinden.

MEINE MEINUNG

„Wenn ich weiß, dass dem Kandidaten noch ein anderes Angebot vorliegt, das vielleicht etwas besser ist als unseres, dann trage ich den Managern auf, diesen davon zu überzeugen, dass wir ihn wirklich wollen. Der Manager wird den Bewerber direkt anrufen und ihm mitteilen, ‚Hören Sie, Ich weiß, dass Sie mit Kelly gesprochen haben und sie Ihnen ein Angebot gemacht hat. Haben Sie irgendwelche Fragen dazu? Ich möchte die Tatsache wiederholen, dass wir uns sehr über die Möglichkeit gefreut haben, dass Sie sich vorstellen können, in unserem Unternehmen zu arbeiten. Wir wissen, dass Sie ein riesiges Aufstiegspotenzial bei uns haben – ein größeres als woanders.' Sie halten auf diese Weise den Dialog am Laufen, indem Sie konkrete Dinge über die Tätigkeit nennen. Oft nimmt der Kandidat das Angebot am Ende an. Der Manager hat dem Kandidaten zugehört und ihn davon überzeugt, dass er der richtige Mitarbeitertyp für uns ist. Er sieht die Vorteile, die ein anderes Unternehmen ihm nicht bietet, selbst wenn es einige Dollar mehr zahlt."

– Kelly Hogan, Eze Castle Software –

Überprüfen Sie die Referenzen, bevor Sie bereit sind, ein Angebot zu unterbreiten

Die Referenzen sollten viel früher überprüft werden, als die meisten Arbeitgeber es tun. Nachdem die zwei oder drei Topkandidaten durch das Sichten der Lebensläufe und erste Gespräche identifiziert wurden, sollten die jeweiligen Referenzen überprüft werden, bevor Sie auch nur über die Unterbreitung eines Angebots nachdenken. Wenn die Referenzen die Kompetenzen, Erfahrung und Fähigkeiten eines Kandidaten bestätigen, führen Sie, ausgerüstet mit dieser Information, ein zweites Gespräch. Die Methode, die Unterbreitung eines konkreten Vertragsangebots von einer positiven Referenzüberprüfung abhängig zu machen, erzeugt zudem eine Rechtsbeziehung zwischen Arbeitgeber und Stellenkandidat.

Fordern Sie Referenzen von Leuten an, die unmittelbar mit dem Kandidaten gearbeitet haben

Arbeitgeber haben jedes Recht, Kandidaten um eine Liste mit den Referenzen zu bitten, die sie haben wollen, und zwar nicht nur solche, die die Kandidaten ihnen geben wollen. Bestehen Sie darauf, dass der Kandidat Ihnen die Namen mindestens eines bisherigen Vorgesetzten, eines Kollegen und eines untergebenen Mitarbeiters nennt (wenn er Personalverantwortung hatte). Sprechen Sie nach Möglichkeit mit Leuten, die mit dem Kandidaten gearbeitet haben.

Stellen Sie den Personen, die Ihnen Referenzen erteilen, offene Fragen und haken Sie nach

Vermeiden Sie geschlossene Fragen, die nur mit ja oder nein beantwortet werden können. Anstatt zu fragen, „War Bill eine gute Arbeitskraft?“, sollten Sie fragen, „Wie würden Sie Bills Arbeitsleistung beschreiben?“ Und haken Sie dann nach. Wenn jemand berichtet, Sue sei die beste Mitarbeiterin gewesen, die das Unternehmen je gehabt habe, fragen Sie, „Könnten Sie mir erklären, was an ihrer Leistung so außergewöhnlich war?“

Die Überprüfung von Referenzen nimmt Zeit in Anspruch, erfordert Schulung und Takt. Wenn sie richtig gemacht wird, kann sie für jeden Arbeitgeber eines der nützlichsten Recruiting-Instrumente sein. Wenn sie schlecht gemacht wird, kann sie dazu führen, dass Sie jemand einstellen, der der Tätigkeit nicht nur nicht gewachsen ist, sondern dem Unternehmen mehr Schaden als Nutzen zufügt.

Ein einfaches Vorgehen zu diesem Zeitpunkt demonstriert Ihre Professionalität:

- ***Schließen Sie den Vertrag zügig ab.*** Eine langwierige Entscheidungsfindung schreckt Kandidaten ab, die sehr begehrt sind, und erhöht die Wahrscheinlichkeit, dass sie viele Angebote gleichzeitig erhalten.
- ***Bleiben Sie im Kontakt.*** Wenn sich die Entscheidung aus irgendeinem Grund verzögert, teilen Sie das dem Kandidaten unverzüglich mit. Damit demonstrieren Sie nicht nur Ihren Wunsch, diese Person ins Unternehmen zu holen, sondern drücken auch die Erwartung aus, dass sich der Kandidat ebenfalls schnell entscheiden und Sie über jede Verzögerung in Kenntnis setzen wird.

Die Vertragsverhandlung

Die Verhandlungen sind eine Sache der Geschäftsmethoden eines Unternehmens und seiner Kultur, und es ist nicht unsere Absicht, hier einen Verhandlungsleitfaden anzubieten (für diesen Zweck finden Sie Quellen im Abschnitt „Nützliche Adressen" am Ende des Buches). Sie überzeugen Kandidaten mit einer Vereinbarung, die ihren Wert bestätigt, in Ihr Budget passt und beide Seiten in die Lage versetzt, vernünftig zu arbeiten – kurzum, indem Sie eine Vereinbarung treffen, von der beide Seiten profitieren. Wie flexibel Sie sein können und wie komplex die Vereinbarung ist, hängt sowohl von der Bedeutung der Position als auch der Frage der Fairness ab. Aber zu dem Zeitpunkt, zu dem Sie die Angebotsphase erreicht haben, sollte die Skizzierung der Vereinbarung für beide Seiten klar sein. Wenn das Angebot unrealistisch ist, hat jemand seine Hausaufgaben nicht gemacht.

Kandidaten sind in Bezug auf diesen Prozess sensibler als bei jedem anderen der Gewinnungsphase, daher steht Ihr Verhalten unter aufmerksamer und oft emotionaler Beobachtung. Ist die Verhandlung eher von Gegensätzen geprägt, oder suchen Sie eindeutig nach einer für beide Seiten befriedigenden Vereinbarung? Wer führt die Verhandlungen – eine einzige Person aus der Personalabteilung oder der zukünftige Vorgesetzte des Kandidaten? Bei welchen Punkten sind Sie flexibel, und welche Aspekte Ihrer Kultur sind nicht verhandelbar? Wie lautet Ihre Strategie bei Kandidaten, denen mehrere Angebote vorliegen? Werden Sie nicht greifbare Nutzen (zum Beispiel Home-Office-Vereinbarungen) anbieten, anstatt eines höheren Gehalts? Anhand welcher Maßstäbe werden Sie wissen, ob Sie heute und in einem Jahr einen guten Deal erzielt haben?

Ihr Verhandlungsstil macht auf Kandidaten einen großen Eindruck. Kandidaten werden eine gute Erfahrung weitererzählen; ebenso schnell wird sich aber auch eine schlechte herumsprechen. Wenn Ihre Version einer Verhandlung dem Modell „Friss oder stirb" entspricht, dann setzen Sie sich der Gefahr aus, den Kandidaten entweder jetzt gleich oder in sechs Monaten zu verlieren, sobald ihm ein besseres Angebot ins Haus flattert. Dagegen führt eine respektvolle Verhandlung im beiderseitigen Verständnis zu einer Fortsetzung der geschäftlichen Beziehung, die Sie zu einem hoch qualifizierten Mitarbeiter herstellen wollen. Das stärkt später die Bindung ans Unternehmen.

An dieser Stelle beginnt die Integration – eine unbezahlbare Methode, die wir in Kapitel 9 ausführlich beschreiben werden. Zum Zweck der Überzeugung des Kandidaten beginnen Sie mit der Integration wahrscheinlich schon vor dem formalen Vertragsabschluss (und wenn es nur für den symbolischen Wert geschieht). Bevor ein Kandidat zusagt, bringen Sie ihn mit seinem Mentor oder Buddy[4*] zusammen. Beschreiben Sie den Prozess, den der Kandidat durchlaufen wird, wenn er seine neue Arbeit aufnimmt. Beteiligen Sie ihn an der Planung. Der Kandidat sollte zu diesem Zeitpunkt so viele Personen wie möglich kennenlernen – Manager, Mitarbeiter natürlich, aber auch diejenigen, die wir zuvor beschrieben haben, zum Beispiel Angehörige verwandter Abteilungen oder interner Servicegruppen. Sie verfolgen damit das Ziel, die Vorstellung, die sich der Kandidat von einer Beschäftigung in Ihrem Unternehmen macht, von einer Fantasie in eine Antizipation umzuwandeln, weil der Kandidat dann eher seine Zusage gibt.

Zusammenfassung

- Jeder Schritt durch den „Trichter" ist eine Chance, um das Interesse des besten Kandidaten zu wecken und Beziehungen zu künftigen potenziellen Kandidaten herzustellen.
- Das Bewerbungsgespräch ist ein Dialog; selbst kleine Verbesserungen differenzieren Ihre Arbeitgebermarke von der Marke Ihrer Wettbewerber.

[4] Ein Buddy nach US-amerikanischem Muster ist ein Mitarbeiter – meistens derselben Abteilung –, der als Pate des neuen Mitarbeiters fungiert und ihm dabei hilft, sich in der Anfangszeit zurecht zu finden. (A.d.Ü.)

- Vorgesetzte müssen in ihrer Rolle als Hiringmanager unabhängig von ihrem Fachwissen die Grundlagen einer effektiven Gesprächsführung lernen und die Botschaft der Arbeitgebermarke im gesamten Gespräch hindurch vermitteln.
- Verwenden Sie die Bewertungen der Kandidaten, um den richtigen auszuwählen und die Qualität des Dialogs während des Gesprächs zu verbessern.
- Der Abschluss einer Vereinbarung beginnt schon früh im Gesprächsprozess und sollte eine konsistente Botschaft über Ihre Arbeitgebermarke enthalten. Achten Sie vor allem darauf, die nicht greifbaren Nutzen einer Anstellung in Ihrem Unternehmen zu betonen, wenn Sie das Vertragsangebot unterbreiten.

Kapitel 9: Anheuern und halten: Die Mitarbeiterbindung

Mitarbeiterbindung, das heißt, die qualifizierten Kräfte, in deren Anwerbung und Gewinnung Sie so viel Geld und Energie investiert haben, im Unternehmen zu halten, ist die dritte Phase des Beschäftigungskreislaufs und eines der Themen, die heute über das Wohl und Wehe eines Unternehmens entscheiden. Eine kürzlich durchgeführte Monster-Umfrage hat ergeben, dass 70 Prozent der Unternehmen die Mitarbeiterbindung als ihr vorrangiges Anliegen betrachten, weil diese einen direkten Effekt auf die Unternehmensergebnisse ausübt. Brian D. Lowenthal von Benchmark Partners zufolge beträgt die Fluktuationsrate im ersten Jahr bei Spitzenunternehmen fünf Prozent oder weniger.[1] Wenn Sie zu diesen 70 Prozent gehören und nicht alles Menschenmögliche unternehmen, um Ihre besten Mitarbeiter zu halten, dann investieren Sie zu viel Zeit in die Mitarbeitergewinnung und zu wenig in deren Bindung.

Die Situation der kurzen Verweildauer der Mitarbeiter in einer Firma ist möglicherweise schlimmer, als die Unternehmen erkennen, weil zwischen den Erwartungen des Managements und den Erwartungen der Mitarbeiter eine große Lücke klafft. Unsere Untersuchungen zeigen, dass die meisten neuen Mitarbeiter davon ausgehen, dass sie nur ein bis drei Jahre bleiben, während die meisten Vorgesetzten in ihrer Rolle als Hiringmanager und der Leiter Personalbeschaffung damit rechnen, dass ihre Mitarbeiter länger als drei bis fünf Jahre im Unternehmen bleiben.[2]

Die Mitarbeiterbindung ist somit gleichsam der Lackmustest für eine gute Einstellungspraxis. Sie können sich selbst zwar einreden,

Ihre Mitarbeiter seien loyal, aber in Zeiten des Fachkräftemangels rekrutieren auch andere Unternehmen potenziell wechselbereite Mitarbeiter, die über begehrte Kompetenzen verfügen. Sie bieten ihnen ein höheres Gehalt, mehr Verantwortung und/oder einen höheren Status. Der potenziell wechselbereite Mitarbeiter braucht einen Grund, um zu bleiben, und auch hier haben unsere Untersuchungen eine Lücke zwischen dem festgestellt, was Mitarbeiter denken und was ihre Arbeitgeber glauben, dass diese denken. Arbeitgeber glauben, dass die Mitarbeiterbindung letztlich immer auf die Gehaltsfrage hinausläuft, wobei die Gehälter als Antwort auf den Fachkräftemangel steigen, was zu einer klassischen Lohninflation führt.

Unsere Untersuchungen ergeben allerdings ein wesentlich komplexeres Bild: Gehälter und Sozialleistungen sind wichtig, aber das Gefühl der Verbundenheit mit der Organisation entsteht vielmehr aus den nicht greifbaren Nutzen, wie zum Beispiel Stolz auf das Unternehmen oder der Überzeugung, dass sowohl den direkten Vorgesetzten als auch der Unternehmensführung persönlich am Wohlergehen ihrer Mitarbeiter gelegen ist. Es sind die nicht greifbaren Versprechen, wie zum Beispiel die Aussicht auf berufliches Wachstum, die das Zugehörigkeitsgefühl stärken.

Wie sich herausstellt, wird die Mitarbeiterloyalität von denselben nicht greifbaren Nutzen inspiriert, die zu Beginn das Interesse des Kandidaten für das Unternehmen geweckt haben. Das sind besonders gute Nachrichten für kleinere Unternehmen, deren Gehälter nicht mit den Gehältern von Großunternehmen und Konzernen mithalten können, die dafür aber eine Reihe anderer Aspekte der gesamten Arbeitserfahrung bieten können, um hoch qualifizierte Mitarbeiter zu gewinnen und zu binden.

An früherer Stelle haben wir darüber gesprochen, dass eine effektive Arbeitgebermarkenstrategie für das Recruiting ein authentisches Spiegelbild des Arbeitsplatzes abgeben muss. Das gilt auch für die Mitarbeiterbindung: Sorgen Sie dafür, dass der Arbeitsplatz Ihre Arbeitgebermarke verkörpert, und Sie werden Ihre besten Mitarbeiter auch halten können. Wenn Ihnen das gelingt, erzeugen Sie einen positiven Kreislauf der Mitarbeiterzufriedenheit, der die Arbeitgebermarke nach außen validiert.

Wir werden mehrere Initiativen vorstellen, mit denen sich die Mitarbeiterbindung verbessern lässt, aber zunächst wollen wir die wahren Kosten der Mitarbeiterfluktuation betrachten.

Die Kosten der Mitarbeiterfluktuation

Nur ein Drittel der Personalmanager kalkuliert nach eigenen Angaben die Kosten einer freiwilligen Kündigung eines Mitarbeiters. Viele Manager betrachten die einmaligen Kosten wie die Platzierung eines Stellenangebots und die Recruiting-Kosten, die der Ersatz eines Mitarbeiters verursacht, welcher das Unternehmen auf eigenen Wunsch verlässt. Diese Kosten geben jedoch nicht die vollen Auswirkungen der Mitarbeiterfluktuation wieder.

Die Gesamtkosten der Neubesetzung einer Position zu kennen ist vor allem in Zeiten geringer Arbeitslosigkeit wichtig, wenn die Nachfrage nach qualifizierten Arbeitskräften hoch ist und mehr Arbeitnehmer wechselbereit sind und Recruiter allein schon dafür Zeit und Geld investieren, die Abwanderungsquote zu senken. Die Mitarbeiterfluktuation verzehrt einen größeren Teil des Recruiting-Budgets, als Sie sich unter Umständen vorstellen können. Im Jahr 2006 zum Beispiel entfielen 28 bis 35 Prozent des Budgets allein auf Onlinestellenangebote. Eine Fluktuation wie diese bedeutet, dass ein Unternehmen mit 200 Mitarbeitern, das seine Belegschaft um 10 Prozent aufstocken *und* den Verlust von 30 Prozent seiner aktuellen Belegschaft ausgleichen will, nicht nur 20, sondern 80 neue Mitarbeiter in demselben Jahr einstellen muss. Allein der Ersatz von Mitarbeitern, die das Unternehmen verlassen, verschlingt einen Löwenanteil der Recruiting-Ressourcen. Aber warten Sie, es kommt noch schlimmer:

Die größeren Kosten des Verlusts wertvoller Mitarbeiter ist die Einbuße an Produktivität. Die Lücke zwischen dem Zeitpunkt, an dem ein kompetenter Mitarbeiter das Unternehmen verlässt, und dem

Zeitpunkt, zu dem ein neuer Mitarbeiter gefunden und eingearbeitet ist, ist ein echter Geldfresser. Es dauert einige Zeit, bis ein neuer Mitarbeiter soweit eingearbeitet ist, dass er eine akzeptable Leistung erbringt, und noch länger, bis seine Produktivität und Profitabilität das Niveau des ausgeschiedenen Mitarbeiters erreicht. Dieser Zeitraum, der in Abbildung 9.1 dargestellt ist, kann zwischen einigen Wochen und (bei hochrangigen Positionen) vielen Monaten dauern:[3]

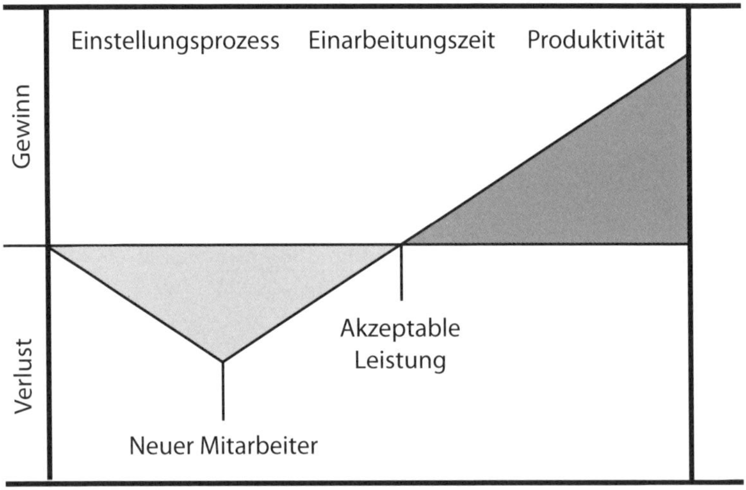

Nach einer freiwilligen Kündigung gibt es mindestens vier Kostenkategorien, und nur eine Einsparkategorie. Wenn Sie diese aufaddieren, ergibt sich folgende Rechnung:

A. Kosten der Mitarbeiterakquisition (Werbung, Recruiter-Zeit, Zeit, die Manager mit Bewerbungsgesprächen verbringen, juristische und nicht gehaltsbezogene Kosten, Referenzüberprüfung, Hintergrundchecks, Gehaltszulagen etc.)

PLUS

B. Kosten der Arbeitsplatzvorbereitung und Einarbeitung (Schulung, IT-Einrichtung, Registrierung für Sozialleistungen etc.)

PLUS

C. Kosten der Produktivitätseinbuße während der Zeit, in der die Position unbesetzt ist

PLUS

D. Kosten der Produktivitätseinbuße bis zu dem Zeitpunkt, in dem der neue Mitarbeiter das Produktivitätsniveau seines Vorgängers erreicht hat

MINUS

E. Gehaltseinsparung während des Zeitraums, in dem nach Ersatz gesucht wird

A + B + C + D – E = Kosten für die Ersetzung eines ausgeschiedenen Mitarbeiters

Hier eine Grobkalkulation: Ein Manager der mittleren Führungsebene aus dem Bereich Forderungsmanagement verdient ein Jahresgehalt von 60.000 Dollar, verlässt das Unternehmen und wird innerhalb von drei Wochen ersetzt. Was kostet das?

A = 400 Dollar für die Stellenanzeige, 1.200 Dollar für die Zeit, die der Recruiter aufwenden muss, 1.500 Dollar Gehaltszulage, 1.000 Dollar Gebühren und Honorare = **4.100 Dollar**

B = 1.250 Dollar

C = Der Manager kann nicht durch eine Zeitarbeitskraft ersetzt werden, also wird seine Arbeit auf zwei andere Mitarbeiter verteilt, deren Produktivität für drei Wochen bei einem Jahresgehalt von je 52.000 Dollar um jeweils 40 Prozent sinkt = **2.400 Dollar**

D = Der neu eingestellte Manager braucht 90 Tage, um das Produktivitätsniveau seines Vorgängers zu erreichen, wobei die Produktivitätslücke rund 25 Prozent beträgt = **3.750 Dollar**

E = 3.461 Dollar

DIE EINFACHEN KOSTEN DER ERSETZUNG: **8.039 DOLLAR**

Das sind 13,4 Prozent eines Jahresgehalts in Höhe von 60.000 Dollar, und dabei handelt es sich um eine konservative Schätzung,[4] weil sie lediglich auf einer oberflächlichen Betrachtung beruht. Um die Gesamtkosten der Neubesetzung dieser Position zu berechnen, muss man Faktoren wie ein verzögertes Inkasso von Außenständen, entgangene Zinsen auf dieses Geld, Zeit, die andere Mitarbeiter der Abteilung mit einer Teilnahme an Bewerbungsgesprächen verbringen, Arbeitsunterbrechungen, abgesagte Meetings und stagnierende Projekte ebenfalls in die Betrachtung einbeziehen. Überall findet man versteckte Kosten, und sie steigen mit der Komplexität einer Position und deren Interdependenz mit anderen Positionen. Expertenstudien setzen die vollen Kosten des Ersatzes einer ausgeschiedenen Arbeitskraft zwischen 30 Prozent des Jahresgehalts für Mitarbeiter mit einem Stundensatz und 150 Prozent für gehobene Führungspositionen an. Aber nicht genug damit, es kommt noch schlimmer:

Noch schwerer lassen sich die Opportunitätskosten des Verlusts eines hoch qualifizierten Mitarbeiters kalkulieren. Wenn ein Verkäufer das Unternehmen verlässt, beinhalten die Opportunitätskosten der entgangenen Verkaufsabschlüsse, die der ausgeschiedene Mitarbeiter in dem Zeitraum getätigt hätte, bis für ihn Ersatz gefunden wird und dieser voll eingearbeitet ist. Zu den Opportunitätskosten gehören auch der Verlust der Kundenbeziehungen und des Goodwills, den sich der ausgeschiedene Verkäufer erarbeitet hat. Wenn ein innovativer Designer oder Produktmanager das Unternehmen verlässt, ist der potenzielle Umsatz aus den Produkten dieses Experten verloren. Und vergessen Sie nicht das verlorene Wissen, die verlorenen Führungskompetenzen und nicht zuletzt der soziale Beitrag des Mitarbeiters zur positiven Arbeitserfahrung für andere. Ist es ein Wunder, dass Unternehmen, die die Kosten der Mitarbeiterfluktuation wirklich messen, alles tun, um diese auf ein Mindestmaß zu senken?

Eine Analyse der Mitarbeiterfluktuation kann zudem über die Jahre die Stärken und Schwächen der Vorgesetzten aufdecken, nämlich wenn man verfolgt, wer das Unternehmen verlassen hat, und aus welchen Gründen. Sagen wir, zum Beispiel, dass Sie eine hohe Fluktuation in Teams feststellen, die an einen bestimmten Manager berichten, und dass dieser die meisten seiner männlichen Mitarbeiter als A-Mitarbeiter und die Leistung seiner weiblichen Mitarbeiterinnen grundsätzlich mit C bewertet. Die Frauen verlassen das Unternehmen – ist das ein Einstellungs- oder ein „Einstellungs"problem? Ist diese Bewertung fair, oder deutet die hohe Abwanderungsquote weiblicher Mitarbeiterinnen auf ein Problem ihres Vorgesetzten hin?

Mit diesen analytischen Erkenntnissen sind Manager in einer besseren Position, um die Kosten der Geschäftstätigkeit zu berechnen, denen die Recruiting-Kosten leider oft zugebucht werden, und damit ein strategisches Anliegen zu unterstützen.

Bringen Sie in Erfahrung, warum Mitarbeiter das Unternehmen verlassen

Wenn wir erleben, dass sich Manager über die hohe Fluktuation in ihrem Unternehmen oder ihrer Abteilung wundern, dann fragen wir uns, ob sie wirklich die Gründe kennen, aus denen Mitarbeiter das Unternehmen verlassen.

Wenn Mitarbeiter freiwillig kündigen, wollen sie keine verbrannte Erde hinterlassen, also begründen sie ihre Entscheidung damit, dass sie woanders mehr verdienen können. Darüber lässt sich nicht streiten, oder? Das Problem ist, dass das meistens nur ein Teil der Story ist.

Wenn unabhängige Forscher fragen, warum Mitarbeiter gehen, dann stellt sich heraus, dass Geld selten der Hauptgrund ist. Untersuchungen der Gallup Organization, des Saratoga Institute und Untersuchungen von Monster haben ergeben, dass schlechte Beziehungen zum Vorgesetzten der Hauptgrund für die Entscheidung zur Kündigung sind. Sie zerstört das Gefühl der Verbundenheit selbst gegenüber einem tollen Job. Beverly Kaye und Sharon Jordon-Evans, Autorinnen des Buches *Love'em or Lose'em,* erklären, dass eine spannende Arbeit, berufliche Weiterentwicklung, großartige Kollegen und Vorgesetzte die Hauptgründe dafür seien, dass Mitarbeiter ihren Unternehmen treu blieben. Das Gegenteil – eine langweilige Arbeit, berufliche Stagnation, ein negatives Umfeld und lausige Vorgesetzte – sind Gründe, die Mitarbeiter zur Kündigung veranlassen. Arbeitgeber, die die spezifischen Gründe aufdecken, aus denen gute Mitarbeiter das Unternehmen verlassen, können diese Probleme viel schneller lösen und mehr Gründe zum Bleiben bieten.

Wenn Sie nicht wissen, warum Ihre Mitarbeiter kündigen, kennen Sie wahrscheinlich auch nicht die Gründe, aus denen sie bleiben. Das liegt zum Einen daran, dass dem Management der Bezug zu seinen Mitarbeitern fehlt, und zum anderen an der Mentalität potenziell wechselbereiter Mitarbeiter. Erinnern Sie sich daran, dass Sie allein dadurch, dass Sie durch die Flure Ihrer Abteilungen gehen und mit Ihren Mitarbeitern über ihre Arbeit und ihr Leben sprechen, schon eine Menge erfahren. Nicht jede Antwort, die Sie bei diesen Gelegenheiten erhalten, werden Sie in einer formalen Mitarbeiterbefragung finden.

Tatsächlich können hier Kündigungsgespräche hilfreich sein – vorausgesetzt, Sie schaffen es, das Gespräch auf Gebiete abseits der Geldfrage zu lenken. Allerdings ist dafür eine besondere Beziehung notwendig, um diese Barriere durchbrechen zu können. Sie können auch eine dritte Person mit der Durchführung des Kündigungsgesprächs beauftragen. Bitten Sie einen Kollegen, dem Sie vertrauen, oder übertragen Sie der richtigen Person die Rolle des „Ombudsmann" für ausscheidende Mitarbeiter. Dessen Aufgabe besteht darin, ein eindringliches Kündigungsgespräch zu führen und Kündigungsmuster aufzudecken. Dieser Ombudsmann fragt nicht nur, „Warum haben Sie gekündigt?", sondern auch „Welche Aspekte in Bezug auf Ihre Tätigkeit, Ihren Vorgesetzten oder unser Unternehmen haben Sie für ein anderes Angebot empfänglich gemacht?" Außerdem wird er fragen: „Was hat Sie ursprünglich an unserem Unternehmen interessiert? Wurden Ihre Erwartungen erfüllt?" Er erfährt Details über die ersten sechs Monate des Mitarbeiters im Unternehmen, eine Zeit, in der nachhaltige Eindrücke entstehen. Er hinterfragt die Beziehung des ausscheidenden Mitarbeiters zu seinem Vorgesetzten, dem Topmanagement und der Arbeitgebermarke. Und er spricht vertraulich und furchtlos über das Thema der Beziehung des Mitarbeiters zu seinem Vorgesetzten, dem höheren Management und der restlichen Belegschaft.

Es gibt also nicht eine einzige Zahl, die belegt, dass Ihre Fluktuationsrate akzeptabel ist, weil die Gründe dafür multidimensional sind. Betrachten Sie die Faktoren, die in Kombination zur Mitarbeiterfluktuation führen:

- Der Zustand der lokalen Wirtschaft.
- Die Nachfrage nach bestimmten Tätigkeiten.
- Die Qualität der Vorgesetzten.
- Die Qualität der Einstellungspolitik und der Einstellungsverfahren.
- Die Bereitschaft der Wettbewerber, höhere Gehälter zu zahlen.
- Arbeitsdruck und Stress.
- Die Gesundheit Ihres besonderen Geschäfts.
- Persönliche Gründe eines Mitarbeiters.

Einige Tätigkeiten haben von Natur aus eine hohe Mitarbeiterfluktuation. Sie weisen einen hohen Verschleiß an qualifizierten Arbeitskräften auf, die entweder aufsteigen oder wieder gehen. Wir bezeichnen dieses Phänomen als *Churnover*; damit ist eine Mitarbeiterfluktuation bei monotonen Anlerntätigkeiten gemeint, die kaum jemand lange macht – sozusagen also eine verschleißbedingte Fluktuation.

Einzelhandelsmanager erwarten im Allgemeinen eine gewisse solche verschleißbedingte Fluktuation. Sie sagen, „Sie sind ein Lagerauffüller oder ein Student oder arbeiten als Kassenkraft etc. und es ist mir egal, wenn Sie wieder gehen. Das ist eben so, aber das hat keinen Einfluss auf meinen Gewinn. Wenn Sie allerdings ein brillanter Wareneinkäufer sind, der ein ausgeprägtes Gespür dafür hat, was Kunden wollen, dann habe ich ein Problem damit, wenn ein Wettbewerber Sie abwirbt. Das ist *Turnover*."

Die Akzeptanz der verschleißbedingten Fluktuation ist Teil der Konzentration Ihrer Zeit und Ihres Geldes auf die wertvollsten Mitarbeiter, die für Ihr Unternehmen die höchsten Gewinne erwirtschaften.

Was Sie von Loyalisten lernen können

Ein guter Schritt: Fragen Sie Ihre langjährigen Mitarbeiter, warum sie immer noch bei Ihnen arbeiten. Diejenigen, die sehr loyal gegenüber Ihrer Organisation sind, können Ihnen sagen, was Sie richtig machen. Auch wenn die meisten Mitarbeiter eine potenziell wechselbereite Mentalität haben, die wir in Kapitel 2 beschrieben haben, können uns die 30 Prozent, die sich selbst als Loyalisten bezeichnen, eine Menge darüber verraten, wie sich potenziell wechselbereite Mitarbeiter ans Unternehmen binden lassen würden. Wenn Sie die Haltung der loyalen Mitarbeiter verstehen, können Sie Strategien zur Bindung Ihrer besten Mitarbeiter entwickeln.

Mitarbeiter vergleichen ihren Arbeitsplatz immer mit anderen, und zwar mit früheren und potenziellen Arbeitsplätzen, und wenn Sie bei diesem Vergleich besser abschneiden, können Sie die emotionale „Kündigungsbarriere" Ihrer kompetenten Mitarbeiter anheben. Eine Untersuchung, die Monster im Jahr 2006 über loyale Mitarbeiter durchgeführt hat, deckte mehrere Faktoren auf, die für die wertvollsten Loyalisten wichtig waren und die Arbeitgeber nutzen können, um ihre Spitzenkräfte zum Bleiben zu bewegen. Zu den wichtigsten Ergebnissen unserer Studie über die Einstellungen der Loyalisten zu ihrer Arbeit, ihren Vorgesetzten, ihrem Unternehmen und ihrer Vergütung gehören folgende:

- Loyalisten nehmen ihre Arbeit als anspruchsvoll, interessant und persönlich erfüllend wahr.

- Loyalisten pflegen enge Beziehungen zu ihrem Vorgesetzten, die über das klassische Vorgesetzter-Untergebener-Verhältnis hinausreichen.
- Loyalisten wissen genau, was von ihnen erwartet wird.
- Loyalisten achten auf eine gute Work-Life-Balance und ihre Vorgesetzten unterstützen ihr Privatleben.
- Loyalisten sind davon überzeugt, dass ihr Unternehmen ein guter Arbeitsplatz ist und sind stolz darauf.
- Loyalisten betrachten die Vergütung als einen wichtigen Faktor für ihre Loyalität.

Mit diesem Wissen ausgerüstet, kann jeder Arbeitgeber Strategien anwenden, um seine Mitarbeiter besser zu führen, zu entwickeln und ans Unternehmen zu binden. Berücksichtigen Sie bei der Entwicklung von Strategien zur Mitarbeiterbindung folgende Punkte:

- Betonen Sie den vollen Wert der Mitarbeitervergütung, nicht nur das Gehalt. Dazu gehört, dass Sie die Kosten hervorheben, die mit bestimmten Sozialleistungen verbunden sind. Schulen Sie Manager darin, ihre Mitarbeiter persönlich dazu aufzufordern, alle Sozialleistungen zu nutzen.
- Beobachten Sie aufmerksam und kontinuierlich die Gefühle Ihrer Mitarbeiter und messen Sie sie, um immer den Finger am Puls ihrer Haltung zu haben. Entwickeln Sie proaktiv Strategien zur Steuerung signifikanter Veränderungen. Die Mitarbeiterloyalität ist, wie das Arbeitsumfeld auch, fließend. Gehen Sie nicht einfach davon aus, dass sich die Loyalität aus dem letzten Jahr in diesem Jahr fortsetzt.
- Die Mitarbeiterloyalität ist dynamisch und kein inhärentes Persönlichkeitsmerkmal. Ein loyaler Mitarbeiter kann sich zu jedem Zeitpunkt von seinem Unternehmen, seinem Vorgesetzten oder seinem Gehalt enttäuscht fühlen. Veränderungen, die einen Einfluss auf die Wahrnehmung eines Mitarbeiters über seine Position haben, sollten vorab berücksichtigt werden.

- Der Ruf eines Unternehmens ist ein wichtiger Faktor für die Mitarbeiterbindung, wie der Stolz zeigt, den loyale Mitarbeiter für ihr Unternehmen empfinden. Arbeitgeber sollten dafür sorgen, dass ihre Leistung gewürdigt und ihr Wert der Gemeinde deutlich gemacht wird, und zwar durch ihre Produkte und durch Philanthropie.
- Gute Vorgesetzte, die gut mit ihren Mitarbeitern kommunizieren, formulieren klare Erwartungen und fördern eine gesunde Balance zwischen Arbeits- und Privatleben, denn das stärkt die Loyalität.
- Setzen Sie Loyalisten im Recruiting, wo immer möglich, als Werber für Ihr Unternehmen ein (laden Sie sie zu Bewerbungsgesprächen ein und lassen Sie sie über das Unternehmen sprechen).

Loyalität beschreibt die Sichtweise eines Mitarbeiters über seinen Arbeitgeber, aber selbst die 70 Prozent, die sich als potenziell wechselbereit bezeichnen, können eine stärkere Verbundenheit mit ihrer Arbeitssituation empfinden. Es gibt noch einen anderen wirksamen mentalen Zustand, der sowohl eine höhere Produktivität als auch eine stärkere Bindung erzeugt, und er tritt ein, wenn es gelingt, das Interesse und Engagement der Mitarbeiter an und für ihre Arbeit wach zu halten.

Mitarbeiterengagement

Bisher haben wir den Begriff *Engagement* in Bezug auf den Beschäftigungskreislauf verwendet, also die Beziehung eines Kandidaten oder Mitarbeiters zu einem Unternehmen über alle Phasen der Mitarbeiteranwerbung, -gewinnung und -entwicklung. Lassen Sie uns für einen Moment über Mitarbeiterengagement in einem etwas anderen Sinne sprechen: einer starken Verbundenheit mit der Arbeit selbst. Die Gallup Organization, die Managementberatung Towers Perrin und andere Institutionen haben ausgiebige Untersuchungen durchgeführt, die bestätigen, was Sie instinktiv wissen: Menschen, die sich intensiv für ihre Arbeit interessieren und engagieren, sind glücklicher und fühlen sich ihrem Unternehmen stärker verbunden.

Forscher verwenden den Begriff *Ermessenseffekt*, um die Verhaltensweisen zu beschreiben, die mit diesem Engagement einhergehen. Wir betrachten Mitarbeiterengagement als Affinität zur Arbeit und Antrieb zur Weiterentwicklung sowie den Drang, auf Basis einer inneren, psychologischen Belohnung „vernünftige" Ziele zu übertreffen. Das erleben wir bei Teams, die die ganze Nacht durcharbeiten, um ein Problem zu lösen, einem Vorgesetzten, der ein wichtiges Meeting verschiebt, um einem Mitarbeiter zur Seite zu stehen, der sich in einer schwere Krise befindet, und dem Neueinsteiger, der bis spätabends arbeitet und sich Wissen aneignet, um seine Kompetenzen zu erweitern – und zwar nicht, weil er dafür bezahlt wird, sondern weil er seine Arbeit liebt.

Kompetente Mitarbeiter, die sich für ihre Arbeit interessieren und engagieren, zeigen mehr Kundennähe, fühlen sich den Zielen stärker verbunden und erfahren eher eine persönliche Belohnung, einfach weil sie die aktiven Teilnehmer am Ökosystem der Arbeit sind.

Außerdem ist Engagement profitabel. In einer Umfrage aus dem Jahr 2006, in deren Rahmen 664.000 Mitarbeiter weltweit befragt wurden, stellte das Forschungsinstitut ISR eine tiefe Kluft zwischen Unternehmen mit hoch engagierten Mitarbeitern und Unternehmen mit wenig engagierten Mitarbeitern fest:

Betriebsgewinn:

Engagiert = 19,2 Prozent Zuwachs; nicht engagiert = 32,7 Prozent Rückgang

Zunahme des Nettogewinns:

Engagiert = 13,2 Prozent Zuwachs; nicht engagiert = 3,8 Prozent Rückgang

Gewinn pro Aktie:

Engagiert = 27,8 Prozent Zuwachs; nicht engagiert = 11,2 Prozent Rückgang

Eine engagierte Belegschaft trägt eindeutig zum Gewinn bei, wobei die Manager das Engagement jedes einzelnen Mitarbeiters fördern. Letztlich geht es darum, dass die Manager sich von der typischen Vorgesetzter-Untergebener-Beziehung verabschieden, indem sie in ihrer täglichen Leitungsfunktion den ganzen Katalog an Methoden der Mitarbeiterbindung einsetzen.

Fluktuation, Loyalität und Engagement – ein Großteil der Mitarbeiterbindung hängt davon ab, dass man die richtigen Mitarbeiter einstellt. Wenn Ihre Arbeitgebermarke Ihre Organisation widerspiegelt, ziehen Sie die Kandidaten an und stellen diese auch ein, die an die Ziele glauben, die Ihre Organisation erreichen will. Sie ziehen Kandidaten an, die Ihre Werte teilen und an Ihre Mission glauben. In der frühen Phase des Prozesses geht es nicht darum, Mitarbeiter einzustellen und dann ihr Interesse und Engagement zu wecken; vielmehr geht es darum, von vornherein engagierte Menschen einzustellen und sie dann so zu führen, dass ihr Interesse und ihr Engagement erhalten bleiben.

Herausragende Unternehmen verstehen das und passen das Engagement ihrer Mitarbeiter auf ihre Kernwerte an. Google spornt seine Mitarbeiter zur Bildung virtueller Teams rund um neue Produkte an, die sich jemand ausgedacht hat – nachdem es kreative Mitarbeiter eingestellt hat. Wegmans spornt seine Mitarbeiter dazu an, neue Wege zu finden, wie sich Kunden begeistern lassen – nachdem es kundenfokussierte Mitarbeiter eingestellt hat.

In Kapitel 5 stellten wir heraus, wie eine Arbeitgebermarke die tagtägliche Arbeitserfahrung in einer Organisation verkörpert. Denken sie nun darüber nach, wie sich das auf jeden einzelnen Mitarbeiter anwenden lässt und ob Ihre Marke zu Engagement aufruft oder eher dazu angetan ist, es zu ersticken.

Wenn Ihre Marke aussagt, dass die Stimme jedes einzelnen Mitarbeiters zählt, dann müssen Ihre Manager lernen, aktiv zuzuhören und jeden Mitarbeiter für einen echten Ideenaustausch zu interessieren. Wenn ein Mitarbeiter um drei Uhr morgens plötzlich eine Idee hat und in aller Frühe ins Unternehmen stürmt, um sie mit seinem Vorgesetzten zu besprechen, tut dieser gut daran, sein E-Mail-Programm für 20 Minuten zu schließen und den Mitarbeiter zu ermutigen, seine Idee vorzutragen. Wenn er stattdessen antwortet, „schreiben Sie Ihre Idee auf, ich sehe sie mir später an", wie engagiert wird der Mitarbeiter dann in Zukunft sein?

Wenn Ihre Arbeitgebermarke sagt, Ihr Unternehmen betreibe eine offene, ehrliche und direkte Konfliktlösung, dann müssen die Manager lernen, Kritik zu tolerieren und Diskussionen unter den Mitarbeitern zu fördern. Sie sollten Geheimnistuerei und Entscheidungen im stillen Kämmerlein verhindern und einen transparenten Entscheidungsprozess fördern.

Engagement hat mit innerer Leidenschaft zu tun. Manager fördern Engagement, wenn sie Leidenschaft honorieren und Hindernisse aus dem Weg räumen. Egal für welche Tätigkeit ein Mitarbeiter eingestellt wurde, vom Betrieb eines Gabelstaplers bis zu Verhandlung einer Akquisition in Höhe von mehreren Milliarden Dollar, die Leidenschaft, die einen Mitarbeiter dazu veranlasst, mehr zu tun, als die Stellenbeschreibung verlangt, ist der Motor des Engagements. Wenn Manager die Prinzipien der Arbeitgebermarke, die diese Leidenschaft ursprünglich angezogen hat, authentisch leben, schaffen sie einen fruchtbaren Boden für Engagement.

Die Einstellung von neuen Mitarbeitern, mit dem Ziel, sie langfristig ans Unternehmen zu binden, bedeutet auch, deren individuellen Karriereziele und Ihre Fähigkeit, diese Ziele zu erfüllen, miteinander in Einklang zu bringen. Wenn Sie keine Karriereleiter zum Erklimmen bieten, müssen Sie sicherstellen, dass Sie keine Mitarbeiter einstellen, die ihre Leistung beziehungsweise ihren Erfolg daran messen, dass sie alle drei Jahre befördert werden.

Vergütung

Die meisten Kandidaten geben offen zu, dass die Vergütung in all ihren Formen (Geld, Sozialleistungen, Aktien, bezahlte Pausenzeiten etc.) der Hauptgrund für die Annahme eines Stellenangebots ist. Offensichtlich stellt sie auch einen Motivator dar, um einen Arbeitsplatz zu behalten oder um ihn zu wechseln.

Die meisten erfahrenen Manager haben schon erlebt, dass ein kompetenter Mitarbeiter auf sie zukam und sagte, „Mir wurde woanders mehr Geld geboten, aber ich würde gerne bleiben." Der Markt hat gesprochen, und der Mitarbeiter hat die Bereitschaft gezeigt, das Unternehmen zu verlassen. Der Vorgesetzte hat nun die Wahl. Angenommen, er möchte, dass der Mitarbeiter bleibt, kann er:

- mit dem Angebot des Wettbewerbers gleichziehen. Das sollte er tun, wenn sich das Angebot nachweislich im Rahmen des Marktes bewegt und keine Gleichbehandlungsprobleme mit anderen Mitarbeitern aufwirft.
- sich mit dem Mitarbeiter zusammensetzen, um einen guten Grund zu finden, warum der Mitarbeiter bleiben sollte – eine schnellere Beförderung, eine größere Beteiligung an anderen Vergütungsformen etc., jeweils auf Basis der Leistung des Mitarbeiters.

Unabhängig vom Ergebnis ist dies eine Chance, etwas über die Anstellungserfahrung zu lernen. Bei Monster stellen wir immer die Frage, „Warum würden Sie das Unternehmen verlassen wollen?" und auch „Warum würden Sie bleiben wollen?" (im Gegensatz zu der Frage, „Was kann ich tun, damit Sie bleiben?" – das ist ein wichtiger Unterschied). Die Antwort gibt Ihnen Aufschluss über die Bedeutung der Vergütung im Vergleich zu den nicht greifbaren Nutzen einer Anstellung in Ihrem Unternehmen.

Recruiter Terry Fragoli erinnert sich daran, wie er erfuhr, dass die Geldfrage weitaus mehr beinhaltet als das reine Geld, und wie er diese Frage in eine Chance zur Mitarbeiterbindung verwandelte.

Ich arbeitete zu einer Zeit bei OmniVision Technology, als ein relativ heftiger Wettbewerb um Softwarespezialisten herrschte. Damals fand ich heraus, dass ein hoch qualifizierter Softwareingenieur, der in Image-Sensor-Technologie promoviert hatte, nach nur wenigen Monaten in unserem Unternehmen eine neue Arbeit suchte. Ich fragte ihn im Vertrauen: „Was ist los?" Er sagte, „Um ehrlich zu sein, hat mich in meinem letzten Job völlig unvorbereitet eine Kündigung getroffen. Ich fühle mich ziemlich verunsichert." Und dann fügte er hinzu: „Andere Unternehmen haben mir zudem etwas mehr Geld geboten." Er war ganz ehrlich.

Ich ging also zu seinem Vorgesetzten und erklärte die Situation. Er sagte, „Wir wollen nicht, dass er geht. Vielleicht können wir seine Gehaltsüberprüfung vorziehen und ihm eine Botschaft senden ... wenn das bedeutet, dass er bleiben wird."

Dann ging ich zurück zu dem Ingenieur und sagte, „Ihr Vorgesetzter möchte auf keinen Fall, dass Sie gehen, und wir werden Folgendes tun, damit Sie wissen, wie ernst er Ihre Zukunft in unserem Unternehmen nimmt etc." Er sah mich überrascht an und antwortete, „Wissen Sie, niemand hat jemals so viel Interesse daran gehabt, mich im Unternehmen zu halten. Das gibt mir wirklich das Gefühl, gebraucht zu werden." Wir schüttelten uns die Hand, und heute, mehrere Jahre später, ist er immer noch da.

Formen der aufgeschobenen Vergütung wie Boni, Unternehmensaktien und Beiträge zur betrieblichen Altersvorsorge dienen dazu, Mitarbeiter auf der Höhe ihrer Leistungsfähigkeit zum Bleiben zu bewegen, aber sie bieten auch nicht greifbare Nutzen, erklärt der auf Vergütungsfragen spezialisierte Berater Tom Wilson. „Was bedeutet es für einen Mitarbeiter, wenn er einen Bonus oder Aktien oder eine andere Form der Kapitalbeteiligung erhält?", so seine Frage. „Das bedeutet, sie gehören zum Club, sie sind etwas Besonderes. Stories von Startup-Millionären ausgenommen, resultiert das Kapital der meisten Unternehmen nicht in riesigen Reichtümern. Sicher zahlt sich das finanziell aus, aber nicht in einem Maße, dass andere Unternehmen da nicht mithalten könnten, um einen herausragenden Experten an Land zu ziehen. Die symbolische Bedeutung ist für die Mitarbeiterbindung unter Umständen größer als der reale Geldwert."

Für den Zweck der Mitarbeiterbindung ist es wichtig, daran zu denken, dass bestimmte Vergütungsformen abhängig von den generellen Rahmenbedingungen sind. In den 1990er-Jahren waren Aktienoptionen der große Renner, bis die Blase platzte. Pensionsfonds mit Unternehmensaktien zu füttern schien bis zum Zusammenbruch von Enron und anderen Konzernen eine großartige Sache zu sein.

Heute wollen die Mitarbeiter finanziell sichere Leistungen. In einer Monster-Umfrage aus dem Jahr 2007[6] bewerteten 64 Prozent der Mitarbeiter in den USA die Krankenversicherung als wichtigste Sozialleistung, und 82 Prozent hielten sie für „äußerst wertvoll". Dennoch bieten nur 22 Prozent der Unternehmen in den USA kostenlose Krankenversicherung und nur 42 Prozent bieten eine Krankenversicherung mit finanzieller Beteiligung. Die Krankenversicherungskosten verschlingen einen erheblichen Teil des Gehalts, dennoch klafft hier eine Lücke zwischen dem, was Unternehmen bieten, und was sich Mitarbeiter wünschen. Aggressive Unternehmen können die Krankenversicherung als Chance zur Erzielung eines Wettbewerbsvorteils im Recruiting nutzen, indem sie eine gute Absicherung bieten. Der Bericht weist darauf hin, dass diese Kosten durch niedrigere Abwanderungsraten und Recruiting-Kosten ausgeglichen werden können.

Dieselbe Untersuchung zeigt, dass langfristige, konservative und zuverlässige finanzielle Leistungen wie wettbewerbsfähige Altersvorsorgepläne für Mitarbeiter hoch attraktiv in der Gesamtbetrachtung des Vergütungspakets sind. Unternehmen zeigen eine starke Präferenz für leistungsbasierte Jahresboni und eine engere Koppelung der Vergütung an die aktuellen Geschäftsergebnisse.[7]

Machen Sie die Vorgesetzten verantwortlich

Vorgesetzte sind in der besten Position, die Arbeitnehmermoral und andere Aspekte direkt zu beeinflussen, die letztlich über den Verbleib des Mitarbeiters im Unternehmen bestimmen. In vorhergehenden Kapiteln haben wir erwähnt, dass sie sich in der besten Position befinden, um die besten Kräfte einzustellen, und wir wollen hier hinzufügen, dass sie bei Weitem der wichtigste Faktor in der Mitarbeiterbindung sind.

Nur 11 Prozent der von Monster befragten Unternehmen haben die Vergütung ihrer Manager nach eigenen Angaben an die Mitarbeiterbindung gekoppelt.[8] Dennoch besitzen Manager die stärkste Hebelwirkung für eine Senkung der Mitarbeiterfluktuation; Unternehmen, die das Ziel verfolgen, die Abwanderungsquote zu reduzieren, müssen damit folglich auf Managerebene beginnen.

Der schnellste Weg, um Manager für die Bindung der Mitarbeiter verantwortlich zu machen, ist die Verknüpfung dieses Ziels mit ihrer Vergütung. Ein gewisser Prozentsatz des Bonus, den ein Vorgesetzter erhält, sollte an Bindungsziele gekoppelt sein. Die tolerierte Abwanderungsquote (die Zahl muss einer Basisfluktuation im vorangegangenen Jahr oder aktuellen Branchen- und regionalen Benchmarks entnommen werden) muss gemeinsam mit anderen Geschäftszielen vorab festgelegt werden. Sie wollen sehen, wie die Fluktuationsrate im Jahresvergleich sinkt, aber insbesondere wollen Sie den Prozentsatz der Bindung erstklassiger Mitarbeiter sehen. Managern auf allen Ebenen sollten Boni für niedrige Abwanderungsquoten ihrer Mitarbeiter geboten werden, und sie sollten so gewichtet werden, dass sie für die Bindung erstklassiger Mitarbeiter etwas höher ausfallen. Wenn Sie diese Ziele in Ihrer gesamten Organisation etablieren, steigern Sie das Interesse Ihrer Mitarbeiter am Einstellungsprozess. Außerdem müssen Sie Ihre Manager in die Lage versetzen, über die Einstellung guter Kandidaten hinaus eine größere Wirkung auf die Mitarbeiterbindung ausüben zu können. Schulen Sie Vorgesetzte darin, stärker auf die Kosten der Mitarbeiterfluktuation, den Wert der Mitarbeiterbindung und Wege der Bindung von Spitzenkräften zu achten.

Übung

Hier eine interessante Übung für den Finanzvorstand (CFO): Vergleichen Sie die Kosten der Mitarbeiterfluktuation mit den Kosten besserer Krankenversicherungsleistungen. Wenn eine bessere Krankenversicherung die Abwanderungsquote um, sagen wir, 10 Prozent senken würde, würde sich diese Leistung dann nicht von selbst bezahlt machen?

Methoden der Mitarbeiterbindung

Nachfolgend die allgemeinen Initiativen, die unsere Untersuchungen in Unternehmen fanden und die Mitarbeiter zum Bleiben bewegen:

Ein ausgewogener Arbeitsplatz

Wenn die Arbeitsanforderungen mit der Zufriedenheit der Mitarbeiter mit ihrem Privatleben in Konflikt geraten, fangen Mitarbeiter an zu straucheln und ihre Kündigungsbereitschaft steigt. Das ist ein weltweites Problem, vor allem da die Anfahrt zum Arbeitsplatz angesichts der zunehmenden Verstopfung der Städte immer länger und beschwerlicher wird und immer mehr Familien mit zwei berufstätigen Elternteilen vielfältigen Verpflichtungen gerecht werden müssen. Unternehmen, die das Problem der Work-Life-Balance erkennen, können ihren Mitarbeitern dabei helfen, persönliche Zufriedenheit zu erlangen und gleichzeitig die Unternehmensziele zu erfüllen.

Einige Manager sind unterstützungsbereiter und auch eher gewillt, ein ausgewogenes Berufs- und Arbeitsleben durchzusetzen. Ein

CEO, den wir im Rahmen unserer Untersuchungen kennengelernt haben, setzt sich sogar mit seinen Topmanagern zusammen, um über ihre Arbeitsgewohnheiten zu sprechen, wenn er den Eindruck hat, sie würden zu viel arbeiten.

Ausgewogenheit ist mehr als arbeitsfreie Zeit. 55 Prozent der Personalmanager bieten ihren Mitarbeitern nach eigenen Angaben soziale Aktivitäten an, und rund 15 Prozent organisieren unternehmenseigene Sportmannschaften unter den Mitarbeitern. Durch diese Art Freizeitveranstaltungen können die Kollegen untereinander Kontakte knüpfen, die ihrer emotionalen Verbundenheit mit der Arbeit und ihrem Unternehmen zugute kommt. Außerdem demonstrieren diese Aktivitäten potenziellen Angestellten den Wert, den ein Unternehmen auf persönliche Erfüllung legt, und darin kann sich ein Unternehmen im Recruiting-Prozess ganz erheblich von anderen differenzieren.

Leistungen, die eine ausgewogene Arbeitssituation fördern

Es gibt zahlreiche Wege, um eine ausgewogene Arbeitssituation zu fördern. Für Mitarbeiter, die nach einer Balance zwischen ihrem Berufs- und Privatleben streben, sind auch die kleinen Dinge wichtig – Serviceleistungen und Aufmerksamkeiten, die ihnen Zeit oder Geld sparen. Zum Beispiel:

- BEA Systems lässt professionelle Fahrzeugreinigungsfirmen ins Unternehmen kommen, die sich um die Autos der Mitarbeiter kümmern, damit diese keine Freizeit für diese Aufgaben aufwenden müssen.
- Google bietet seinen Mitarbeitern einen Reinigungsservice, Friseurleistungen und kostenlose Waschsalons auf dem Unternehmensgelände seiner Hauptniederlassung.
- Der italienische Lebensmittelhersteller Ferrero bietet neben den Leistungen der staatlichen Gesundheitsvorsorge kostenlose kinderärztliche Leistungen für Mitarbeiter mit Kindern im Alter von 0 bis 14 Jahren.

- Die mehr als 800 Reservierungsagenten von Jet Blue arbeiten alle von zuhause aus. Dem Unternehmen zufolge liegt die Mitarbeiterbindungsrate erheblich über dem Branchendurchschnitt, während die Produktivität seiner Agenten um 25 Prozent gestiegen ist.
- In Großbritannien schufen der Einzelhandelskonzern J. Sainsbury und die Gewerkschaft der Mitarbeiter im Einzelhandel eine finanzielle Vereinbarung, in deren Rahmen ältere Arbeitnehmer ihre wöchentlichen Arbeitsstunden ohne Gehaltsabzug reduzieren können, indem sie Altersvorsorgebezüge in Anspruch nehmen.[9]

Proaktive Nachfolgeplanung

Eine wachsende Zahl von Personalmanagern fokussiert inzwischen auf die Nachfolgeplanung als Mittel zur Reduzierung der Mitarbeiterfluktuation. Wenn Mitarbeiter wissen, dass sie auf eine lohnendere Position hinarbeiten, dann steigt ihre Bereitschaft, im Unternehmen zu bleiben. Eine gute Nachfolgeplanung bietet außerdem den zusätzlichen Nutzen einer reibungslosen Übergabe von einem erfahrenen Manager an seinen Nachfolger.

Um sicherzustellen, dass die Mitarbeiter wissen, was sie erwarten können und was von ihnen erwartet wird, sollten sowohl die Personalabteilung als auch die Vorgesetzten inklusive Nachfolgepläne fördern, die jeden Mitarbeiter auf einen zweijährigen Geschäftszyklus vorbereiten. Die Mitarbeiter erfahren im Detail, wie sie als Ergebnis ihrer Leistungen vergütet werden. Die Nachfolgeplanung kann hoch leistungsfähige Mitarbeiter von ablenkenden Gedanken über Vergütung und Aufstieg befreien und die Versuchung reduzieren, sich nach einem anderen Arbeitsplatz umzusehen. Und sie kann den beiderseitigen Schock einer Einstellung externer Experten für hochrangige Positionen verhindern, indem Mitarbeiter aus den eigenen Reihen für höhere Managementpositionen herangezogen werden.

Erhalten Sie über vielfältige Kanäle die Verbindung

Das überraschende Ausscheiden eines Mitarbeiters ist das Ergebnis mangelnder Kommunikation („wer wusste, dass sie unglücklich war?"). Die besten Manager, die wir kennen, bemühen sich um Nähe zu den Mitarbeitern, die an sie berichten, und versuchen, die allgemeine Stimmung im Unternehmen zu erfassen. Das lässt sich ganz einfach durch echtes Zuhören, die richtigen Fragen, ein Interesse an den Hoffnungen der Schlüsselmitarbeiter, ihren Ambitionen, ihrem Enthusiasmus und ihren Sorgen etc. erreichen, wobei jeder auf andere Weise kommuniziert. Das bedeutet informelle Gespräche auf dem Flur, vertrauliche Gespräche hinter verschlossenen Türen, E-Mail und Voicemail und Runden durch die Abteilungen. Und es bedeutet nachzufragen, wenn jemand einen bedrückten Eindruck macht, und Erfolge zu feiern. Schließlich bedeutet es wirksame Integrationsmaßnahmen (siehe Abschnitt „Integration" an späterer Stelle in diesem Kapitel). Das Management vielfältiger Kommunikationskanäle wie dieser ist zeitaufwendig, aber wie wollen Sie sonst erfahren, was Ihre Mitarbeiter bewegt?

Organisationen mit ganz klaren Messgrößen, klaren Anreizprogrammen und ganz klaren Belohnungssystemen feiern mehr Siege. Sicher, die Mitarbeiter sind in erster Linie an der Auszahlung greifbarer finanzieller Belohnungen interessiert, aber eine offene Feier eines herausragenden Jahres ist eine verbindende Erfahrung für Mitarbeiterteams, so wie kleinere finanzielle Zuwendungen als Belohnung für besondere Anstrengungen eine verbindende Erfahrung für den Einzelnen ist. Das hebt die Kündigungsbarriere an.

Eine langjährige Unternehmenszugehörigkeit und einige ihrer Meilensteine – mit dem Team harte Zeiten durchzustehen, die eigene Tätigkeit immer wieder neu zu erfinden, laterale Positionswechsel innerhalb der Abteilung – sollten gefeiert, verbreitet und an die Unternehmensführung kommuniziert werden. Ein kürzlich von Monster Intelligence durchgeführtes Untersuchungsprojekt deckte auf, dass nur ein Drittel der Arbeitgeber eine langjährige Unternehmenszugehörigkeit wirklich würdigt. Doch wenn Sie das nicht würdigen, wer dann?

Auf Unternehmensebene versetzten neue Umfragetechnologien Unternehmen in die Lage, die Mitarbeitermoral über den gesamten Lebenszyklus der Unternehmenszugehörigkeit laufend und zu erschwinglichen Kosten zu messen. Eine kontinuierliche Echtzeitmethode zur Messung der Gefühle der Mitarbeiter gegenüber ihrer Arbeit hilft Unternehmen dabei, Probleme zu lösen, bevor sie sich zu einer Krise auswachsen. Mit dieser Erkenntnis verfügen Manager nun über bessere und aktuellere Informationen, die sie für ein effektives Management der Mitarbeiterfluktuation benötigen.[10]

Jennifer Tracy von Limited Brands wendet einen klassischen Ansatz zur Vermittlung einer Marketingbotschaft an: die ständige Wiederholung einer konsistenten Botschaft. „Die Pflege der Arbeitgebermarke muss sich über den gesamten Lebenszyklus eines Mitarbeiters im Unternehmen erstrecken – und einer der besten Momente ist der Zeitraum, in dem sich die Mitarbeiter für ihre jährlichen Sozialleistungen anmelden. Dieselbe Botschaft der Arbeitgebermarke, die zu Beginn vermittelt wurde, als sich der Mitarbeiter noch im Bewerbungsstadium befand, muss immer wieder bekräftigt werden. Denn wenn Sie versuchen, die Unternehmenskultur durch die Entwicklung einer Arbeitgebermarke zu verändern, müssen Sie dafür sorgen, dass alle internen und externen Botschaften aufeinander abgestimmt sind. Andernfalls verwirren Sie Ihre Mitarbeiter nur."

Belohnen Sie interne Mobilität

Hier ein klassisches Szenario von schlechtem Management: Ein Mitarbeiter teilt einem Manager mit, er würde im Unternehmen gerne mehr Verantwortung übernehmen. Der Manager erwidert, „Sicher, jetzt weiß ich aber zumindest, dass Sie kein Interesse an Ihrer derzeitigen Tätigkeit haben." Er schreibt den Mitarbeiter ab und der verlässt schließlich das Unternehmen. Andere Mitarbeiter lernen daraus, dass es sicherer ist, das Unternehmen zu verlassen, als Ehrgeiz zu zeigen.

Schulen Sie Ihre Manager stattdessen in einer ganzheitlichen Betrachtung des Unternehmens und seiner besten Mitarbeiter. Belohnen Sie öffentlich die Manager, die ihre Mitarbeiter in höhere Positionen entwickeln, vor allem in anderen Abteilungen oder Disziplinen. Geben Sie Ihnen zusätzliche Recruiting-Ressourcen, damit sie interne Transfers von ihrem Team zu anderen Teams ausgleichen können.

Interne Kandidaten sind erfolgreich und vermitteln ihr Wissen an andere Disziplinen. Interne Kandidaten sind motiviert. Ihre Stärken und Schwächen sind bekannt. Sie bestätigen nach innen und außen, dass Ehrgeiz und harte Arbeit belohnt werden – ein herausragendes Merkmal einer starken Arbeitgebermarke. Der Mitarbeiter, der seine Hand hebt, ist potenziell wechselbereit; senden Sie den anderen 70 Prozent Ihrer Belegschaft, die ebenfalls potenziell wechselbereit sind, eine Botschaft: Sie wollen, dass sie bleiben.

International betrachtet gibt es kaum Unterschiede in den Methoden der Mitarbeiterbindung. Es kann eine Herausforderung sein, Menschen aus ihren Heimatländern wegzulocken, und manchmal wird Ihre Arbeitskultur geschwächt, wenn sie den Filter einer anderen Arbeitskultur passiert. Die Überwindung dieses Problems ist jedoch eine Frage der Anstrengung, und nicht der eigenen Neuerfindung in einem anderen Land. Uns fällt auf, dass Sie in Ländern mit einer anderen Arbeitskultur, wie zum Beispiel dem heutigen Indien, unter Umständen Ihre Erwartungen in Bezug auf eine akzeptable Abwanderungsquote anpassen müssen, weil die Mitarbeiterfluktuation derzeit in Indien einfach höher ist (siehe Kapitel 10).

Ein europäischer Manager, der in Asien Geschäfte macht, muss möglicherweise seinen persönlichen Verhaltensstil in Bezug auf die Anerkennung des Status eines Mitarbeiters verändern oder sein Belohnungssystem so anpassen, dass es einen größeren Schwerpunkt auf prestigeträchtige Standorte und eine geringere Betonung auf eine langfristige Kapitalbeteiligung legt – ein Grund mehr, um lokale qualifizierte Kandidaten einzustellen, damit Sie wissen, welche Erwartungen vor Ort herrschen. In Gebieten mit einer hohen Arbeitslosigkeit wird es leichter sein, die Mitarbeiter im Unternehmen zu halten – bis jetzt.

Aufstrebende Märkte, wie zum Beispiel Schwellenländer mit hohem Wirtschaftswachstum, verdienen hier eine besondere Erwähnung. Manchmal lässt sich Mitarbeiterbindung mit kleinen Dingen erreichen, zum Beispiel einem sauberen, sicheren Arbeitsplatz. Meistens sind es jedoch die größeren Dinge, die einer gewissen Anstrengung bedürfen, wie zum Beispiel die Entwicklung engerer Beziehungen zwischen Vorgesetzten und ihren Mitarbeitern oder die Betreuung junger Nachwuchsmitarbeiter durch einen Mentor. Das ist besonders schwierig in Ländern mit einem hohen Wirtschaftswachstum (wie den Ländern, die eine rasante Industrialisierung erleben), weil alle zum Zerreißen angespannt sind. Dennoch ist das die Art von Dingen, die dazu beitragen, dass sich Mitarbeiter ihrem Unternehmen verbunden fühlen und sich für ihre Organisation engagieren.

Hier gelten dieselben grundlegenden Prinzipien: Respekt, Anerkennung und flexible Lösungen werden überall gleich gewürdigt. Ihre Mitarbeiterfluktuation ist vielleicht dennoch höher als in anderen Märkten, aber wahrscheinlich können Sie sie erheblich senken.

Sieben Regeln für Mitarbeiterbindung

- 1.) Machen Sie die jeweiligen Vorgesetzten für die Bindung ihrer Mitarbeiter verantwortlich, indem Sie ihre Vergütung an vorab definierte Bindungsquoten koppeln.
- 2.) Bieten Sie einen Arbeitsplatz, der eine ausgewogene Balance zwischen Arbeits- und Privatleben ermöglicht, fördert und respektiert.
- 3.) Entwickeln Sie proaktiv eine Nachfolgeplanung, die eine Karriereplanung für Spitzenkräfte erleichtert.
- 4.) Schaffen Sie Instrumente zur besseren Beobachtung der Gefühle Ihrer Mitarbeiter über deren gesamten Lebenszyklus im Unternehmen.
- 5.) Fokussieren Sie ihre Anstrengungen und Ressourcen für Mitarbeiterbindung auf die fähigsten Mitarbeiter mit dem größten Entwicklungspotenzial.

- 6.) Sorgen Sie bei Mitarbeitern auf allen Ebenen für eine positive „Erfahrung" mit Ihrer Arbeitgebermarke.
- 7.) Belohnen Sie interne Mobilität durch die Schaffung eines Systems, das den Mitarbeitern erlaubt, frei und ohne negative Konsequenzen zwischen den Abteilungen zu wechseln.

Integration

Alle Mitarbeiter haben eine persönliche Leistungskurve. Manche sind Schnellstarter, aber lassen später nach. Andere entwickeln ein gutes Tempo und verfügen über Reserven zur Bildung von Eigendynamik. Sie setzen in der Organisation einen positiven Kreislauf der Produktivität und persönlichen Entwicklung in Gang. Das richtige Starttempo zu finden, anstatt einen Schnellstart hinzulegen, kann den Unterschied ausmachen.

Mehr als 75 Prozent der Spitzenunternehmen lassen neue Mitarbeiter einen formalen Integrations-und Einarbeitungsprozess absolvieren.[11] Dieser Prozess nimmt vielfältige Formen an – Unterricht, Aktivitäten mit Abteilungskollegen und Kollegen aus anderen Konzernunternehmen, Online- und schriftliche Informationen und mehr – und dieser Prozess ist *erfahrungsbasiert*. Menschen erlernen ihre Tätigkeit hauptsächlich durch praktische Ausführung. Das ist in der Tat die beste Methode um sich die besten und effektivsten Arbeitsmethoden anzueignen. Ein formaler Prozess gewährleistet zudem, dass in der gesamten Organisation konsistente Informationen vermittelt werden. Aus diesem Grund stärkt eine Involvierung Ihrer vorhandenen Mitarbeiter in den Integrationsprozess eines neuen Mitarbeiters Ihre Arbeitgebermarke bei Ihrer bestehenden Belegschaft.

Sie befinden sich immer noch in der Gewinnungsphase des Einstellungsprozesses. Sie haben hart darauf hingearbeitet, einen qualifizierten Mitarbeiter zu gewinnen, und diese Person ist nun bei Ihrem Unternehmen, aber *gehört* noch nicht ganz *dazu*. Engagement ist jetzt das Ziel. Glücklicherweise ist ein neuer Mitarbeiter in der Anfangszeit noch ganz mit den Gründen beschäftigt, die ihn zur Annahme Ihres Vertragsangebots bewogen haben. Und ein guter Integrationsprozess bestärkt ihn darin.

Monster und Benchmark Partners haben einen überzeugenden fünfstufigen Integrationsprozess skizziert, der neue Mitarbeiter eng an das Unternehmen bindet, seine Fortschritte misst und dazu beiträgt, ein Band des Vertrauens zu knüpfen – ein Grundpfeiler der Mitarbeiterbindung. Entwickeln Sie auf dieser Grundlage ein formales Integrationsprogramm.

Phase 1: Die ersten Wochen, die ersten Eindrücke

Sorgen Sie dafür, dass der Arbeitsplatz vorbereitet ist und alle notwendigen Arbeitsmittel zur Verfügung stehen, wenn der neue Mitarbeiter an seinem ersten Tag eintrifft. (Es ist erstaunlich, wie oft das nicht der Fall ist.) Erledigen Sie die Formalitäten. Stellen Sie den neuen Kollegen dem Team vor, drehen Sie mit ihm eine Runde durch das Gebäude und führen Sie ihn in die Verfahren ein. Bekräftigen Sie das Bewerbungsgespräch und den Entscheidungsprozess, indem Sie die kurz- und langfristigen Ziele der Tätigkeit besprechen. Vermitteln Sie neuen Mitarbeitern die Mission, die Werte und die Geschichte Ihres Unternehmens. Organisieren Sie eine Zusammenkunft, in der eine hochrangige Führungskraft über die Unternehmensstrategie und Marktfaktoren wie das Wettbewerbsumfeld spricht. Weisen Sie dem neuen Mitarbeiter einen Abteilungskollegen als Paten („Buddy“) und einen abteilungsfremden Mitarbeiter als Mentor zu, der die Fragen des neuen Mitarbeiters schnell und vertraulich beantwortet.

Hinweis: Recruiter und Hiringmanager aufgepasst, dies ist der beste Zeitpunkt, um Feedback über den Recruiting-Prozess einzuholen. Fragen Sie, „Was hat Sie davon überzeugt, bei uns anzufangen?“ und „Was würden Sie an unserem Einstellungsprozess verbessern?“

Phase 2: Sich mit der Umgebung vertraut machen und „Kaufreue“ vermeiden (die ersten 30 Tage)

Im ersten Monat sollten neue Mitarbeiter ihre Aufgaben und Verantwortlichkeiten im Kontext realer Projekte, Probleme und Aktivitäten erlernen (im Gegensatz zum theoretischen Bewerbungsgespräch). Sie müssen Zeit mit einem Manager sowie mit Kontakten und Leitern anderer Teams verbringen, mit denen sie arbeiten. Das ist der beste Zeitpunkt, um wichtige Verfahren (zum Beispiel die Archivierung von Ausgaben) und arbeitsbezogene Technologien zu erlernen.

Außerdem eignet sich diese Periode, um sich die Gewohnheit anzueignen, „herumzulaufen" – das heißt auf informelle Art im Unternehmen Kontakte zu knüpfen, um das Gesamtbild zu verstehen. Der jeweilige Mentor kann den neuen Mitarbeiter anderen Gruppen vorstellen. Kontakte zu höheren Führungskräften in Einzel- oder Gruppengesprächen können die Identifikation mit der Unternehmensvision stärken. Eine sehr ausgeprägte Verbundenheit mit einem einzigen Manager ist großartig, aber auch riskant, was die Mitarbeiterbindung betrifft, vor allem dann, wenn dieser Manager das Unternehmen verlässt. Der Mentor sollte außerdem folgende Fragen im Zweiwochenrhythmus stellen:

- Stand Ihnen ab dem ersten Tag ein Schreibtisch, ein Computer und ein Telefon (oder Schlüssel für das Verladedeck oder Benzin für den Heckenschneider oder was auch immer ein Mitarbeiter für seine Arbeit braucht) zur Verfügung?
- Konnten Sie ab dem ersten Tag effektiv arbeiten?
- Kommuniziert Ihr Vorgesetzter mit Ihnen?
- Entspricht diese Tätigkeit den Vorstellungen, die Sie sich bei der Vertragsunterzeichnung gemacht haben?
- Welche Sorgen und Anliegen haben Sie?
- Stellen Sie irgendwelche offensichtlichen Lücken in Ihrem Wissen fest?

Phase 3: Die Etablierung am Arbeitsplatz (90 Tage)

Die Orientierungsphase ist vorbei. Nun ist es Zeit für einige konkrete Leistungen, wobei sich der Fokus der Integration von der Informationsweitergabe zur Feedbackerteilung verlagert. Wie effektiv arbeitet der neue Mitarbeiter? Wie ist seine Beziehung zu seinem Vorgesetzten? (Diese Frage sollten sowohl der Vorgesetzte als auch der Mentor des neuen Mitarbeiters stellen.) Wenn der neue Mitarbeiter eine Führungskraft ist: Hat er sich bei seinen Führungskollegen Glaubwürdigkeit verschafft?

Phase 4: Einordnung

Auch wenn das Gefühl, neu zu sein, nun allmählich nachlässt, ist der neue Mitarbeiter immer noch dabei, funktionsübergreifende Beziehungen zu knüpfen und sollte zu diesem Zeitpunkt ein vollwertiges Mitglied der Gruppe sein. Der Mitarbeiter und sein Vorgesetzter sollten ihre Beziehung ähnlich definieren und übereinstimmende Ziele und Erwartungen formulieren können. Der Mitarbeiter sollte ein regelmäßiges Feedback über seine Leistung erhalten und mit einem Weiterentwicklungsprogramm begonnen haben. Dies ist ein hervorragender Zeitpunkt, um sein Engagement (siehe Abschnitt „Mitarbeiterengagement“) und sein Commitment zu den Zielen und Werten und der Strategie des Unternehmens zu überprüfen.

Phase 5: Volles Engagement

Nach einem Jahr sollten Sie das Leistungsniveau des neuen Mitarbeiters und/oder sein Engagement in Bezug auf die Führung, Kultur, Work-Life-Balance, Arbeitszufriedenheit, Arbeitsbeziehungen, persönliche Weiterentwicklung sowie die Werte, die in Ihrer Arbeitgebermarke zum Ausdruck kommen, messen. Unzufriedenheit mit einem oder mehreren dieser Faktoren bergen das Risiko, dass der Mitarbeiter das Unternehmen verlässt.

Die Integration neuer Mitarbeiter in eine Führungsrolle folgt demselben Muster, wenn auch mit dem wichtigen Unterschied, dass Führungskräfte oft das Interesse und Engagement anderer gewinnen müssen. Sie brauchen einige schnelle vorzeigbare Ergebnisse, und müssen gut zuhören können, um die kulturellen, informativen, politischen und marktbezogenen Kräfte beurteilen können, die ihren Erfolg bestimmen. Die Bindung von Führungskräften der höchsten Organisationsebene ist ein Maßstab für ihre erfolgreiche Erfüllung der festgelegten Ziele, aber sie sind nun einmal nicht allmächtig oder allwissend. Ihre Integration erfordert einen aktiven und vertrauenswürdigen Feedbackmechanismus. Der Verlust einer Führungskraft ist, wie der Verlust eines qualifizierten Mitarbeiters egal welcher Ebene, ein Hinweis auf ein Versagen im System der Anwerbung, Gewinnung und Entwicklung qualifizierter Arbeitskräfte.

Eine richtige Integration von Anfang an garantiert keine langjährige Unternehmenszugehörigkeit, aber ein falscher Start ist in jedem Fall eine Verschwendung von Zeit, Geld und Talent.

Weiterentwicklung

Wenn wir über die Entwicklung in der dritten Phase des Beschäftigungskreislaufs sprechen, bedeutet das, dass Sie den neuen Mitarbeiter in Ihr Unternehmen, in Ihre „unternehmensweiten Lernprozesse" und Ihr formales Wissensmanagementsystem integriert haben. Der neue Mitarbeiter entwickelt eine Affinität zur Organisation und beginnt, einen Beitrag zu leisten. Wenn er gut zum Unternehmen passt, wird er bleiben wollen.

Und dann? Der Mitarbeiter, ein Mitglied Ihrer Unternehmensgemeinde, entwickelt sich weiter, was sein Wissen und seine Leistung betrifft. Im Verlauf der Zeit nehmen sowohl seine Produktivität als auch sein Wert zu. Das macht ihn für Sie und für den Markt, auf dem es eine rege Nachfrage nach qualifizierten Fachkräften gibt, zu einem wertvolleren Mitarbeiter. Und so stellt sich schnell die Frage, was Sie tun, um das Engagement und Interesse Ihres Mitarbeiters wach zu halten? Eine Mitarbeiterbindung, die organisch aus der Affinität zur Organisation entsteht, ist besser, als eine Bindung, die Sie allein mit Geld oder anderen Privilegien erkauft haben.

„Entwicklung" bedeutet nicht immer einen vertikalen Aufstieg auf der Unternehmensleiter. Nicht jeder erklimmt unaufhörlich immer höhere Stufen, außerdem arbeiten moderne Organisationen nicht auf diese Weise. Sehen Sie sich ein typisches Unternehmen an, in dem die Mehrheit der Mitarbeiter im Verkauf, im Kundenservice oder im Marketing tätig sind. Diese Menschen können nur ein oder zwei weitere Hierarchiestufen erklimmen. Dennoch steigt ihre Produktivität, je länger sie im Unternehmen bleiben und je besser Sie sie sowohl in formalen Fertigkeiten als auch in Gruppenlernprozessen schulen. Der Produktivitätszuwachs eines neuen Verkäufers nach sechs Monaten beträgt 20 bis 30 Prozent. (Verkauf ist ein Bereich, in dem sich die Korrelation zwischen einer gestiegenen Produktivität und einer höheren finanziellen Belohnung für den Mitarbeiter und das Unternehmen leicht erkennen lässt.) Indem Mitarbeiter ihr Wissen erweitern und vertiefen und ihre Weiterbildung vorantreiben, treiben sie auch ihr Unternehmen voran und verlängern ihre Unternehmenszugehörigkeit.

Entwicklung hat im Wesentlichen mit Produktivitätssteigerung zu tun. Wenn ein Mitarbeiter seine Kompetenzen und sein Wissen erweitert, profitieren Sie davon über einen Produktivitätszuwachs und höhere Gewinne. Der Nutzen des Mitarbeiters besteht darin, dass sein Marktwert als Arbeitskraft steigt. Zumindest bildet dies einen Teil der Nutzen. Der Rest der Story – vorausgesetzt er hat den richtigen Beruf gewählt – besteht darin, dass er seine Fähigkeiten, sein Wissen und seine Werte umfassender einsetzen kann. Er leistet einen Beitrag zu einer Mission, von der er überzeugt ist und fühlt sich einer Gemeinschaft an Gleichgesinnten verbunden. Diese Verbundenheit – die Grundlage der Mitarbeiterbindung – ist mehr als eine fünfprozentige Gehaltserhöhung wert, die sich durch einen Jobwechsel erzielen lässt. Und so müssen sich Ihre Anleitung und Orientierung und Ihre Methoden zur Entwicklung Ihrer besten Mitarbeiter, mit dem Ziel ihrer Bindung ans Unternehmen, auf die besten individuellen Karrierepfade konzentrieren.

Karrierepfade gleichen heute eher einem Gitter als einer Leiter, da Mitarbeiter Stellenbeschreibungen wechseln, Abteilungsgrenzen überschreiten, neue Kompetenzen erwerben und sich gleichzeitig auf die Stärken verlassen, die ihnen in ihrer letzten Position zum Erfolg verholfen haben, und dabei von vielfältigen Nutzen profitieren. Sie verlassen die Routine und erleben die freudige Anspannung neu, die sie vor Jahren empfanden, als die Arbeit noch neu war.

Wir kennen einen Hersteller wissenschaftlicher Geräte, der sogar seine Mitarbeiter im Ruhestand weiterentwickelt, indem er ihnen Mentorenrollen anbietet. Anstatt das institutionelle Wissen und den politischen Scharfsinn auf ihrem Höchststand zu verlieren, bringt das Unternehmen seine Mitarbeiter im Ruhestand in eine ganz neue Rolle, in der sie jüngeren Nachwuchskräften mit Rat und Tat zur Seite stehen. Hier eine typische Story: ein „pensionierter" Ingenieur schult nun in Teilzeit junge Nachwuchsingenieure. So verdient er weiterhin Geld, verbringt aber viel mehr Zeit mit seiner Familie. Er ist Dozent an einem Museum geworden, er lernt Französisch, er verbringt Zeit in den Nationalarchiven von Washington D.C., in denen er für ein Buch recherchiert, das er gern schreiben möchte, weil die Hälfte seiner Familie während des Bürgerkriegs für den Süden und die andere Hälfte für den Norden kämpfte. All diese Dinge kann er tun, weil das Unternehmen zwei Jahre vor seinem Ruhestand eine professionelle Beratung engagierte, um ihm dabei zu helfen, den Übergang in eine neue Lebensphase zu bewältigen. Er entwickelt sich immer noch weiter und sein Arbeitgeber hat sich selbst nach seinem Eintritt in den „Ruhestand" seinen besten Wert erhalten.

Die Entwicklung Ihrer besten Mitarbeiter bedeutet, die Mitarbeiter mit dem größten Potenzial – Ihre A-Kräfte – von der übrigen Belegschaft zu trennen und ihnen eine besondere Weiterbildung, sowie einen Platz in der Nachfolgeplanung zukommen zu lassen und ihnen anspruchsvolle Ziele mit entsprechenden Belohnungen vorzugeben. Nicht jeder will diese zusätzlichen Belohnungen und den Stress einer Weiterentwicklung, aber zur Erfüllung Ihrer eigenen Mission, ein herausragender Arbeitgeber zu sein, müssen Sie zusätzliche Ressourcen auf die Mitarbeiter konzentrieren, die den größten Wert erbringen.

MEINE MEINUNG

„Sie müssen kein großes Unternehmen sein. Ich mag Unternehmen mit 30 oder 40 Mitarbeitern. Es gibt keinen Zweifel, [wie die Untersuchungen, die Saatchi & Saatchi seit 15 Jahren durchführt, belegen], dass Sie langfristig umso erfolgreicher sein werden, je mehr Sie sich wie eine Familie fühlen. Die Familie ist natürlich nur eine Metapher, aber in einem Unternehmen können Sie sich in Bezug auf Vertrauen, Opferbereitschaft, Gesundheit, das Einstehen für andere, gemeinsame Aktionen, gemeinsame Aussagen und ein gemeinsames Zugehörigkeitsgefühl wie eine Familie fühlen. Langfristig werden Sie wahrscheinlich mehr leisten. Wir haben den Eindruck, dass Sie umso erfolgreicher sein werden, je besser es Ihnen gelingt, ein familiäres Umfeld zu schaffen."

– Kevin Roberts, CEO von Saatchi & Saatchi –

Viele Ihrer besten Mitarbeiter werden länger im Unternehmen bleiben, als Sie dachten, solange diese daran glauben, dass sie sich beruflich weiterentwickeln oder ihre Fähigkeiten erweitern können. Sie erweitern ihr Wissen und ihre vorhandenen Kompetenzen.

Der ultimative Faktor für Mitarbeiterbindung ist das Engagement eines Mitarbeiters. Die Arbeitgebermarken, die wir bewundern – Nike, Nordstrom, Google und einige hundert kleinere Unternehmen – sind erfolgreich, weil die Mitarbeiter dieser Organisation deren Arbeitgebermarken mit Leben füllen. Diese Organisationen stellen aus den richtigen Gründen die richtigen Leute an und behandeln sie richtig. Hier gibt es keine Überraschungen außer einer positiven Überraschung.

Jeden Frühling erstellen das Great Place to Work Institute, die Gesellschaft für Human Ressource Management, mehrere Magazine und eine Reihe lokaler Wirtschaftsjournale eine Liste der besten Arbeitgeber. Es erfordert große Anstrengungen und viel Engagement, um auf diese Liste zu kommen. Während Sie an der Entwicklung Ihrer Arbeitgebermarke arbeiten, um sich als herausragender Arbeitsplatz zu profilieren, können Sie einige Schritte unternehmen, um ein großartiger Arbeitgeber zu werden und Ihren potenziell wechselbereiten Mitarbeitern im Moment der Wahl die richtigen Gründe zu bieten, Ihrem Unternehmen treu zu bleiben.

Zusammenfassung

- Kalkulieren Sie die wahren Kosten der Mitarbeiterfluktuation, einschließlich des verlorenen Wertes hoch qualifizierter Mitarbeiter.
- Führen Sie unter den potenziell wechselbereiten und den loyalen Mitarbeitern eine vertrauliche Umfrage durch, um die Gründe der Mitarbeiterfluktuation herauszufinden sowie die Gründe, die Mitarbeiter zum Bleiben veranlassen.
- Entwickeln Sie zunächst eine Bindungsmethode für Manager und machen Sie diese anschließend für die Mitarbeiterbindung verantwortlich.
- Entwickeln Sie ein Integrationsprogramm, um in der kritischen Anfangszeit das Engagement eines jeden neuen Mitarbeiters zu fördern.
- Schaffen Sie ein langfristig ausgerichtetes, individuell anpassbares und flexibles Programm zur Entwicklung Ihrer besten Mitarbeiter. Auf diese Weise können Sie sie im Unternehmen halten.

Kapitel 10: Die Gewinnung hoch qualifizierter Mitarbeiter weltweit

Versetzen Sie einen Globus in Schwung und tippen Sie dann mit dem Finger auf das nächste angesagte Land für Recruiting. Alle wollen ein Stück des globalisierten, kapitalisierten, vernetzten Traums ergattern. Alle lernen Englisch, alle gründen Callcenter. Alle kämpfen um das nächste Toyota-Montagewerk: China, Indien, Brasilien, Rumänien, Türkei, Irland, Kenia, Ungarn, Malaysia. Jedes Land, das über Universitäten, ein stabiles politisches Umfeld und wirtschaftliche Bandbreite verfügt, wird zu einer Quelle für hoch qualifizierte Mitarbeiter – und einem Konkurrent im Kampf um die besten Fachkräfte.

Der weltweite Wettbewerb um hoch qualifizierte Mitarbeiter betrifft mehr Unternehmen als nur die multinationalen Konzerne. Mittlere und kleine Unternehmen in den USA konkurrieren im Ausland um die besten Kräfte, und Offshore-Outsourcing ist dabei nur eine weitere Komponente in einer dezentralisierten Unternehmensstruktur. Sie brauchen einen Steuerbuchhalter, der sich um Ihre Steuern kümmert? Vielleicht lebt er in Prag. Sie übernehmen ein Unternehmen in Denver? Das Team, das sich um die Due Diligence kümmert, könnte juristische Unterstützung gebrauchen, die möglicherweise aus dem Ausland kommt. All das rundet das Talentpuzzle ab, indem es Arbeitgeber mit dem Versprechen kompetenterer Mitarbeiter lockt, aber neue Methoden zu ihrer Gewinnung und Bindung erfordert.

Stellenkandidaten und Mitarbeiter aus unterschiedlichen Kulturen werden Ihre Arbeitgebermarke unterschiedlich erleben, und Ihr Verständnis der kulturellen Unterschiede muss Ihre Methoden und

Botschaften in Bezug auf die Anwerbung und Gewinnung hoch qualifizierter Mitarbeiter auf der ganzen Welt leiten. In diesem Kapitel werden wir die Wege, über die das Verständnis des kulturellen Kontextes der Gewinnung und Bindung qualifizierter Mitarbeiter die konkreten Aktionen bestimmt, anhand von China und Indien verdeutlichen.

Unsere Schlüsselerkenntnis lautet, dass qualifizierte Mitarbeiter ihre Arbeitsplatzsuche nicht mehr auf nationale oder regionale Grenzen beschränken. Nordamerika ist nach wie vor eine der vorrangigen Destinationen für hoch qualifizierte Mitarbeiter weltweit. Gleiches gilt auch für Australien, die EU, den Pazifikgürtel und Südamerika sowie für Teile des Nahen Ostens und der ehemaligen Sowjetrepubliken. Jüngere Generationen an hoch qualifizierten Arbeitskräften – Ihre zukünftige Belegschaft – überschreiten Grenzen leichter als ihre Eltern – entweder innerhalb der Niederlassungen eines Konzerns oder bei einem Unternehmenswechsel.

Der weltweite Fachkräftemangel setzt das Recruiting aller Unternehmen weltweit unter Druck. Laut einer Manpower-Studie aus dem Jahr 2007, berichten bereits 60 Prozent der Unternehmen aus dem Pazifikgürtel und 40 Prozent der Unternehmen aus der EU über Schwierigkeiten bei der Besetzung qualifizierter Positionen. Chinas Ein-Kind-Politik, die über eine Generation verfolgt wurde, verursacht bereits einen Fachkräftemangel im mittleren Management. Im Jahr 2007 berichteten 61 Prozent der australischen Unternehmen über Schwierigkeiten bei der Besetzung von Positionen mit den verfügbaren Arbeitskräften; 40 Prozent der französischen Unternehmen berichteten über dieselben Schwierigkeiten, und unglaubliche 93 Prozent der Unternehmen in Costa Rica gaben an, sie hätten Schwierigkeiten, Positionen zu besetzen.[1] Die rechtliche Situation variiert von Land zu Land, so wie auch der Bedarf jeder Ökonomie an qualifizierten Mitarbeitern. Aber für jedes Unternehmen, das versucht, ausländische Mitarbeiter in sein Heimatland zu holen, bleibt das Problem, dass es nicht genug qualifizierte Fachkräfte gibt, und jeder um die wenigen verfügbaren Spitzenkräfte kämpft.

Zu den weiteren Komplikationen gehören die eingeschränkte Bereitschaft der Regierungen, Arbeitsvisa auszustellen, rechtliche und regulatorische Restriktionen und Probleme zwischen den Unternehmen in Bezug auf Fairness, Mitarbeiterentwicklung und Risiko. Um nur ein Beispiel zu nennen: Im Jahr 2003 verlagerte der Computerhersteller Dell den Standort seiner Unterstützungsgruppe für anspruchsvolle Geschäftskunden von den USA nach Indien. Daraufhin beschwerten sich die Kunden so bitterlich über den Qualitätseinbruch, dass Dell diesen Service schließlich wieder in die USA zurückholte. Ein Grund für dieses Problem: die Schwierigkeit, in Indien Spitzenkräfte für den Support zu finden.[2]

In diesem Durcheinander der Veränderung gestaltet sich das Aufspüren von qualifizierten Mitarbeitern an neuen Standorten komplex, wenngleich es aber voller Potenzial steckt. Jedes Land, jede Region und jede Kultur bietet Chancen, mit hoch qualifizierten Mitarbeitern in Kontakt zu kommen, und die Internettechnologien machen diese Kontaktaufnahme effizient. Das hat auch mit Größe zu tun: Ein Unternehmen mit 20 Mitarbeitern wird im nächsten Jahr wahrscheinlich kein Büro in Moldawien eröffnen, aber es kann sein, dass es sein Netz etwas weiter auswerfen muss, als bisher üblich, um die richtigen Mitarbeiter zu finden. In einer zunehmend globalisierten Wirtschaft gibt es auch jenseits der Landesgrenzen und vielleicht sogar jenseits Ihrer Vorstellungskraft hoch qualifizierte Mitarbeiter.

Qualifizierte Mitarbeiter aus dem Ausland

Wenn Sie darauf zählen, die hoch kompetenten Mitarbeiter zu finden, die Sie brauchen, indem Sie einfach internationales Wasser treten, dann zählen Sie nochmal nach. Weltweit suchen Unternehmen im Ausland nach qualifizierten Arbeitskräften und holen sie ins Land. In den USA erhalten hoch qualifizierte ausländische Arbeitskräfte das H1B-Visum. Die Unternehmen müssen für sämtliche Kosten dieses Mitarbeiters aufkommen und im April des laufenden Jahres bei der US-Regierung ein Visum für das darauffolgende

Jahr beantragen. Der Kongress begrenzt die Zahl der jährlich ausgestellten Visa. Im April 2007, als der Kongress die Zahl der Visa auf 65.000 festgesetzt hatte, verkündete die Regierung, dass allein *am ersten Tag* 150.000 Anträge eingegangen waren. Durch andere Programme – zum Beispiel die Programme für Zeit- oder Saisonarbeitskräfte auf Gebieten wie Gesundheitswesen, Landwirtschaft und Bauwirtschaft – kommt noch eine kleine Zahl an Arbeitskräften hinzu.

In den USA und der gesamten Welt ist Immigration also ein brandheißes Thema, und die Ungewissheit im Zusammenhang damit macht eine Planung im günstigsten Fall schwierig. Es genügt der Hinweis, dass Sie, wenn Sie Mitarbeiter einstellen wollen, mit deren Immigration aufwendige und komplizierte juristische Prozeduren verbunden sind, Sie gut beraten sind, diese auf einem überschaubaren Niveau zu halten.

Kent Kirch, verantwortlich für globales Recruiting bei Deloitte stellt fest: „Die Menschen wünschen sich, [das Recruiting von Arbeitskräften aus dem Ausland] möge die Gesamtlösung für ihren Fachkräftemangel sein. Ich sage ihnen üblicherweise, sie sollten nicht mehr als 10 Prozent ihrer Lösung in ausländischen Fachkräften suchen."

Derzeit stimmen wir Kents Einschätzung zu, vor allem, wenn man die Effekte der Visaprobleme, die Kosten der Bewerbung, die Zeit, die ein Recruiting-Prozess über große Entfernungen in Anspruch nimmt, und Ihre eigene Lernkurve einrechnet. Und die Visa sind nur ein Teil der Geschichte.

Wenn Sie eine realistische Betrachtung des potenziellen Beitrags anstellen, den das Recruiting von Arbeitskräften aus dem Ausland zu Ihrer Belegschaft leisten kann, dann werden Sie feststellen, dass Sie das Erlernen der Wege, wie Sie qualifizierte Mitarbeiter aus dem Ausland holen, selbst wenn das nur in kleinem Umfang geschieht, auf weitere Dinge vorbereiten wird.

Arbeitskräfte aller Kompetenzlevel zieht es in die USA, nach Europa, dem Pazifikgürtel und entwickelte Länder auf der ganzen Welt.

Unter den jungen, gut ausgebildeten Fachkräften lässt sich eine neue Mobilität feststellen. Ihre Bindungen an ein Unternehmen und ein Land sind eher schwach. Expatriates lassen sich überall finden. Dank des Internets, können kompetente Designer, Wirtschaftsprüfer, Buchhalter, Ingenieure und Betriebswirtschaftler Sie mühelos aufspüren – und umgekehrt.

Die zwei Fragen, die Arbeitskräfte bewegt, die Sie gerne aus anderen Ländern holen würden, lauten, „Möchte ich an den Standort meines potenziellen Arbeitgebers ziehen?" und „Welche Chancen bietet das Unternehmen?" Die Botschaft Ihrer Arbeitgebermarke an Ihre Zielgruppe muss diese beiden Fragen befriedigend beantworten können.

Sie können das Wetter in Vancouver nicht verändern, aber Sie können eine Botschaft rund um das Leben in dieser Stadt formulieren, die Menschen anzieht, die gerne draußen in der Natur sind. Sie können die Verkehrsstaus von Tokio nicht ändern, aber Sie können die kulturellen Attraktionen auf Weltklasseniveau in Kunst, Musik, Mode und Unterhaltung bewerben. Wie überzeugen Sie jemanden aus einer europäischen Hauptstadt, nach Santiago zu ziehen? Sprechen Sie über Schulen, die Lebenshaltungskosten und die Möglichkeit, die Kinder in einer sicheren und geistig offenen Gemeinde großzuziehen.

Ihre Kernarbeitgebermarke verändert sich im Ausland nicht. Wenngleich die Fähigkeit, in unterschiedlichen Ländern zu arbeiten, viele Chancen bietet, muss Ihre Arbeitsplatzkultur auf der ganzen Welt Menschen anlocken, die zu Ihren Werten und Ihrer Mission passen.

Eine durchdachte Website kann jedem und an jedem Ort zeigen, wie es ist, für Ihr Unternehmen zu arbeiten. Und das sollte sie auch; allerdings dürfen Sie nicht erwarten, dass geeignete Kandidaten allein durch Ihre Website Interesse an Ihrem Unternehmen haben. Verbreiten Sie Ihre Botschaft bei lokalen Ressourcen in Ländern, aus denen Sie gerne Mitarbeiter einstellen würden. Verlinken Sie Ihre Stellenbeschreibungen und Ihre Arbeitgebermarke mit Websites, Organisationen und Plätzen, an denen Arbeitnehmer mit internationaler Mentalität zusammenkommen, sowie auf Karrieresites, Websites von Berufsverbänden und anderen Plätzen, die in Kapitel 6 und 7 beschrieben wurden. Schneidern Sie Ihre Botschaften auf die besondere Präferenzen dieser Zielgruppe zu. Sie könnten zum Beispiel eine Arbeit in mehreren Büros in Ihrem Heimatland oder im Ausland anbieten und auf diese Weise effektiv Reisetätigkeit in die Stellenbeschreibung einflechten.

Dieses Vorhaben ist ohne ein echtes Wissen über lokale Sitten, die Volkskultur und Traditionen schwer zu realisieren. Und für dieses Know-how brauchen Sie wahrscheinlich einen Partner mit lokaler Erfahrung. Erfolgreiche internationale Werbeagenturen beherrschen das und übersetzen Ihre Botschaft so, dass sie zur lokalen Kultur und sogar zum lokalen Sinn für Humor passt. Bei Monster passen wir die Botschaften unserer Werbeinitiativen in den rund zwei Dutzend Ländern, in denen wir aktiv sind, auf die lokalen Märkte an, um den richtigen Ton zu treffen, und dabei merken wir zum Beispiel, dass das, was in einem Land witzig ist, nicht unbedingt auch in einem anderen Land als witzig empfunden wird.

Sie können die Verkehrsstaus von Tokio nicht ändern, aber Sie können die kulturellen Attraktionen auf Weltklasseniveau in Kunst, Musik, Mode und Unterhaltung bewerben.

Recruiting für Auslandsniederlassungen

Unternehmen und Organisationen aller Größen, die international tätig sind, wachsen oft durch Zukauf von ähnlich gearteten Unternehmen im Ausland, und diese Unternehmen verfügen über Recruiting-Abteilungen. Das ist der schnellste Weg, um lokales Recruiting-Know-how zu erwerben, aber trotzdem verlangt er die Integration mit den Methoden und der Geschäftskultur der Muttergesellschaft.

Auf internationaler Ebene sind Hiringmanager und Recruiter aufgerufen, Unterschiede zu überwinden, die wesentlich tiefer greifen, als die Unterschiede in anderen Disziplinen. Wenn ein Unternehmen beschließt, seine Produkte im Ausland zu fertigen, dann wissen die Produktionsmitarbeiter auch im Ausland, wie diese Produkte hergestellt werden. Wenn das Unternehmen qualifizierte Mitarbeiter in einem anderen Land einstellen und managen will, dann muss es mit unterschiedlichen Arbeitgeber-Arbeitnehmer-Beziehungen, Kandidatenerwartungen, Kulturen, Gesetzen und Werten umgehen.

MEINE MEINUNG

„International betrachtet, sind Führungskräfte sehr an den neuen Chancen in Russland, China und Indien sowie den neuen Innovationsökonomien der EU interessiert. Sie sehen dort eine Flut von hoch qualifizierten Arbeitskräften aufkommen, wobei 50 Prozent der Führungskräfte die Bereitschaft bekundet haben, zumindest für eine Weile im Ausland zu arbeiten. Um auf dem globalen Marktplatz für qualifizierte Fachkräfte mithalten zu können, werden Sie Ihr Land oder Ihre Region in Kürze genauso verkaufen müssen, wie das Unternehmen, für das Sie arbeiten, und die Arbeitsplätze, die Sie bieten. Das wird voraussetzen, dass globale Recruiting-Teams stärker als je zu vor marketingorientiert denken und lernen müssen, ihre eigene Kultur und ihr eigenes Land gegenüber anderen zu positionieren."

– David Lefko, Recruiting-Berater –

Mit dieser Erkenntnis im Hinterkopf empfehlen wir Recruiting-Verantwortlichen, bei der Entwicklung und Umsetzung einer Recruiting-Strategie für das Ausland den Fokus auf die Wahrung der Prinzipien der Arbeitgebermarke zu legen. Ihre Arbeitgebermarke muss sich innerhalb eines multinationalen Umfelds anpassen; Ihre Vision und Ihre Werte lassen sich auf der ganzen Welt replizieren. Unsere Erfahrung besagt, dass Menschen dieselbe Unternehmensmission, Vision und Werte teilen können, egal ob sie sich in Baltimore, Bangalore oder Budapest befinden. Der kulturelle Arbeitskontext kann jedoch von Land zu Land völlig unterschiedlich sein. Hier drei Beispiele.

Die Mitarbeiterfluktuation in Indien ist heute unglaublich hoch, und die Gehälter schießen jedes Jahr um 15 bis 25 Prozent in die Höhe. Die Menschen wechseln ständig ihren Arbeitsplatz. Es ist unrealistisch, Mitarbeiter auf Basis ihres Wunsches einzustellen, in Ihrem Unternehmen Karriere zu machen. Sie können heute keine hoch qualifizierten Mitarbeiter in Indien gewinnen, indem Sie ihnen Arbeitsplatzsicherheit versprechen, weil das für diese Zielgruppe völlig irrelevant ist. Viel wichtiger ist, welche Bezahlung und welche Entwicklungschancen Sie bieten. Diese Situation könnte sich mit dem abnehmendem Lohngefälle zwischen dem Westen und Indien verändern, aber derzeit ist das die Botschaft, die zur herrschenden Geschäftskultur passt.

In China ist das Thema „hart arbeiten, feste feiern“ überhaupt kein Thema, weil die Menschen hart arbeiten, punkt. Die chinesischen Verkäufer, die wir kennen, kommen morgens in die Arbeit, singen das obligatorische Unternehmenslied und machen sich dann sofort an die Arbeit. Mittags machen sie eine kurze Essenspause, um 12:30 Uhr schalten sie das Licht aus, rollen ihre Matten unter ihrem Schreibtisch aus und halten ein 30-minütiges Nickerchen. Anschließend arbeiten sie weiter bis acht oder neun Uhr abends.

Viele der Menschen, die bei Monster in China arbeiten, sind die ersten in ihrer Familie, die auf das Ziel hinarbeiten, irgendwann ein eigenes Auto oder ein Stückchen Land zu besitzen; „gut zu leben“ hat hier eine völlig andere materielle Bedeutung als irgendwo anders. Wenn Sie oder Ihre Eltern in einer abgelegenen Provinz geboren sind, wo Sie weder fließend Wasser, noch sanitäre Anlagen im Haus oder Ihrer Hütte hatten, oder Strom, geschweige ein Telefon oder einen Fernseher, was ist dann ein besseres Leben? Heute bedeutet dort ein gutes Leben kein großes Haus in irgendeinem Vorort – es ist die Chance, sich selbst ernähren und versorgen zu können, vielleicht einmal ein Telefon oder ein Auto zu besitzen und mehr als eine Garderobe zum Wechseln zu haben.

Ganz offensichtlich gibt es eine Menge qualifizierter Arbeitskräfte in China. Das Land erlebt einen Fachkräftemangel der eigenen Art. Es herrscht jedoch das kulturelle Empfinden, dass diese Situation ganz neu ist. Und es herrscht der Konsens, dass eine gute Arbeitsstelle und harte Arbeit zu einem guten Leben führen. Sie hören wenig Gespräche, wie sie Menschen aus westlichen Ländern gerne führen, deren Inhalt sich um die Zufriedenheit durch eine erfüllende Arbeit und den Gewinn von mehr Freizeit dreht. Das ist kein geringer Unterschied.

Für das dritte Beispiel versuchen Sie einmal, das amerikanische Klischee „Wir leben, um zu arbeiten" auf Europa zu übertragen. Monster hatte ein technisches Entwicklungszentrum in Prag, das viele herausragende Talente aus Osteuropa anzog, einschließlich promovierter Experten aus Russland und der Ukraine. Sie waren in einer europäischen Kultur aufgewachsen, in der zwar hart gearbeitet wird, aber man auch die schönen Seiten des Lebens genießt. Während die Amerikaner leben, um zu arbeiten, arbeiten die Europäer, um zu leben. Sie sind zwar äußerst produktiv, aber Freitagabend gehen sie nach Hause oder treffen sich mit Freunden und gehen aus. In den USA nehmen Manager dagegen am Freitagabend Arbeit mit nach Hause und senden sich das ganze Wochenende gegenseitig E-Mails. Das werden Sie in Europa selten finden.

Stellen Sie sich vor, Sie würden in Europa hoch qualifizierte Mitarbeiter mit derselben Botschaft ansprechen, die Sie in China oder Indien verwenden! Ganz eindeutig müssen Sie die unterschiedlichen Kulturen verstehen, um Menschen in verschiedenen Situationen richtig anzusprechen. Unternehmen müssen sorgfältig darauf achten, dass sie ihre Arbeitgebermarke an die jeweils geltenden kulturellen Normen anpassen. Ihre Vision, Mission und Werte bleiben dieselben; die Kernmerkmale Ihrer Arbeitgebermarke bleiben unverändert. Die Unterschiede finden sich in den greifbaren und nicht greifbaren Nutzen, die Sie bieten.

Sie fokussieren unterschiedlich greifbare Nutzen auf Basis der vorherrschenden wirtschaftlichen Situation. Um einen offensichtlichen Unterschied zu nennen: Wenn alle Bürger eines Landes gesetzlich krankenversichert sind, wird das Angebot einer herausragenden

Krankenversicherung niemanden vom Hocker reißen, wie es in den USA der Fall ist. In China stehen Schulung und Weiterbildung und der Respekt des Vorgesetzten hoch im Kurs, wohingegen in Indien vor allem anderen die Höhe des Gehalts zählt.

Recruiting in China

China bringt eine Vielzahl von jungen Akademikern hervor, jedoch nicht von der Sorte, die dort gebraucht werden, und das verursacht einen Fachkräftemangel. Während es ein Überangebot an jungen Nachwuchskräften gibt, was die Einstiegsgehälter seit fünf Jahren sinken lässt, fehlen erfahrene, kompetente Manager. Deren Gehälter steigen kontinuierlich.

Selbst an den 100 Spitzenuniversitäten Chinas findet die Ausbildung vorrangig über Auswendiglernen statt. Fertigkeiten wie Problemlösung, Kommunikation, Teamwork, Projektmanagement und ähnliche Kompetenzen, die an westlichen Ausbildungsstätten vermittelt werden, werden kaum gelehrt. Als Ergebnis müssen selbst erstklassige Absolventen anschließend erst einmal die Geschäftsmethoden lernen, mit denen sie ihre Arbeit erledigen, Unterstützung einholen, Konflikte lösen und komplexe oder dynamische Projekte managen können. In den letzten Jahren sind immer mehr technische Schulen entstanden, aber sie sind hoch spezialisiert und bilden in erster Linie Elektroingenieure oder Fahrzeugingenieure aus. Diese qualifizierten Arbeitskräfte verdienen mehr Geld als ihre betriebswirtschaftlich ausgebildeten Kollegen.

In den ersten Jahrzehnten der Öffnung bestand die chinesische Wirtschaft in erster Linie aus Staatsunternehmen, die nach völlig anderen Methoden arbeiteten, völlig andere Werte und Prioritäten vertraten, als klassische kapitalistische Unternehmen. Heute werden Sie sehen, dass Manager in Chinas Finanzdienstleistungssektor hauptsächlich aus Taiwan, Singapur oder Hongkong stammen. Bis sich Chinas Ausbildungssystem verändert und chinesische Manager über genügend Erfahrung verfügen, werden Unternehmen, die in China aktiv sind, unter einem anhaltenden Fachkräftemangel leiden.

Hier mein Rat an Recruiter, die in China arbeiten:

- 1.) Gehen Sie nicht davon aus, dass eine Geschäftstätigkeit in China bedeutet, dass Sie dort billige Arbeitskräfte in Hülle und Fülle finden. Selbst wo es das gibt, werden Sie bei Einstiegspositionen oder Fertigungstätigkeiten einen erheblichen Mangel an Erfahrung feststellen.
- 2.) Erkennen Sie, dass alle nach hoch qualifizierten Mitarbeitern suchen. Kleine und mittlere Unternehmen konkurrieren mit riesigen multinationalen Konzernen und einheimischen chinesischen Unternehmen, staatlichen Industrien und der Regierung, und bei diesem Wettkampf geht es sowohl um die Höhe des Gehalts als auch um das Prestige.
- 3.) Prestige ist wichtig. Oft höre ich Kandidaten sagen, „Ich möchte in einem Fünfsterne-Bürogebäude arbeiten, und nicht in einem Viersterne-Büro."
- 4.) Die geografischen Unterschiede in Bezug auf Arbeitskosten, Geschäftsmethoden, Geschäftspolitik und das Angebot an qualifizierten Arbeitskräften sind dramatisch. Die Eliten von Peking und Schanghai achten sowohl auf greifbare als auch auf nicht greifbare Nutzen.
- 5.) Die lokale Rechtsprechung hat mehr Einfluss als im Westen. China hat tausende von Hightech-Industrieparks, und diese unterscheiden sich stark in ihren wirtschaftlichen Bedingungen. Wenn Sie am Standort X ein neues Werk errichten, kommen Sie vielleicht in den Genuss eines Steuernachlasses von 5 Prozent, am Standort Y bietet man Ihnen dagegen 14 Prozent, und 100 Kilometer weiter entfernt. Allerdings können Sie keine qualifizierten Mitarbeiter an Standort Y locken.

➤ 6.:)Die lokalen Arbeitstraditionen sind überraschend stark ausgeprägt. Wir sagen, dass praktisch alle Erwerbstätigen aus dem südchinesischen Fujian ihre Heimat verlassen, um woanders Arbeit zu suchen. Als ich bei Wal-Mart in China tätig war, kamen tatsächlich alle Kassenkräfte in Fujian aus anderen Regionen, und die Menschen aus Fujian wiederum konstituierten bekanntermaßen die chinesische Ethnie der Unternehmer in Malaysia, Indonesien, den Philippinen und im Westen. Im Norden Chinas zeigen die Menschen dagegen eine größere Neigung, in ihrer Heimat verhaftet zu bleiben. Traditionen haben nach wie vor einen größeren Einfluss auf die Beschäftigungsmuster in China als irgendwo sonst. Machen Sie sich mit den kulturellen Arbeitsbedingungen des Standorts vertraut, an dem Sie sich niederlassen wollen.

– Jim Yang, Account Manager bei Monster, China –

Die Personalbeschaffung für eine ausländische Niederlassung erfordert ein gutes Verständnis der kulturellen Präferenzen in Bezug auf die Struktur der greifbaren Nutzen.

Ein eindeutiges Beispiel finden Sie in der Vergütung von Verkäufern: In den USA beträgt das Verhältnis zwischen Festgehalt und variablen Gehaltsanteilen 40:60, in Europa dagegen eher 70:30. Amerikaner sind eher bereit, ein niedrigeres garantiertes Gehalt in Kauf zunehmen, dafür aber einen höheren leistungsabhängigen Gehaltsbestandteil zu erhalten. In Europa ist die Höhe der Gesamtvergütung nicht so wichtig wie Sicherheit und Berechenbarkeit. Die Struktur, die die gesamte Verkäuferschaft in den USA antreibt, funktioniert in Europa nicht, und umgekehrt. Und dennoch, all die Dinge, die Verkaufsprofis in den USA lieben – die Mission, die Vision, die Werte –, lieben die Europäer ganz genauso. Sie glauben leidenschaftlich an Erfolg und Sieg, aber die Vergütungsstruktur muss ein anderes Sicherheitsempfinden widerspiegeln.

Globalisiertes Recruiting – ein Gespräch

Wie globalisieren Sie heute die nicht greifbaren Nutzen? Wenn das Management einer einzigen Niederlassung schon schwierig ist, welche Methoden bewähren sich dann, wenn drei, fünf oder 50 Niederlassungen global denken, aber lokal rekrutieren müssen?

Wir haben Kent Kirch, Global Director of Recruiting des professionellen Unternehmensdienstleisters Deloitte gebeten, sich zu diesen und anderen globalen Implementierungsfragen zu äußern. Nachfolgend ein Gespräch über globale Mitarbeitergewinnung aus erster Hand:

Steve Pogorzelski: Wie passen Sie die nicht greifbaren Nutzen Ihrer Arbeitgebermarke an die jeweiligen Konditionen im Ausland an?

Kent Kirch: Die große Frage ist, wie entwerfen oder passen Sie Ihre Marke so an, dass sie zu den lokalen Bedingungen passt. Wir stellten fest, dass die Mission, die Vision und die Werte weltweit immer dieselben sein müssen, also haben wir die Marke auf ihre Quintessenz reduziert, und zwar nicht nur auf Länderebene, sondern nach Zielgruppen innerhalb eines Landes – zum Beispiel MBA-Absolventen versus Studenten oder erfahrene Profis versus Neueinsteiger, und für jede Zielgruppe haben wir eine andere Botschaft entwickelt.

Jeder, der eine globale Marke entwickeln will, muss Marktforschung betreiben. Erstens, wie werden Sie derzeit im Markt von den Menschen, die Sie gewinnen wollen, wahrgenommen? Sie haben vielleicht ein bestimmtes Bild von Ihrem eigenen Unternehmen, tatsächlich werden Sie von Ihrer Zielgruppe aber ganz anders gesehen. Zweitens, welche Erfahrungen machen die vorhandenen Mitarbeiter Ihrer Organisation mit Ihrem Unternehmen? Wenn Sie in Bezug auf die Arbeitserfahrung zu vielversprechen, lösen Sie nur eine hohe Fluktuation aus, weil Sie Menschen anwerben, die hinterher enttäuscht sind. Sie lernen, dass die Dinge, nach denen Mitarbeiter bei einem Arbeitgeber Ausschau halten, je nach Land erheblich variieren. Das hat mir im letzten Jahr wirklich die Augen geöffnet.

Steve: Dasselbe haben wir bei unseren internen Umfragen zur Mitarbeiterzufriedenheit festgestellt. In Europa suchen Arbeitnehmer nach einem Arbeitgeber, der den Schwerpunkt auf Work-Life-Balance legt und Empathie für dieses Anliegen zeigt, wohingegen Arbeitnehmer in der Asien-Pazifik-Region stärker auf Mitarbeiterführung und den Respekt achten, den ihnen ihre direkten Vorgesetzten entgegenbringen.

Kent: Ich würde dem hinzufügen, dass die Chance zur Weiterbildung, sowohl am Arbeitsplatz selbst als auch durch unternehmensfinanzierte Weiterbildungsmaßnahmen, in einigen dieser Entwicklungsländer sehr große Bedeutung hat.

Steve: Wie schnell müssen Sie Boden unter den Füßen bekommen, wenn Sie Leute im Ausland einsetzen?

Kent: Gestern. Alle Unternehmensführer wollen so schnell wie möglich Recruiting-Spezialisten zur Verfügung haben, die nach qualifizierten Mitarbeitern suchen. Das Erste, was ich in jedem Land höre, ist, dass Recruiter das Gefühl haben, der Markt für qualifizierte Arbeitskräfte an ihrem Heimatstandort sei ausgeschöpft. Also richten sie ihr Augenmerk auf ein Land oder eine Ländergruppe oder eine Region in der Welt, von der sie glauben, dass dort ein Überangebot an hoch qualifizierten Mitarbeitern herrscht. Sie haben alle die Berichte über China und Indien gelesen, und so gehen sie davon aus, dass es dort qualifizierte Arbeitskräfte in Hülle und Fülle gibt, die sich leicht an die Standorte transportieren lassen, an denen sie gebraucht werden. Auf der ganzen Welt.

Die erste Frage, die ich stellen muss, lautet also, Was haben Sie an Ihrem Heimatstandort bisher versäumt? Grenzüberschreitendes Recruiting ist wesentlich zeitaufwendiger und kostenintensiver als eine lokale Mitarbeitergewinnung. Lassen Sie uns zunächst verifizieren, dass Sie in Ihrem eigenen Land wirklich den Markt vollständig ausgeschöpft haben. Und wenn sich herausstellt, dass der Markt wirklich leergefegt ist, dann lassen Sie uns darüber sprechen, wo sich die Mitarbeiterprofile, nach denen Sie suchen, finden lassen.

Derzeit herrscht in Indien und China ein intensiver Wettbewerb um hoch qualifizierte Arbeitskräfte, weil alle Unternehmen aus denselben Gründen dort Niederlassungen gründen. Das ist wie damals in der Dotcom-Ära im Silicon Valley – der Markt erhitzt sich, alle kämpfen um dieselben Kompetenzen und das erzeugt eine unglaubliche Fluktuation

Steve: Wenn wir den Monster Employment Index auf internationaler Ebene betrachten, dann wird deutlich, dass der akute Fachkräftemangel in den USA eine große Ähnlichkeit mit dem Fachkräftemangel in Europa aufweist. Und den stellen wir allmählich auch in Indien fest.

Für uns als Unternehmen hat das Thema Mitarbeiterbindung im Mitarbeitergewinnungszyklus auf den asiatischen Märkten sehr schnell an Bedeutung gewonnen. In Indien und China, aber vor allem in Indien, haben wir damit begonnen, über langfristige Gehaltsanreize zu sprechen. Das könnte bedeuten, dass in Zukunft wesentlich mehr Mitarbeiter an unseren Bonusprogrammen teilnehmen, als bisher. Und in den Bewerbungsgesprächen wird mehr über den Beitrag eines Kandidaten in drei bis fünf Jahren gesprochen, und nicht nur über die 10 Prozent, die er dieses Jahr beitragen kann.

Kent: Ich glaube, börsennotierte Unternehmen haben einen echten Vorteil, was die Thematik der längerfristigen Vergütung und vor allem auch das Gefühl der Eigentümerschaft angeht. Wenn Sie zum Beispiel die Möglichkeit haben, Unternehmensaktien auszugeben, um das finanzielle Interesse eines Mitarbeiters am Wohlergehen des Unternehmens zu steigern, dann erzeugt das auch eine größere emotionale Investition.

Steve: Anstatt also einfach nur eine etwas bessere Bezahlung anzubieten, verändern Sie die Spielregeln dahingehend, dass Sie Aufstiegschancen, eine langfristig interessante Vergütung, Schulung, Weiterbildung, Learning-on-the-job, den Respekt des jeweiligen Vorgesetzten und die Chance der Zugehörigkeit zu einem herausragenden Unternehmen bieten. Das ist Arbeitgebermarkenmanagement.

Kent: Was in den letzten drei bis fünf Jahren wirklich interessant zu beobachten gewesen ist, ist die Verbreitung des Internets und die Leichtigkeit, mit der sich heute kommunizieren lässt. Das hat uns als Großunternehmen mit Niederlassungen in der ganzen Welt dabei geholfen, ein Mindestmaß an einheitlicher Ausrichtung und Konsistenz in unserem Auftreten auf den globalen Recruiting-Märkten zu erreichen. Unser Auftreten ist inzwischen wesentlich konsistenter, als man erwarten würde.

Steve: Wir versuchen nicht, allen unseren Aktivitäten einen nordamerikanischen oder angelsächsischen Ansatz aufzudrücken. Aber wenn man etwas gefunden hat, das sich an mehr als einem Standort bewährt, dann bewährt sich diese Methode im Allgemeinen überall. Wo befinden sich Deloittes zentrale Schlüsselmitarbeiter zwischen seinem Heimatstandort und ausländischen Standorten?

Kent: Das hängt von den Märkten ab. Unsere Organisation ist insofern anders, als das Geschäft, das wir in irgendeinem Land betreiben, meistens zuvor schon in Form eines eigenständigen Unternehmens bestand und irgendwann von Deloitte übernommen wurde. Andere Unternehmen müssen qualifizierte Personalspezialisten finden oder importieren. Abgesehen davon gibt es Plätze, an denen die Zahl an verfügbaren qualifizierten Personal- oder Recruiting-Spezialisten über einer bestimmten Managementebene äußerst begrenzt bis nicht vorhanden ist.

Es ist extrem schwierig, in Indien und China Experten zu finden, die über profunde Erfahrung in Recruiting und Personalarbeit verfügen. Das gilt vor allem für China, wo sich der Markt erst vor kurzem geöffnet hat. Dort gibt es in vielen Berufsgruppen, darunter auch in Human Resources, einfach nicht genug qualifizierte Fachkräfte auf gehobener Managementebene. Aus diesem Grund haben wir Fachkräfte von anderen Orten rekrutiert, und zwar nicht unbedingt aus den USA, wo wir genügend hochrangige Experten haben. Die Mission dieser importierten Fachkräfte lautet, zwei bis drei Jahre zum Beispiel in China und Indien zu arbeiten, Mitarbeiter mit dem richtigen Potenzial einzustellen, sie zu entwickeln und zu coachen und das Geschäft einem lokalen effektiven Personalverantwortlichen zu übergeben, wenn ihr Einsatz beendet ist.

Steve: Wie vermitteln Sie Ihre Best Practices auf globaler Ebene?

Kent: Wir sagen, „Hier sind die besten Methoden, die wir kennen, um ein bestimmtes Ergebnis zu erzielen. Nun müssen Sie diese auf Basis der Bedürfnisse Ihres Marktes bestätigen, entkräften oder verbessern." Zumindest beginnen wir mit den Methoden, die sich woanders als Best Practice erwiesen haben. Das machen wir mit allen Methoden, sei es ein internes Mitarbeiterempfehlungsprogramm, das sich als äußerst erfolgreich erwiesen hat, ein bestimmtes Instrument, das sich bewährt hat oder eine bewährte Methode der Bewerberselektion. Anschließend besteht die Herausforderung darin, die Menschen zu bitten, diese Methoden an die lokalen Bedingungen anzupassen – es sei denn, es gibt einen Business-Case, der davon abrät. Interessanterweise verändert sich die Dynamik, wenn eine Best Practice von einem anderen Standort irgendwo auf der Welt kommt, und nicht aus der Unternehmenszentrale. Die Menschen in anderen Regionen sind tatsächlich hoch motiviert, diese Methoden zum Funktionieren zu bringen.

Steve: Wir waren im Recruiting und in anderen Funktionen sehr erfolgreich mit einer Methode, die wir als „Flatten the World Forums" bezeichnen. Dabei bringen wir bestimmte Funktionen auf globaler Basis zusammen, typischerweise außerhalb der USA, wobei sich die lokalen Gruppen über die Best Practices austauschen, ohne dass diese diktiert würden. Das ist weniger bedrohlich und steigert auf jeden Fall den Innovationslevel. Die meisten Probleme in Bezug auf das globale Angebot an hoch qualifizierten Arbeitskräften besitzen auch Auswirkungen auf das Management des Unternehmens, und nicht nur auf das Recruiting.

Kent: Deloitte hat einen Global Recruitment Council, der aus 25 nationalen Recruiting-Führungskräften besteht. Dieses Gremium hält in der gesamten Organisation nach Best Practices Ausschau. Typischerweise finden wir Methoden, die sich in einem Land bewähren, aber in anderen Ländern angepasst werden müssen. Eine Arbeitsgruppe nimmt ein bewährtes Konzept – zum Beispiel ein Mitarbeiterempfehlungsprogramm – und bringt dann die Erfahrungen vielfältiger Standorte ein. Anschließend entwickelt die Gruppe ein Modellprogramm, das als Blaupause in der gesamten Organisation verbreitet wird. Der Council unterstützt den globalen Überzeugungsprozess.

Steve: Wie wird sich der globale Fachkräftemangel mit Blick auf die Zukunft bemerkbar machen?

Kent: Die Fragen lauten: Wie viele Menschen werden nach Erreichen des Rentenalters tatsächlich entweder weiterhin einer Vollzeit- oder einer Teilzeittätigkeit nachgehen? Und wie werden die Immigrationsmuster aussehen? Die Bindung hoch qualifizierter Mitarbeiter wird der Schlüssel für das Überleben eines Unternehmens sein. Die Gewinnung hoch qualifizierter Mitarbeiter wird immer wichtig sein, aber im Recruiting das alleinige Heilmittel für den Fachkräftemangel zu suchen, kann keine nachhaltige Strategie sein.

Noch vor wenigen Jahren dachte niemand daran, dass China oder Indien eine Quelle für hoch qualifizierte Arbeitskräfte sein könnten. Heute führen diese Länder die internationale Revolution in juristischen, buchhalterischen, IT- und anderen Berufszweigen an. Andere Länder, kleine wie große, haben ihre wirtschaftliche Zukunft auf der Entwicklung einer hoch qualifizierten Belegschaft aufgebaut, und allmählich finden Organisationen, beginnend mit multinationalen Konzernen und nun zunehmend auch mittlere und kleine Unternehmen, über alle Grenzen hinweg qualifizierte Mitarbeiter.

Die Menschen können sich vielleicht nicht so frei von einem Land zum anderen bewegen, wie sie gerne würden, aber in einer vernetzten Welt der gegenseitigen Abhängigkeiten ist das möglicherweise gar nicht so wichtig, weil sich die Mobilität der Arbeit, der Ideen und Serviceleistungen – kurzum, die Mobilität des ökonomischen Wertes – selbst dort, wo die Mobilität der Menschen beschränkt ist, zunehmend beschleunigt. Oder in den Worten des Journalisten Thomas L. Friedman: „Sie treiben uns nicht in den Niedergang, sie treiben uns an die Spitze."

Selbst auf dieser globalen Ebene kommt es auf die richtige Übereinstimmung an. Ihre Fähigkeit, ihre Arbeitgebermarke global weiterzuentwickeln und ihr Recruiting-Netz weltweit auszuwerfen, ist der Schlüssel zur Gewinnung hoch qualifizierter, wertvoller Mitarbeiter über alle Grenzen hinweg.

Zusammenfassung

- Der globalisierte Markt für hoch qualifizierte Mitarbeiter bedeutet, dass alle entwickelten Länder mit einem ähnlichen Fachkräftemangel konfrontiert sind.
- Wenn Sie für die nahe Zukunft planen, dann gehen Sie davon aus, dass nicht mehr als 10 Prozent Ihrer inländischen Belegschaft aus dem Ausland kommen sollte, und planen Sie eine Ausweitung Ihrer Aktivitäten in den Ländern, in denen ein großes Angebot an qualifizierten Arbeitskräften verfügbar ist.

- Wenn Sie im Ausland aktiv sind, dann denken Sie in Bezug auf Ihre Recruiting-Methoden und Ihre Arbeitgebermarke in globalen Kategorien.
- Denken bei der Anwendung der Recruiting-Marke zu Ansprache geeigneter Kandidaten in lokalen Kategorien (zum Beispiel in Ihrer Werbung). Kaufen oder entwickeln Sie zügig lokales Know-how.
- Die Menschen sind international mobiler, als die meisten erkennen. Transferieren Sie Experten an ausländische Standorte, um Ihre Auslandsniederlassungen mit qualifizierten Mitarbeitern auszustatten.

Kapitel 11: Die Methoden von morgen

Robert Crowder, heute Senior Excutive Recruiter bei Aetna, Inc., musste eine gewaltige Herausforderung meistern, als er noch Director of Diversity Staffing bei dem Finanzdienstleister The Hartford Financial Services Group war:

The Hartford Financial Services Group ist ein Versicherungsunternehmen mit großartigen Wachstumsaussichten bei verschiedenen ethnischen Zielgruppen (Afroamerikaner, Amerikaner asiatischer Herkunft, Hispanoamerikaner und eine Reihe anderer Gruppen). Wir benötigten eine Belegschaft, die diese ethnische Vielfalt widerspiegelte, um die wachstumsstarken Zielgruppen anzusprechen. Diese Kandidaten waren aber tendenziell eher jung, hip und markenbewusst. Wie können Sie diese Menschen für ein Geschäftsfeld und ein Unternehmen mit einer derart konservativen Reputation begeistern? Sie müssen ihnen die richtige Markenbotschaft vermitteln.

Wir wissen, dass sich unsere Mitarbeiter im Unternehmen wohl fühlen. Wir wissen auch, dass persönliche Interaktion die effektivste Werbung ist, um so vielfältige Gruppierungen anzusprechen. Also brachten wir unsere Mitarbeiter in Kontakt mit verschiedenen Berufsverbänden, zum Beispiel dem Internationalen Verband afroamerikanischer Versicherungsmathematiker (International Association of Black Actuaries), dem Nationalverband afroamerikanischer Wirtschaftsprüfer (National Association of Black Accountants) oder dem Verband der Hispanomerikaner in Wirtschaftsprüfung und Finanzwesen (Association of Latinos in Finance and Accounting). Unsere Topmanager hielten bei deren Versammlungen Vorträge über die zahlreichen Gründe, aus denen unsere Mitarbeiter sich mit unserer Mission, der Work-Life-Balance unseres Unternehmens und unseren Werten identifizieren. Sie hielten Seminare über alle Arten an Tätigkeiten, und die Mitglieder dieser Verbände sagten: „Ich habe gar nicht gewusst, dass es in der Versicherungsbranche solche Jobs gibt.“

Der Beschäftigungskreislauf beschäftigt sich mit den drei aktuellen Veränderungswellen, die wir in Kapitel 1 beschrieben haben. Etwas weiter hinter dem Horizont warten noch mehr Veränderungswellen: langfristige Trends in der Wirtschaft, Technologie und Kultur, die neue Chancen und Gefahren für die Gewinnung und Bindung von Spitzenkräften bieten. Die Evolution des Diversity Recruitings, die von Experten aus der Praxis wie Robert Crowder angeführt wird, ist eine davon.

Die veränderlichen Beziehungen zwischen Arbeitgebern, Mitarbeitern und Stellenkandidaten werden von mindestens sechs Trends getrieben, die Technologie, demografische und kulturelle Aspekte miteinander verbinden – Transparenz, Interaktivität, Mobilität, Diversität, Flexibilität und der Community-Gedanke. Unternehmen, die auf diese Trends richtig reagieren, werden über die heutigen Best Practices hinausgehen und „zukunftsweisende Methoden“ verfolgen, das heißt, die am meisten versprechenden progressiven Methoden zur Gewinnung hoch qualifizierter Mitarbeiter in den nächsten Jahrzehnten.

Einige Arbeitgeber meinen, früher oder später trete eine Rezession ein und das Pendel werde wieder zu ihren Gunsten ausschlagen. Sie glauben, die Kandidaten werden ihre Verhandlungsmacht einbüßen, und dann säßen sie wieder am längeren Hebel. Damit drücken sie tatsächlich aus, dass sie den Fachkräftemangel aussitzen und keine der in diesem Buch empfohlenen Methoden einführen wollen.

Wir bezweifeln, dass sich dieses Problem aussitzen lässt. Die Trends, die die Methoden der Zukunft vorantreiben, werden die Art und Weise verändern, wie Kandidaten und potenziell wechselbereite Mitarbeiter sich selbst in einer Rezession verhalten werden. Sie stärken die Autonomie und den Wert der bestqualifizierten Arbeitskräfte auf dem Arbeitsmarkt. Unternehmen, die sich diese zukunftsweisenden Methoden aneignen, werden erleben, wie ihr potenzieller Talentpool wächst, da die besten Kandidaten positiv auf ihre Marke reagieren werden. Unternehmen, die dagegen meinen, der Beschäftigungskreislauf ende mit einem Konjunktureinbruch, werden in der Wahrnehmung von potenziellen Stellenkandidaten und Mitarbeitern zu einer Marke von untergeordneter Bedeutung verkommen.

Transparenz

Stellen Sie sich einen informationsgesättigten Markt vor – die Gespräche und Beziehungen zwischen Käufern, Verkäufern und Zwischenhändlern, die sowohl etwas über Verkäufer als auch über Käufer sagen können, brechen nie ab. Ein solcher Markt existiert bereits bei eBay und tausend anderen Shoppingsites, auf denen Käufer und Verkäufer zusammenkommen. Die Konsumenten bestimmen, wo sie kaufen, was sie kaufen und welche Informationen sie sich beschaffen, wenn sie kaufen. Dieser Trend setzt sich auch im Einstellungsprozess durch.

Kandidaten werden mehr und mehr online detaillierte Berichte über Arbeitgeber finden und in der Lage sein, die Authentizität einer Arbeitgebermarke zu beurteilen. Neben den Produktbewertungen, die Sie auf Websites wie CNET.com finden, denken Sie an die gründlichen und ausgiebigen Rezensionssammlungen, die Sie zum Beispiel bei Amazon.com finden. Stellenkandidaten werden auch die Glaubwürdigkeit der Rezensionen prüfen, abhängig von deren Quelle.

Derzeit haben Kandidaten Zugang zu Stellenangeboten und Hintergrundinformationen über Unternehmen sowie einige Meinungen (die oft nicht zuverlässig sind) von sogenannten Message Boards. Bald werden Stellenkandidaten sich jedoch mithilfe von Web-Videos, Webbeiträgen beziehungsweise gesammelten Inhalten über das gesamte Web wesentlich mehr Informationen über die konkrete Arbeitserfahrung in einem Unternehmen beschaffen können. Das heißt, sie können sich ein Bild aller Vor- und Nachteile einer Beschäftigung in Ihrem Unternehmen machen, bevor sie überhaupt zu einem Bewerbungsgespräch auftauchen. Die Informationsquellen werden nach ihrer Zuverlässigkeit und Korrektheit bewertet werden.

Was wird diese mühelose Informationsbeschaffung für Unternehmen bedeuten? Dass die Arbeitsrealität in einem Unternehmen für alle weltweit ersichtlich wird. Das sind großartige Nachrichten für Unternehmen, die eine herausragende Arbeitserfahrung bieten, und gleichzeitig furchterregende Nachrichten für Unternehmen, die ihre Mitarbeiter als „verfügbare Masse" behandeln. Die Recruiting-Abteilung wird eine geringere Betonung auf den direkten Verkauf und eine stärkere Betonung auf das Management der Arbeitgebermarke, auf Kommunikationskanäle und langfristige Beziehungen zu aussichtsreichen Kandidaten legen. Und sie werden einen größeren Schwerpunkt auf eine wohlüberlegte Formulierung der Botschaft der Arbeitgebermarke legen, die die Arbeitserfahrung authentisch wiedergibt. Und diejenigen, die die Schaffung und Formulierung der Arbeitserfahrung in ihrem Unternehmen nicht selber in die Hand nehmen, werden sich mit dem begnügen müssen, was der Markt über sie denkt.

Derzeit informieren einige wenige Recruiting-Softwareprogramme einen Kandidaten über den Status seiner Bewerbung während des Recruiting-Prozesses, und diese Fähigkeit löst das ernste Problem, dass Bewerbungen in ein schwarzes Loch fallen. Wie die Recruiter von Johnson & Johnson gelernt haben, schätzen Stellenkandidaten Feedback, selbst wenn es negativ ausfällt. Kandidaten könnten einen Code zur Verfolgung ihres Status sowie regelmäßige Aktualisierungen des Fortschritts ihrer Bewerbung per E-Mail erhalten, so wie Kunden heute den Versandstatus ihrer Pakete bei UPS oder FedEx abfragen können. Wenn Sie das System zur Abfrage des Versandstatus dieser Unternehmen kennen, dann stellen Sie sich vor, wie ein Stellenkandidat sich nach seiner Bewerbung in Ihre Website einloggt und eine aktuelle Mitteilung über den Status seiner Bewerbung erhält. (Auch unternehmensintern kann dieses System dazu dienen, Bewerber durch den Selektionsprozess zu schleusen, indem unter Wahrung der gebotenen Vertraulichkeit Informationen wie das Ergebnis eines Bewerbungsgesprächs und Feedback an alle involvierten Stellen abrufbar werden.)

Arbeitgeber werden aus einer Vielzahl von Quellen mehr über Bewerber erfahren und sich effektiver Hintergrundinformationen beschaffen können – und zwar nicht nur, was rechtliche Aspekte, sondern auch, was die bisherigen Leistungen der Kandidaten betrifft. Erfolgreiche Kandidaten werden über aussagekräftigere Berichte über ihre Arbeitsleistung verfügen – möglicherweise von zwischengeschalteten dritten Stellen oder aus eigenen Angaben in Form immer ausgefeilterer Websites. Eine erste Form dieses Trends können Sie unter „Recommendations“ auf der Website LinkedIn.com sehen.

Unternehmen werden freie Stellen darüber hinaus auf eine Art und Weise besetzen können, die eher die subtilen Recruiting-Kriterien widerspiegelt. Zum Beispiel könnten Sie den Lebenslauf eines Mitarbeiters, der das Unternehmen verlässt, in das System eingeben und eine perfekte Übereinstimmung mit zehn Stellenkandidaten erhalten, die für den Ersatz des ausscheidenden Mitarbeiters infrage kommen. Selbst nach 12 Jahren der Weiterentwicklung der Suchfunktionen kämpfen sich Recruiter häufig noch immer durch einen Informationswust. In zehn Jahren wird die Suchtechnologie noch viel ausgefeilter und leistungsfähiger sein als heute, und wir werden nicht mehr von einer Suche nach Lebensläufen, sondern einer Kandidatensuche sprechen, weil die Software aus öffentlichen und privaten Datenbanken, in die Bewerber ihre Informationen eingegeben haben, ein ganzes Portfolio an Informationen über Stellenkandidaten zusammenstellen wird.

Die Recruiting-Abteilung wird eine geringere Betonung auf den direkten Verkauf und eine stärkere Betonung auf das Management der Arbeitgebermarke, auf Kommunikationskanäle und langfristige Beziehungen zu aussichtsreichen Kandidaten legen.

Interaktivität

Der Beschäftigungskreislauf ist bereits interaktiv, da er eine laufende, dynamische Beziehung beschreibt, in der Informationen beider Seiten das Ergebnis beeinflussen. Die Interaktivität gewinnt sowohl im Management der Arbeitgebermarke als auch der Kandidatenansprache an Intensität.

„Entercruitment" – die Verpackung der Botschaft einer Arbeitgebermarke in eine unterhaltsame Medienerfahrung („Recruitment" verbunden mit „Entertainment") lockt Stellenkandidaten auf informative Weise an und stärkt gleichzeitig die Marke. Bestimmte Bereiche des Militärs haben auf diesem Gebiet mit ihren Recruiting-Sites beeindruckende Arbeit geleistet, indem sie in einer virtuellen Welt Recruiting-Botschaften übermitteln und Fragen beantworten. Es ist ihnen gelungen, auf virtuose Weise Video- und Gaming-Technologien genau auf die junge Zielgruppe zuzuschneiden, die sie erreichen wollen. Auf der Recruiting-Website der U.S. Army beantwortet ein Online-Avatar Fragen. Die Recruiting-Site des U.S. Marine Corps hat dagegen die Informationen so aufbereitet, dass potenzielle neue Rekruten die Botschaften des Marine Corps nach ihren Vorstellungen erleben – animierte Bilder laden die potenziellen Rekruten dazu ein, mehr über das Leben, die Geschichte, Ausbildung und Mission der Marines zu erfahren. Die Bilder werden durch Soundeffekte verstärkt. Zwar ist das Design hoch modern, aber die Markenbotschaft der Marines ist ausgesprochen traditionell, und die Website strotzt vor Begriffen, die die Werte des Corps widerspiegeln. Diese Erfahrung ist mehr als Webbrowsing – sie ist eine selbstgeführte Tour, durch die der Besucher sich seinen eigenen Weg bahnt, eingehüllt in eine konsistente Markenbotschaft.

„Entercruitment" setzt sich auch offline fort. Heute übermittelt die U.S. National Guard ihre Botschaft in einem 10-Minuten-Infomercial, das in Kino ausgestrahlt wird, und dessen Ton eher einem Dokumentarfilm gleicht, als einer harten Verkaufsbotschaft, die zur Bewerbung bei der National Guard aufruft.

Von Arbeitgebern geschaffene Bewertungssysteme sind eine ganze Welt der Interaktivität, wobei die heutigen Einstufungstests erst der Beginn sind. Stellenkandidaten werden gebeten (oder aufgefordert), ihren Status durch standardisierte Einstufungstests über alle zentralen Beschäftigungskategorien zu validieren. Auf diese Weise kann sich ein Arbeitgeber ein Bild über die Kompetenzen eines Kandidaten machen und ihn mit anderen Kandidaten vergleichen. Und letztlich erzeugt diese Möglichkeit eine Art Börse für Humankapital, die den Arbeitgebern ermöglicht, die für sie wichtigsten Kompetenzen auszuwählen. Anschließend können Sie sich auf die nicht greifbaren, kulturellen und persönlichen Übereinstimmungen konzentrieren, um den am besten geeigneten Kandidaten zu bestimmen.

Die Bewertung individueller Arbeitskräfte wird sich über die traditionellen Kompetenzen auf individuelle Fähigkeiten, wie zum Beispiel Problemlösung und Kommunikation ausdehnen. Heute stellen einige Unternehmen auf ihren Recruiting-Websites bereits Problemlösungstests und sogar anspruchsvolle Fallstudien zur Lösung vor, erstellen eine Rangliste über die Antworten und bieten dem Kandidaten unmittelbares Feedback. Bald werden Organisationen interaktive „Probeeinsätze" durchführen, in denen Stellenkandidaten dazu eingeladen werden, Lösungen für reale Probleme zu entwickeln, aktuelle Chancen zu nutzen und sogar neue Produkte vorzuschlagen. Dies ist eine Erweiterung der modernsten Gesprächstechniken. In gewisser Hinsicht bietet die Interaktivität beiden Seiten also in einem früheren Stadium des Beschäftigungskreislaufs ein aussagekräftigeres Bewerbungsgespräch.

Mobilität

Betrachten Sie Mobilität auf zweierlei Weise – die Mobilität der Information und die Mobilität der Arbeitskräfte; denn beides geht Hand in Hand. Wir befinden uns in einem fortgeschrittenen Stadium der technologischen Weiterentwicklung der mobilen Information. Potenziell wechselbereite Mitarbeiter werden zu jeder Zeit und an jedem Ort Botschaften über potenzielle Arbeitschancen empfangen, so wie sie heute Aktienkursinformationen auf ihren Mobiltelefonen erhalten. In China beträgt das Verhältnis von Mobiltelefon- zu Computerbesitzern 4:1; Mobiltelefone bieten sich dort daher als Plattform für Informationen über offene Positionen und Botschaften von Arbeitgebermarken geradezu an. Jim Yang von Monster erklärt zum Beispiel, das prestigeträchtige Standorte ein großer Verkaufsvorteil sein können. Stellen Sie sich vor, Sie würden einen Videoclip über Ihr beeindruckendes neues Bürogebäude in Schanghai auf die Mobiltelefone mehrerer tausend Kandidaten senden, die Sie als potenzielle Stellenkandidaten identifiziert haben, und die Sie dazu einladen, sich auf Ihrer Website Ihre Stellenangebote anzusehen.

Die Mobiltechnologie wird Arbeitgebern zunehmend ermöglichen, zielgruppenspezifische Markenbotschaften nach geografischen, demografischen oder psychografischen Daten zu entwickeln und an die entsprechenden Kandidaten zu senden. Mit der zunehmenden Verbreitung von mobilen Kommunikationsgeräten werden Recruiter die Chance erhalten, auf Basis der geotechnischen Ortungsfähigkeiten des Mobiltelefons eines Kandidaten in kürzester Zeit geeignete Arbeitskräfte zu finden. Wenn Sie zum Beispiel nächsten Dienstag 15 Arbeitskräfte für eine bestimmte Tätigkeit in Stadtnähe brauchen, werden Ihnen die zukünftig verfügbaren Instrumente ermöglichen, Stellenkandidaten in der Nähe zu finden und anzusprechen. Darüber hinaus werden Unternehmen in der Lage sein, Kandidaten unter Verwendung von interaktiven mobilen Anwendungen in Echtzeit zu sichten und zu filtern. Wenn Sie Verkäufer mit fünf Jahren Berufserfahrung und einer Fünfsterne-Produktivitätsbewertung erreichen wollen, die sich selbst als potenziell wechselbereit eingestuft haben, innerhalb des Radius von 20 Meilen des Chicagoer Innenstadtbereichs „The Loop“ leben und über Erfahrung im Verkauf von Serviceleistungen verfügen, dann drücken Sie die Taste „Senden“. Sie werden eine Textnachricht oder ein Video versenden können, je nachdem, welche Nachrichtenform ein Verkäufer bevorzugt.

In dem Maße, wie Recruiter immer öfter direkt mobile Geräte verwenden, wird auch das Recruiting in abgelegenen Regionen einfacher. Derzeit werden bereits mobile Instrumente entwickelt, die es Recruitern erleichtern sollen, in kürzester Zeit Kandidaten anzusprechen – und zwar über die Abrufbarkeit von Kandidateninformationen, einschließlich ihres bisherigen beruflichen Werdegangs per Mobiltelefon. Wir haben einige spannende Startups kennengelernt, die auf die Human-Resources-Community fokussierte Technologien wie diese entwickeln.

Auch das mobile Social Networking wird sich weiterentwickeln, um Recruitern und Kandidaten dabei zu helfen, sich gegenseitig zu finden. Unternehmen wie Jaiku, MobiLuck und Enpresence arbeiten bereits an der Entwicklung von Plattformen, die von Recruitern und Kandidaten benutzt werden können, um Sie zu informieren, wenn jemand aus Ihrem Netzwerk in der Nähe ist.

Der reichere Informationsfluss, der mehr oder weniger kontinuierlich zwischen Unternehmen und Stellenkandidaten fließt, wird die Einstellungszyklen verkürzen, und die Kandidaten werden einen schnelleren Prozess erwarten. Das bietet kleineren und weniger bürokratischen Unternehmen eine Chance, die ein bis zwei Tage von der Anwerbung bis zum konkreten Vertragsangebot brauchen. Dieses Tempo ist möglich, wenn man im Voraus bereits viel über einen Kandidaten in Erfahrung bringen kann und der Arbeitgeber wendig genug ist, um schnell zu handeln. Die Unternehmen, die in kürzester Zeit drei Finalisten ihres Bewerbungsprozesses ansprechen können, werden sowohl intern durch eine zügigere Einarbeitung bis zur vollen Produktivität des neuen Mitarbeiters und extern durch eine schnellere Entscheidungsfindung und Kommunikation der Ergebnisse an Kandidaten profitieren. (Ganz nebenbei kann eine beschleunigte Entscheidungsfindung auch verhindern, dass einige Kandidaten mehrere Angebote auf einmal erhalten oder diese dazu nutzen, ihren aktuellen Arbeitgeber unter Druck zu setzen, damit er ihre Konditionen verbessert.)

In diesem Kontext bedeutet „Einstellungszyklus" die kurze Periode, in der ein Arbeitgeber und ein möglicher Kandidat aktiv über eine konkrete Position sprechen. Diese Zeitspanne wird zu einem kleineren Abschnitt im Beschäftigungskreislauf – einige wenige Tage in einer Beziehung, die sich über eine ganze Karriere spannt.

Und schließlich wird sich der Trend zu persönlichen Mobilität, vor allem unter jungen Arbeitnehmern, weiter fortsetzen und die Welt unabhängiger davon machen, dass sich alle zu einem bestimmten Zeitpunkt an einem bestimmten Platz versammeln. Das wird sowohl zu einer Zunahme nicht traditioneller Arbeitsvereinbarungen (siehe Abschnitt „Flexibilität" an einer späteren Stelle in diesem Kapitel) als auch der globalen Einstellungstrends führen, die wir in Kapitel 10 besprochen haben. Unter den Bevölkerungen der verschiedenen Länder gibt es große Unterschiede in der persönlichen Mobilität. Eine Studie von McKinsey & Co. aus dem Jahr 2005 fand zum Beispiel heraus, dass nur 6 Prozent der Russen außerhalb der kosmopolitischen Knotenpunkte Moskau und Sankt Petersburg bereit waren, für einen Arbeitsplatz umzuziehen. In China bekundete ein größerer Anteil der Erwerbstätigen die Bereitschaft zum Standortwechsel, die Nachfrage nach qualifizierten Mitarbeitern ist dort allerdings so groß, dass nur wenige die Notwendigkeit sahen, China allein aus Gründen eines besseren Arbeitsplatzes zu verlassen.[1]

Die Kommunikationstechnologie verstärkt den Trend zur Mobilität und macht die Arbeit im Ausland, die Arbeit von zuhause aus oder eine Arbeit an verschiedenen Standorten des Landes für Mitarbeiter und Arbeitgeber einfacher, die ihre Arbeitsmethoden so anpassen können, dass sie mobilen Mitarbeitern gerecht werden.

Diversität

„Neue Kundensegmente haben schon immer eine Chance zur Gewinnung neuer Kunden und zur Gewinnsteigerung dargestellt", erklärt Monsters Chief Diversity Officer, Steve Pemberton. „Heute gibt es mehr neue Kunden- und Geschäftssegmente als je zuvor, und dieser Trend beschleunigt sich. Menschen mit unterschiedlichem Hintergrund, unterschiedlichen Kulturen und Präferenzen gewinnen immer mehr Kaufkraft. Die Zusammensetzung einer Belegschaft, vor allem was die jüngeren Arbeitnehmer betrifft, die die Belegschaft der Zukunft ausmachen, ist in Bezug auf Rassen, Ethnien und Kultur vielfältiger als je zuvor."

Steve fährt fort: „Die Treiber des Diversity Recruiting haben sich verändert. Die Themen haben sich verschoben, von sozialem Aktivismus und Compliance – das Richtige tun und möglichst nicht verklagt werden – hin zur Eröffnung neuer Märkte und Gewinnsteigerung. Manager, die Diversity Recruiting aus diesem Blickwinkel verfolgen, werden in Kürze einen wesentlich höheren Wert für ihr Unternehmen generieren."

Sie brauchen eine vielfältigere Belegschaft, um Produkte zu entwickeln, die Kunden kaufen wollen, und um Ihre Kundenzielgruppen zu ihren Bedingungen zu erreichen. Wenn sich die Treiber der Vielfalt zu stärker traditionellen Unternehmensbelangen verschieben, verändern sich die Fragen des Diversity Recruiting von *ob überhaupt* (ja) und *wann* (gestern) zu *wie*.

Wie die Geschichte von Robert Crowder zu Beginn dieses Kapitels demonstriert, beginnt Diversity Recruiting mit dem Verständnis der Zielgruppe, die Sie anwerben wollen, und der Kommunikation der Botschaft Ihrer Arbeitgebermarke an diese Zielgruppe in einem sehr frühen Stadium des Beschäftigungskreislaufs. Achten Sie darauf, dass Crowder die Arbeitgebermarke von The Hartford nicht veränderte. Stattdessen passt er die Kernbotschaft der Marke („unsere Mitarbeiter arbeiten gerne in unserem Unternehmen") an die Zielgruppe an und ging dann direkt auf die Kandidaten zu, die er anwerben wollte.

Monsters Untersuchungen[2] über Kandidatenvielfalt in den USA identifizieren mehrere Themen, mit deren Hilfe Sie Ihre Recruiting-Botschaften passgenau auf Ihre Zielgruppe zuschneiden können.

Vergütung

Das Gehalt bleibt für Kandidaten ein dominanter Faktor, unabhängig von ihrem Alter, Geschlecht oder ihrer ethnischen Zugehörigkeit. Unternehmen müssen wettbewerbsfähige Gehälter und Leistungspakete bieten, um überhaupt ins Gespräch zu kommen. Das Gehalt ist jedoch nicht das alleinige Kriterium bei der Entscheidung für oder wider ein Stellenangebot. Zwar kann die Höhe des Gehalts einen Kandidaten dazu bewegen, den Arbeitsvertrag zu unterschreiben, aber das heißt nicht, dass er bleibt.

Verschiedene Kandidaten nennen alle dieselben Hauptgründe für eine Kündigung beziehungsweise ihre Treue zum Arbeitgeber. Für alle gilt, dass problematische Beziehungen zum Vorgesetzten und eine schlechte Kommunikation ein Grund für eine freiwillige Kündigung sind: 29 Prozent der Arbeitnehmer denken über eine Kündigung nach, weil Konflikte mit ihren Kollegen oder Vorgesetzten sie belasten, und 34 Prozent, weil sie das Gefühl haben, ihre Arbeit würde nicht wertgeschätzt (22 Prozent der Teilnehmer an Umfragen von Monster haben nach eigenen Angaben aus diesem Grund ihr Unternehmen verlassen).

Abgesehen von diesen grundlegenden Gemeinsamkeiten aller Mitarbeitergruppen gibt es unterschiedliche Präferenzen, auf die Sie Ihre Botschaft zuschneiden können.

Das Vorhandensein einer unterschiedlich zusammengesetzten, vielfältigen Belegschaft allein ist für viele Kandidaten schon attraktiv

Von den hoch qualifizierten US-Arbeitnehmern, die Monster befragte, gaben 77 Prozent der Afroamerikaner, 70 Prozent der Amerikaner asiatischer Herkunft und 65 der Hispanoamerikaner an, sie betrachteten es als sehr wichtig, dass ein Unternehmen, das ihnen ein Stellenangebot macht, bereits eine multikulturelle Belegschaft habe. (Das gilt darüber hinaus für 46 Prozent der Amerikaner kaukasischer Abstammung.)

Chancen auf Weiterbildung, Wachstum und Karriereentwicklung sind stärkere Motivationsfaktoren für Stellensuchende mit einem multikulturellen ethnischen Hintergrund, als für Stellensuchende kaukasischer Abstammung

76 Prozent der Arbeitnehmer, die einer Minderheit angehören, achten bei der Auswahl eines neuen Arbeitgebers auf die Möglichkeit ei-

ner ständigen Weiterbildung und Weiterentwicklung, gegenüber 64 Prozent der Arbeitnehmer kaukasischer Abstammung. 80 Prozent der Afroamerikaner und 77 Prozent der Hispanoamerikaner bewerten Aufstiegschancen im Unternehmen als „wichtig"; bei Arbeitnehmern kaukasischer Abstammung sind es dagegen nur 63 Prozent.

Multikulturelle Bevölkerungsgruppen achten darauf, dass Unternehmen ihr Bekenntnis zu einem multikulturellen Arbeitsplatz demonstrieren

In den von Monster durchgeführten Umfragen stimmten 85 Prozent der multikulturellen Arbeitnehmer zu, dass es wichtig ist, Menschen mit einem ähnlichen ethnischen Hintergrund wie ihrem eigenen, in Führungspositionen zu sehen.

Afroamerikaner, Amerikaner asiatischer Herkunft und Hispanoamerikaner geben übereinstimmend an, dass sie als Teil ihrer Unternehmensrecherchen nach Informationen über die Unternehmenspolitik in Bezug auf eine multikulturelle Belegschaft suchen. Steve Pemberton von Monster empfiehlt: „Gute Absichten sind schön und gut, aber wenn Sie diese Zielgruppen gewinnen wollen, sollten Sie auch in der Lage sein, unternehmenspolitische Fragen wie Karrierepfade, Nachfolgeplanung und Unterstützung einer beruflichen Aus- und Weiterbildung ausführlich diskutieren zu können."

Männer fokussieren stärker auf Vergütung und Karriereentwicklung; Frauen legen dagegen einen größeren Wert auf Work-Life-Balance

Männer tendieren stärker dazu als Frauen, das Gehalt als wichtigstes Kriterium für eine positive Entscheidung zu betrachten (45 Prozent versus 38 Prozent). Lange Anfahrtswege, schlecht zu erreichende oder auf andere Weise unbequeme Standorte und unflexible Arbeitszeiten sind für Frauen eher ein Grund, ein Stellenangebot abzulehnen, als für Männer. Recruiter sollten Work-Life-Fragen im Gespräch mit männlichen Bewerbern allerdings nicht unterschätzen; ein ausgewogenes Arbeits- und Privatleben ist auch für viele männliche Kandidaten ein wichtiger Faktor. Allerdings neigen sie dazu, erst *nach* Eintritt in das Unternehmen auf dieses Thema zu achten, *während* Frauen bereits während des Einstellungsprozesses auf die Work-Life-Balance achten.

Ältere Arbeitnehmer legen ein größeres Gewicht auf Sozialleistungen und betriebliche Altersvorsorge

67 Prozent der Arbeitnehmergeneration 50+ betrachtet überdurchschnittliche Betriebsrenten oder sonstige Formen der betrieblichen Altersvorsorge als wichtiges Kriterium für eine positive Stellenentscheidung, wohingegen das nur für 45 Prozent der 18- bis 34-Jährigen ein wichtiges Thema darstellt. 56 Prozent der jungen Arbeitnehmer (zwischen 18 und 34 Jahren) geben dagegen an, sie langweilten sich in der Arbeit versus 33 Prozent der Arbeitnehmer der Generation 50+.

Die Suche nach vielfältigen und unterschiedlichen Lebensläufen in Bewerberdatenbanken beziehungsweise im gesamten Web unterscheidet sich nicht von anderen Suchanfragen: Sie müssen herausfinden, welche besonderen Daten die unterschiedlichen Kandidaten in ihren Lebensläufen angeben. Karrieresites ermöglichen Kandidaten die Suche nach dem Kriterium „Diversität und Teilhabe".

John Rice ist Gründer und CEO der US-Nonprofit-Organisation Management Leadership for Tomorrow, die sich mit der Unterrepräsentierung von Afroamerikanern, Hispanoamerikanern und Indianern in der US-Wirtschaft beschäftigt. Er beschreibt, wie führende Unternehmen ein beziehungsbasiertes Diversity Recruiting entwickelt haben:

Die erfolgreichen Unternehmen investieren intensiver und früher in ihre Kandidatenpipeline und die Personalisierung des Einstellungsprozesses. Sie bewegen sich von einem kurzfristigen, transaktionsorientierten Modell zu einem langfristigen Modell der Verbundenheit, Weiterbildung und Vorbereitung.

Sie identifizieren Kandidaten bereits in den ersten Jahren ihres Collegebesuches oder ihren ersten Jahren an einer Wirtschaftsschule und bieten ihnen einen Wegweiser zu einer erfolgreichen Karriere: „ Hier ist unsere Arbeitgebermarke; so können Sie sich auf eine

Karriere in unserem Unternehmen vorbereiten." Sie halten Kontakt mit den Kandidaten und konfrontieren sie kontinuierlich mit unterschiedlichen Chancen und Menschen. Das schafft einen breiteren Raum für die Vermittlung ihrer Story und zur Identifizierung der Kandidaten, die am besten zu ihrem Unternehmen passen. Schon während des Recruitings entwickeln sie proaktiv die Qualifikationen der infrage kommenden Kandidaten.

Citigroup ist ein gutes Beispiel dafür. Sie wenden sich an MBA-Institute, an denen sie in der Vergangenheit bereits herausragende Talente gefunden haben. Wenn sie durch MLT oder andere Quellen Kandidaten mit unterschiedlichsten Hintergründen identifiziert haben, sprechen sie diese an und bringen sie mit einigen ihrer jüngeren Linienmanager zusammen. Diese jungen Manager pflegen die Kontakte zu den Kandidaten, sei es per E-Mail, per Telefon oder durch einen Besuch. Und so entwickeln die Kandidaten eine Beziehung zu den Nachwuchsmanagern, die selber erst vor zwei bis drei Jahren ihre Ausbildung abgeschlossen haben.

Gleichzeitig knüpfen die hochrangigsten Vertreter von Minderheitsgruppen bei Citigroup im fortgeschrittenen Recruiting-Prozess Kontakte zu vielversprechenden Kandidaten. Citigroup hat Führungskräfte, denen eine vielfältige, unterschiedlich zusammengesetzte Belegschaft ein ernstes Anliegen ist und die sich dafür engagieren wollen. Die Kandidaten haben eine Vorstellung davon, wie viel 15 Minuten der Zeit eines Topmanagers wert ist, und das sendet die starke Botschaft aus, dass Citigroup das Thema Diversität ernst nimmt.

Das Ganze ist also eine zweiteilige Marken- und Beziehungsstrategie: Der Kandidat kann zu dem Topmanager und Repräsentant einer ethnischen Minderheit aufsehen und sich mit dem jungen Nachwuchsmanager identifizieren. Der Topmanager verkörpert die Arbeitgebermarke, und der junge Manager validiert sie.

Die neue Bewegung einer unterschiedlich zusammengesetzten, multikulturellen Belegschaft ist nicht von Pauken und Trompeten begleitet. Sie vollzieht sich im Stillen, und zwar mit der wachsenden

Erkenntnis einer immer größeren Zahl an Recruitern und Hiringmanagern, dass eine vielfältige und unterschiedlich zusammengesetzte Belegschaft ein geschäftlicher Imperativ ist. Für jedes Unternehmen, egal ob groß oder klein, das unter Fachkräftemangel leidet *und* neue Kunden gewinnen will, sind Programme für Diversity Recruiting von strategischer Bedeutung.

Flexibilität

Wie Mobilität und Interaktivität ist Flexibilität ein wirtschaftlicher und gesellschaftlicher Trend, der Arbeitgeber und Arbeitnehmer gleichermaßen betrifft. Flexibilität ist die erfolgreiche Antwort auf ein hoch dynamisches Wettbewerbsumfeld. (Wir sollten hier hinzufügen, dass wir Flexibilität in Bezug auf Strategie und Taktik meinen; die Mission, die Werte und die Unternehmensidentität sollten sich, wenn überhaupt, wesentlich langsamer verändern.)

Der Stellenkandidat nach dem Muster eines freien und selbstbestimmten Arbeitnehmers verkörpert diese Flexibilität im Verlauf seiner beruflichen Laufbahn durch unterschiedliche Tätigkeiten bei verschiedenen Unternehmen, einem wachsenden und veränderlichen Fachwissen sowie einer Portfoliokarriere an vielfältigen Erfahrungen und Leistungen, im Gegensatz zu einem linearen Aufstieg auf der Unternehmensleiter.

Die neue Organisation verkörpert Flexibilität in der Umsetzung ihrer Strategie, dem flexiblen Einsatz ihrer Mitarbeiterressourcen, der Dezentralisierung von Arbeitsgruppen und einem veränderlichen Mix aus Vollzeit-, Teilzeit, Auftrags- und zeitlich befristeten Arbeitsvereinbarungen mit ihren Mitarbeitern.

In Bezug auf die Gewinnung hoch qualifizierter Mitarbeiter bedeutet Flexibilität zum größten Teil flexible Arbeitsvereinbarungen. Nachfolgend ein Überblick über die Trends, die sich nach unserer Auffassung immer stärker durchsetzen werden.

Leiharbeit, befristete Anstellungsverträge und Teilzeitarbeit

Jeden Herbst tragen sich die Mitarbeiter von IBM in den USA für ihre Sozialleistungen im nächsten Jahr ein. Sie können aus einem breiten Spektrum an Optionen wählen und tragen viele Fragen an die Personalabteilung heran. Ungefähr sechs Wochen lang läuft die kostenlose Hotline für alle Fragen rund um die Sozialleistungen heiß. IBM bewältigt diesen Ansturm, indem es seine Telefonsachbearbeiter durch Zeitarbeitskräfte ergänzt – allerdings nicht irgendwelche Zeitarbeiter. IBM arbeitet mit der Personalagentur Veritude und stellt in seinem Callcenter in North Carolina ehemalige IBM-*Mitarbeiter* für einen befristeten Zeitraum ein, die der Belegschaft die verfügbaren Sozialleistungen erklären und die Eintragungen vornehmen. Bei den ehemaligen Mitarbeitern handelt es sich zum größten Teil um Rentner, die noch nicht ganz aufhören wollen zu arbeiten. Linda Stewart, die das Programm für Veritude entwickelt hat, erklärt: „Dabei handelt es sich um Leute, die eine Balance zwischen ihrem Arbeits- und Privatleben suchen. Weil sie die IBM-Kultur so gut verstehen, sprechen sie die Sprache unserer Mitarbeiter, kennen die Optionen und die Sorgen der Mitarbeiter." Wenn die Anmeldungszeit vorbei ist, haben die aktuellen Mitarbeiter eine gute Erfahrung gemacht (vergleichen Sie das mit Ihrer Erfahrung, als Sie das letzte Mal versucht haben, *Ihre* Sozialleistungen zusammenzustellen) und die Zeitarbeitskräfte stecken ihren Verdienst ein und gehen zurück in ihren vorübergehenden Ruhestand.

Die qualifizierten Mitarbeiter, die Sie brauchen, arbeiten nicht mehr alle Vollzeit, und Sie brauchen sie vielleicht auch keine 50 Wochen pro Jahr. Mit zunehmender Fragmentierung der Wirtschaft und zunehmender Projekt- und Saisonarbeit nimmt ein immer größerer Teil der qualifizierten Arbeitnehmer Abschied von der klassischen Arbeitszeit von neun bis fünf. Hoch qualifizierte Arbeitnehmer bestimmen ihre Arbeitszeit zu einem großen Teil selbst, entweder indem sie Teilzeit arbeiten (vor allem Babyboomer wählen oft die Altersteilzeit), oder als freie Auftragskräfte. Bei diesen Arbeitsformen finden Sie in zunehmendem Maße die richtige Kombination aus Kompetenzen und flexibler Arbeitszeit.

„Die Fragen rund um flexible Arbeitszeiten gewinnen immer mehr an Intensität: Können Ihre Leute Telearbeit leisten, können sie in Teilzeit arbeiten, können sie projektbasiert arbeiten, können sie saisonweise arbeiten?“, fragt Kent Kirch von Deloitte. „Die meisten Arbeitgeber müssen sich in diese Richtung bewegen, um begehrte Fachkräfte zu halten oder sie überhaupt erst einmal zu gewinnen.“

Diese Fachkräfte gehören zu den Arbeitnehmern mit der am stärksten ausgeprägten Konsummentalität, und sie setzen nicht auf einen einzigen Arbeitgeber. Progressive Manager haben in weniger als einer Generation gelernt, dass die Gruppe der „Zeitarbeitskräfte“ nicht nur aus Saisonarbeitern im Verkauf besteht, sondern einige der erfahrensten und qualifiziertesten Experten einschließt – eine Gruppe mit sehr spezifischen Anforderungen, die weit über Gehaltsfragen hinausreichen. Sie übernehmen die Verantwortung für ihre eigene Karriere. Sie sind hoch sensibel für die Reputation eines Unternehmens. Und sie sind noch sensibler für eine pünktliche Bezahlung. Die qualifiziertesten unter ihnen betrachten die Bereitschaft eines Unternehmens, sie zu ihren eigenen Bedingungen zu engagieren, als großes Plus für das Unternehmen. Die Recruiter und Manager, denen es gelingt, diese Gruppe zu ihren Bedingungen anzuheuern, wird ein hoch leistungsfähiges Reservoir an Kompetenzen erschließen können, und zwar zu einem Zeitpunkt, da ihre Wettbewerber dieses nicht einmal erkannt haben.

Erin Bloom, Director of Marketing for Talent bei der Personalagentur Aquent Professional Services, nennt ein Beispiel für die heutigen hoch qualifizierten Zeitarbeitskräfte:

Wir praktizieren, was wir über den Einsatz von Freiberuflern predigen. Ein Freiberufler rettete uns letzten Sommer, als wir die Aquent-Website neu gestaltet haben. Unsere Designagentur hielt die Fristen nicht ein, und dieser Freiberufler sprang in die Bresche und stellte unsere Website in kürzester Zeit fertig. Inzwischen gestaltet er die Websites für mehrere unserer Kunden in Philadelphia und ist ein glänzendes Beispiel für die Spezialisten geworden, die für Aquent arbeiten. Wir anerkennen Kompetenzen, vor allem von Fachkräften, die sich uns gerne verpflichten. Wir strengen uns sehr an, damit sie dauerhaft zufrieden sind.

Sie müssen verstehen, dass Sie sich die Loyalität eines freien Auftragnehmers oder einer Teilzeitkraft durch die Pflege enger Beziehungen und die Anerkennung ihrer Qualifikationen verdienen können. Kann Ihre Organisation einer Teilzeitkraft eine Führungsposition anvertrauen? Kann Ihre beste Network Operations Analystin ein Jahr lang 20 Stunden pro Woche arbeiten, damit sie Zeit hat, für ihren nächsten Triathlon zu trainieren? Falls nicht, kommen Sie vielleicht zu der Entscheidung, dass es besser ist, den zweitbesten Spezialisten zu engagieren, anstatt flexibler zu werden.

Dies ist ein struktureller Wandel. Sie müssen diese Zielgruppe anders ansprechen und überzeugen. Sie müssen sie anders vergüten, anders schulen und anders managen – und Sie müssen dafür sorgen, dass alle Elemente Ihrer Organisation zusammenarbeiten, damit Ihre Organisation als Ganzes erfolgreich ist. Wenn Ihr Schulungsprogramm sechs Wochen lang von neun bis fünf stattfindet, und das ohne Ausnahme, werden Sie diese Menschen nicht dazu bringen, für Sie zu arbeiten.

Die Arbeitgebermarke muss in dieser Hinsicht eindeutig sein. Eine Unternehmenskultur, die zum Beispiel ihre am härtesten arbeitenden Mitarbeiter auf Basis ihres hohen Arbeitseinsatzes und ihrer hohen Leistungen mit Beförderungen, Geld und Prestige belohnt (denken Sie an die Wall Street, an Startups und Anwaltsfirmen), sollte deutlich machen, dass auch eine gesunde Work-Life-Balance ihren Preis hat. Dieses Unternehmen wird Kandidaten mit einem bestimmten Lebensstil anlocken und andere abschrecken. Das ist vielleicht ein akzeptabler Kompromiss, wenn ein nicht versiegender Strom an Workaholics aus den Universitäten dringt, aber langfristig nicht unbedingt ein Weg zu Exzellenz.

Einige Unternehmen, zum Beispiel die Beratung Ernst & Young, beschreiten in Bezug auf Work-Life-Themen einen dritten Weg und bieten einen ausgewogenen Lebensstil als Alternative zur „Friss-oder-stirb"-Formel. Ernst & Youngs „Netzwerk der berufstätigen Mütter" ermutigt Frauen und Männer, die eine bessere Ausgewogenheit zwischen Arbeits- und Familienleben anstreben, sich zu einer Gemeinschaft zusammenzuschließen, um sich untereinander auszutauschen und im Rahmen der Entwicklung der Unternehmenskultur die neue Welle an Arbeitnehmern zu repräsentieren.

Die Ansprache dieser Zielgruppe ist eigentlich nicht besonders schwierig, weil Ihre Fähigkeit, sie auf Basis ihrer Bedürfnisse zu steuern, ein überzeugendes Verkaufsargument darstellt; Ihre Arbeitgebermarke sollte das ausdrücken. Sie können in Ihrer Werbung darauf aufmerksam machen, dass Sie flexible Arbeitszeiten bieten. Auf Ihrer Website können Mitarbeiter mit nicht traditionellen Arbeitsvereinbarungen zu Wort kommen, und Ihre Recruiting-Mitarbeiter können mit Teilzeitarbeit locken. Da die Mitglieder dieser Zielgruppe unter Umständen zögern, dieses Thema sofort zur Sprache zu bringen, sprechen Sie es in all Ihren Networking- und Empfehlungsprogrammen von sich aus an. Machen Sie die Tatsache, dass Sie aktiv nach dieser Zielgruppe Ausschau halten, für die Mitglieder dieser Zielgruppe zu einem Grund, Ihrem Unternehmen den Vorzug vor Ihren Wettbewerbern zu geben.

Die Mitglieder dieser Zielgruppe zu finden, ist einfacher, als sich so zu verändern, dass es ihren Bedürfnissen entspricht. Bewerberdatenbanken ermöglichen Ihnen, nach Teilzeitkräften und Freiberuflern zu suchen, und die Integration dieser Suchbegriffe in die Websuche ist einfach. Diejenigen, die über eine persönliche Website verfügen, machen aus ihrem Status üblicherweise kein Geheimnis.

Auswirkungen auf die Branche der Personalvermittlung

Kein Geschäftszweig ist stärker von dem zunehmenden Phänomen der Arbeitsplatzflexibilität betroffen als die Branche der Personalvermittlung. (Wir definieren „Personalvermittlungen" hier als Agenturen, die Arbeitskräfte in zeitlich befristete Arbeitsverträge oder als Leiharbeitskräfte vermitteln. Diese Personen sind Angestellte der Personalvermittlung, die von ihren Kundenunternehmen für ihren Vermittlungsservice bezahlt werden.) Wenn Sie in dieser Branche tätig sind, dann sind Sie sowohl Opfer als auch Nutznießer dieses Fachkräftemangels, resümiert John Hennessy, Monsters Senior Vice President für Personalbeschaffung. Auf Basis seiner jahrelangen Zusammenarbeit mit Personalagenturen liefert John die folgende Analyse:

Die Herausforderung, mit der Personalagenturen konfrontiert sind, ist genau der Fachkräftemangel, über den wir gesprochen haben, der durch die Tatsache verschärft wird, dass das „Produkt" einer Personalagentur eben genau diese Fachkräfte sind! Die Personen, die Sie ihrem Kunden vermitteln müssen, sind genauso Teil des Fachkräftemangels, wie Vollzeitmitarbeiter. Heute sind 2,9 Millionen Erwerbstätige in zeitlich befristeten Anstellungsverhältnissen tätig, und die meisten von ihnen haben die Wahl zwischen mehreren Zeitarbeitsagenturen und können arbeiten, mit wem sie wollen. Sie können allein entscheiden, ob sie Einsätze annehmen oder ablehnen. Sie brauchen diese Fachkräfte, und die besten von ihnen sind unabhängiger und anspruchsvoller, als je zuvor.

Das Kundenunternehmen will eine hoch qualifizierte Fachkraft. Die Vakanz einer wichtigen Position über einen längeren Zeitraum, kann ein Projekt zunichte machen und echtes Geld kosten, also wird von Ihnen erwartet, dass Sie dieses Problem schnell lösen. Ihr Kunde bietet diese Vakanz meistens mehreren Personalagenturen an, und wenn sie einmal besetzt ist, ist dieser Kundenauftrag weg.

Ihr große Chance liegt nun darin, sowohl für den Spezialisten, der keine Vollzeitanstellung bei einem ausschließlichen Arbeitgeber sucht, als auch für den Mangel an Ressourcen Ihres Kundenunternehmens zur Gewinnung der richtigen Mitarbeiter inmitten eines Fachkräftemangels die einzige Lösung darzustellen. Die Personalagenturen haben die Chance, zu klassischen „Waffenhändlern" zu werden, indem sie beiden Seiten dienen.

John erklärt, dass viele Personalagenturen es versäumen, diese beneidenswerte Position voll auszuschöpfen, weil sie in die Transaktionsfalle tappen: „Viele Personalvermittlungen sind der Auffassung, dass Recruiter 100 Prozent ihrer Zeit damit verbringen sollten, die Kundenaufträge über Stellenvakanzen zu erfüllen, und ihre Freizeit mit dem Auffüllen der Pipeline an neuen Kandidaten. Die wirklich erfolgreichen Recruiter widmen jedoch mindestens 30 Prozent ihrer Zeit dem Aufspüren weiterer geeigneter Kandidaten und dem Aufbau und der Pflege von Beziehungen zu den Spezialisten, die sie platziert haben. Ihre Recruiter knüpfen Kontakte in Berufsverbänden, Nutzergruppen und den Stellenvermittlungen der Universitäten. Sie werben qualifizierte Mitarbeiter an, indem sie sich in der Gemeinde engagieren. Sie investieren ihre private Zeit und Energie in die Vermarktung ihrer eigenen Person und ihres Unternehmens an hoch qualifizierte Fachkräfte, die sie brauchen, um sie zeitlich befristet an ihre Kundenunternehmen zu vermitteln.

Als Spezialisten müssen Personalvermittlungen progressive Methoden anwenden, um die richtigen Fachkräfte zu finden und in die richtigen Positionen zu vermitteln. (Andernfalls stellt sich die Frage, welchen Wert sie bieten.) Manchmal sind die erfolgreichen Methoden einfach; wir kennen eine Personalagentur, der auffiel, dass Stellensuchende vermehrt am Sonntagabend und ganz besonders montags Karrierewebsites besuchen. Die Agentur setzte eine Gruppe Recruiter am Sonntagabend auf diese Zielgruppe an, die diese exakt zu dem Zeitpunkt ansprechen, wenn der „Montags-Blues" einsetzt und sie für den Akquisitionsversuch der Recruiter empfänglich macht.

Um diese Chance auszunutzen, müssen Sie alle hier vorgestellten Prinzipien des Marketings und des Markenmanagements zur Entwicklung einer Arbeitgebermarke anwenden, die die Kandidaten überzeugt. Wenn diese sich Ihrer Organisation zugehörig fühlen, verfügen Sie über einen eindrucksvollen Service, den Sie Ihren Kundenunternehmen verkaufen können. Dann können Sie die Beziehung von einer transaktionsbestimmten, auf die eilige Besetzung einer Vakanz konzentrierten Basis auf eine strategische, konsultative langfristige Basis umstellen. Erin Bloom erklärt, auf welche Weise beide Seiten von diesem konsultativen Ansatz profitieren:

Seit 20 Jahren vermitteln wir Kandidaten in Marketingabteilungen. Wir studieren, wie herausragende Marketingorganisationen arbeiten, und verfügen über eine Beratergruppe, die Marketingorganisationen zeigt, wie sie ihre Effektivität steigern können.

Zum Beispiel ruft uns ein Kunde an und sagt, „Ich brauche sofort einen Grafikdesigner." Nach einigen Gesprächen stellen wir vielleicht fest, dass er eigentlich einen Production Artist braucht, der weniger kostet als ein Designer. Wir raten unserem Kunden zu der kostengünstigeren Lösung, auch wenn wir daran etwas weniger verdienen.

Als Marketingexperten teilen wir unser Know-how mit den Fachkräften, die wir platzieren. Und auch unsere Marketingmitarbeiter wissen, wie sie ihre Ressourcen managen. Sie lernen bessere Prozesse, sie lernen, die Leute, die sie zur Verfügung haben und die verfügbaren Technologien gezielter einzusetzen.

Erin betrachtet das Gefühl der Verbundenheit, das Mitarbeiter zu Aquent entwickeln, als maßgeblich für die Effektivität, mit der die Mitarbeiter für Aquents Kunden arbeiten. Das bedeutet, dass Aquent seinen Arbeitskräften eine wettbewerbsfähige Vergütung und Sozialleistungen bietet, wobei die besten Personalvermittlungen noch wesentlich mehr Anstrengungen unternehmen, um die bevorzugte Agentur qualifizierter Zeitarbeitskräfte zu sein. Zu diesem Zweck, so Erin, „entwickele ich Programme, die die besten Arbeitskräfte im Markt anwerben und an unser Unternehmen binden. Wir führen viele Gespräche über Work-Life-Balance, wir bieten eine gute Bezahlung und alle möglichen Zusatzleistungen, aber der große Mehrwert liegt darin, dass wir ihre Bedürfnisse und Wünsche verstehen, wissen, wo sie erfolgreich arbeiten werden und uns immer bemühen, dass Job und Kandidat perfekt zusammenpassen."

John Wilson, der die Personalagentur Wilson Recruiting leitet, behandelt die Fachkräfte, die er vermittelt, so, als handele es sich um fest angestellte Vollzeitkräfte. „Unabhängig von ihrem Einsatzort bieten wir unseren Fachkräften dieselben Sozialleistungen wie ihr jeweiliger Arbeitgeber vor Ort. Wenn ein Unternehmen zum Beispiel das Altersvorsorgeprogramm Fidelity 401(k) bietet und wir Arbeitskräfte in dieses Unternehmen entsenden, stellen wir sicher, dass diese an demselben Programm teilnehmen. Wenn Unternehmen einen Vertrag mit der Krankenversicherung UnitedHealthcare haben, sorgen wir dafür, dass wir exakt dieselbe Krankenversicherung anbieten, die die festangestellten Vollzeitkräfte dieses Unternehmen erhalten. Als Ergebnis haben die Fachkräfte, die wir in ein Unternehmen entsenden, nicht das Gefühl, sie seien Mitarbeiter zweiter Klasse. Und die Rate der Unternehmen, die langfristig mit uns arbeiten, ist phänomenal."

Personalagenturen, die diese strategischen Methoden als Schaltstelle zwischen Kundenunternehmen und qualifizierten Fachkräften anwenden, spielen eine zunehmend wichtige Rolle in den dezentralisierten, projektbasierten Praktiken der heutigen Geschäftswelt. Diejenigen, die am alten transaktionsbasierten Modell festhalten, werden in Zukunft Mühe haben, Fachkräfte zu finden und ihre Kunden zufriedenzustellen. Die Agenturen jedoch, die dem Wandel positiv begegnen und sich darauf einstellen, werden sich erfolgreich behaupten.

MEINE MEINUNG

„Eine gute Beziehung zwischen einem Personalvermittler und einem Kundenunternehmen ist wesentlich mehr als die Präsentation eines Lebenslaufes und die Frage: ‚Entspricht das Ihren Anforderungen?' Wir bemühen uns, die Perspektive unseres Kunden sowie unserer Fachkräfte zu verstehen, um den richtigen Kandidaten für die richtige Vakanz zu finden. Das beginnt mit einem profunden Verständnis des Geschäfts Ihres Kunden und der Kultur seines Unternehmens. Dann führen wir qualitative Gespräche mit Kandidaten über ihre Erfahrung, ihren fachlichen Hintergrund und ihre übergeordneten Karriereziele, sodass wir sie in den richtigen Unternehmen und Positionen platzieren können. Oftmals berichteten Kunden, ‚Vielleicht verfügte dieser Kandidat nicht ganz genau über die Kompetenzen, nach denen wir gesucht haben, aber aus kultureller Perspektive passte er so gut zu uns, dass er sich hervorragend bewährt hat.'"

– Erin Bloom, Director of Marketing for Talent, Aquent –

Bumerang-Mitarbeiter

Sie verließen Ihr Unternehmen und nun sind sie wieder zurück. Einige wurden abtrünnig, weil sie dachten, das Gras sei woanders grüner und saftiger (und vielleicht war es das auch!), andere wurden gekündigt oder wollten weiterstudieren. Vor einigen Jahrzehnten hätte das als illoyal oder schlechtes Risiko gegolten, aber der Bruch des traditionellen Beschäftigungsvertrags hat dieses Thema irrelevant gemacht. Diese Mitarbeiter verfügen über die Kompetenzen, die Sie benötigen, und sie kennen Ihre Unternehmenskultur. Darüber hinaus verfügen sie über ein nüchtern-realistisches Verständnis der Welt „da draußen", in der das Gras eben nicht unbedingt immer grüner und saftiger ist. Bumerang-Mitarbeiter können für Ihr Unternehmen sehr wertvoll sein. Ihre Einarbeitungszeit ist kürzer, sie haben bereits etablierte Beziehungen, sie verfügen über Wissen und Erfahrung, von dem die Organisation profitieren kann.

Der Schlüssel zur Rückgewinnung von Bumerang-Mitarbeitern liegt in der Pflege der Verbindung zu denen, die das Unternehmen verlassen. An früherer Stelle haben wir Alumni-Newsletter beziehungsweise Mailinglisten für ausscheidende Mitarbeiter erwähnt. Diese sollten natürlich keine vertraulichen Unternehmensnachrichten und eine aktualisiere Auflistung offener Stellen enthalten. Sie können ausscheidende Mitarbeiter bitten, sich als Empfänger zu registrieren (unter einer persönlichen E-Mail-Adresse). Möglicherweise werden viele das im ersten Moment nicht wollen – vor allem, wenn sie gekündigt wurden. Wenn ein guter Mitarbeiter ablehnt, dann fragen Sie ihn, ob Sie ihn in sechs Monaten erneut ansprechen können.

Denken Sie auch daran, dass ein guter Mitarbeiter zu einer wertvollen Netzwerkressource werden könnte, auch wenn er als Mitarbeiter vielleicht nie in Ihr Unternehmen zurückkehrt. Lassen Sie ihn nicht einfach davonziehen! Außerdem ist es klug, Mitarbeiter im Stillen in drei Kategorien zu unterteilen: diejenigen, die Sie gerne zurückgewinnen würden, diejenigen, auf die Sie ein Auge haben, und diejenigen, über deren Ausscheiden Sie heilfroh sind (inkompetente oder persönlich untragbare Mitarbeiter, zum Beispiel). Machen Sie sich einen Vermerk, wenn Sie die Personalakte ausscheidender Mitarbeiter schließen. Oder besser noch: Legen Sie sich eine separate Namensliste über die Mitarbeiter an, die Sie gerne wieder einstellen würden. Sie bilden einen wichtigen Bestandteil des Netzwerks eines Recruiters oder Managers. (Und wer weiß, wo Sie selbst in sieben Jahren sein werden?)

Community

Der sechste Trend, der Community-Gedanke, taucht online in immer neuen Formen auf. Vor 20 Jahren war es der lebendige Austausch über unausgereifte elektronische schwarze Bretter. Vor 10 Jahren manifestierte sich dieser Trend im intensiven Austausch über Message Boards auf Websites wie Yahoo! Das Aufkommen des Social Networking ist derzeit die neueste Manifestation einer alten Wahrheit: Menschen wollen mit Gleichgesinnten kommunizieren. Vom Marktplatz im antiken Athen bis zu LinkedIn.com, bilden sich an jedem möglichen Ort Gemeinschaften – Communities.

Das Community-Konzept ist und wird für den beziehungsorientierten Arbeitgeber ein äußerst wertvoller Vermögenswert sein. Menschen inner- und außerhalb Ihrer Organisation sprechen im Verlauf aller Rollen über den gesamten Beschäftigungskreislauf über Ihr Unternehmen. Bald werden sich aussichtsreiche Kandidaten in einen langfristigen Dialog über Ihr Unternehmen einklinken, vertrauenswürdige Verbindungen suchen und sich ihre eigene Meinung bilden. Wenn Ihre Kollegen die Anstrengungen Ihrer Arbeitgebermarke bestätigen, werden die Kandidaten Ihrer Botschaft zuhören. Das Thema ist nicht neu: Worüber sprechen Menschen im College, in Studentenverbindungen und Unternehmensversammlungen, abgesehen von der Arbeit? Was neu ist und wächst, ist die nahtlose und dauerhafte Natur des Austauschs.

Social-Networking-Services, wie in Kapitel 7 besprochen, funktionieren momentan noch nicht rundherum zufriedenstellend, aber sie haben in den letzten Jahren bereits eine erhebliche Entwicklung durchgemacht. Neu ist eine interessante Kombination an Medienvehikeln und einer Software, die diese sozialen Bindungen ermöglichen, die rund um bestimmte Themen Interessensgemeinschaften entstehen lassen. Wie dieser Trend den großen Schritt zu echten Beziehungen zwischen Ihrem Unternehmen und den aussichtsreichsten Kandidaten vollziehen wird, bleibt abzuwarten. Aber er hat bereits begonnen, also sollten Sie sich mit dieser Technologie beschäftigen. Gehen Sie online und probieren Sie es aus. Wenn sich dieser Quantensprung vollzieht, ist das Einzige, das zählt, die Wirkung und Authentizität Ihrer Arbeitgebermarke.

Jeder ist ein Prediger

Zur Community gehören die Arbeitnehmer, die vielleicht schon in Ihrem Unternehmen beschäftigt sind, und die, die einmal dort gearbeitet haben. Was halten diese Leute tief in ihrem Herzen von Ihrer Arbeitgebermarke?

Ein internes Mitarbeiterempfehlungsprogramm wird ihren aktuellen Mitarbeiter einen Anreiz zur Anwerbung hoch qualifizierter Mitarbeiter bieten, aber Unternehmen, die wirklich dafür sorgen, dass ihre Pipeline ständig gefüllt ist, schulen ihre Mitarbeiter darin, für ihre Arbeitgebermarke mit dem Enthusiasmus eines echten Missionars zu werben. Das gilt für Führungskräfte wie für Neueinsteiger. Warum sollten Sie in einer Zeit, da 70 Prozent der Mitarbeiter potenziell wechselbereit sind, nicht die besten Gründe zum Verbleib im Unternehmen bewerben?

Vermitteln Sie Ihren Mitarbeitern Ihre Recruiting-Botschaft. Lassen Sie sie wiederholen. Belohnen Sie sie dafür, dass sie sie in- und auswendig lernen. Organisieren Sie Partys und bitten Sie Ihre Mitarbeiter, Freunde mitzubringen – einfach, um sich umzusehen und Mundpropaganda zu verbreiten. Sorgen Sie dafür, dass Ihre Recruiter mit Ihren Führungskräften zu Mittag essen, und umgekehrt. Jeder betreibt Mitarbeitergewinnung, und jeder sucht nach qualifizierten Kandidaten. Was potenziell wechselbereite Mitarbeiter, aktive Kandidaten und alle anderen über den gesamten Beschäftigungskreislauf betrifft, die Ihre Arbeitgebermarke leben, wird jeder, der in Ihrem Unternehmen arbeitet, zum Missionar.

Zusammenfassung

- In den kommenden Jahren werden die Einstellungsmethoden von morgen von einem beschleunigten Wandel in Bezug auf Transparenz, Interaktivität, Mobilität, Diversität, Flexibilität und Community getrieben werden.
- Die Methoden von morgen werden neue Kanäle eröffnen, über die sich neue Kandidaten erreichen lassen und die Ihre Arbeitgebermarke mit neuen Zielgruppen in Kontakt bringen.
- Eine effektive Mitarbeitergewinnung verlangt, dass Sie mehr überdenken, als Ihre Kandidatenansprache. Auch die Beschäftigungsvereinbarungen selbst könnten sich verändern.
- Personalvermittlungen können vom Fachkräftemangel profitieren, indem sie ihre Kunden zu neuen Arbeitsweisen hinführen.
- Der Fachkräftemangel wird den Wert der Bumerang-Mitarbeiter, unorthodoxen Suchmethoden und Reichweite der Kandidatenansprache steigern.
- Jeder Mitarbeiter eines Unternehmens mit einer starken Arbeitgebermarke muss gegenüber hoch qualifizierten Arbeitskräften als Missionar auftreten und für deren Anwerbung belohnt werden.

Nachwort

Die neue Beziehung zwischen Arbeitgebern, Arbeitnehmern und Kandidaten wird darüber bestimmen, ob Unternehmen in dem kommenden Jahrzehnt erfolgreich sein oder scheitern werden. Und das wird im Kontext der gewaltigen Machtverschiebung zwischen selbstbestimmten, hoch qualifizierten Fachkräften und Unternehmen stattfinden, wobei der Beschäftigungskreislauf das operative Prinzip darstellt.

In den letzten 20 Jahren betrachteten Unternehmen ihre Mitarbeiter als verfügbare Masse, und nicht als Community. Dieses Verhalten erzeugte sowohl bei Mitarbeitern als auch bei Stellenkandidaten eine konsumorientierte Mentalität. Aus diesem Grund sind 70 Prozent der Mitarbeiter potenziell wechselbereit, das heißt, offen für neue Chancen. Ökonomische, soziale und technologische Faktoren haben potenziell wechselbereiten Arbeitnehmern eine größere Macht verliehen; sie werden nicht zu den alten Zeiten zurückkehren.

Alle Maßnahmen, die wir hier vorgestellt haben, von der Entwicklung einer überzeugenden Arbeitgebermarke über die Fokussierung auf nicht greifbare Nutzen, der besonderen Aufmerksamkeit für Ihre besten Fachkräfte bis zur Behandlung von Stellenbewerbern mit dem Respekt, den jeder einzelne verdient, sind Ausdruck einer veränderten Haltung. Sie können die Regeln eines sehr alten Spiels verändern, indem Sie sich von transaktionsorientierten Einstellungsmethoden verabschieden und sich auf eine Beziehungsbildung auf Basis einer authentischen Arbeitgebermarke konzentrieren. Wenn Sie Menschen so behandeln, wie sie behandelt werden möchten, ihnen auf faire Weise die richtigen Dinge anbieten und sich bemühen, bestimmte Werte in Ihrem Unternehmen zu leben, dann wird es Ihnen auch gelingen, die richtigen Mitarbeiter zu gewinnen.

Wir verfügen über zahlreiche Beispiele über Unternehmen aus der ganzen Welt, in denen die Mitarbeiterfluktuation sehr gering ist, und das in Branchen, in denen es sehr schwierig ist, genügend qualifizierte Fachkräfte zu finden. Die Stärke dieser Unternehmen ist kein Zufall. Experten von Vollzeit-Recruitern über das Topmanagement bis zu Linienmanagern haben gelernt, die cleveren und kompetenten Arbeitskräfte anzuwerben, zu gewinnen und zu entwickeln, die sie brauchen. Und sie behandeln sie gut. Tagtäglich managen sie Beziehungen zu Fachkräften, die von gegenseitigem Respekt, gemeinsamen Werten und Authentizität geprägt sind. Das ist nicht leicht, aber die Ergebnisse sind es wert.

Letztlich reduziert sich alles auf Folgendes: Behandeln Sie Ihre Leute als Menschen, oder Kapital oder austauschbare Güter? Wenn Sie kein Interesse an Menschen haben, dann werden diese auch kein Interesse an Ihnen haben. Wenn Sie sich jedoch für sie als Mitarbeiter, Freunde, Geschäftspartner, Nachbarn und Kollegen interessieren, dann werden sie gerne für Sie arbeiten und bleiben wollen. Respekt, Anerkennung und Interesse sind die Quintessenz der Gewinnung hoch qualifizierter Fachkräfte.

Nützliche Adressen

Online-Adressen

www.bizstats.com

„Nur Statistiken, kein Geschwätz." Eine breite Ressourcen für US-Unternehmensstatistiken, vor allem über kleine Unternehmen.

The Bureau of Labor Statistics

www.bls.gov

The Economist online (Bereich Welt)

http://www.economist.com/world/

Hervorragende Berichterstattung über die Weltwirtschaft. Länderkurzberichte unter www.economist.com/countries/ bieten exzellente Informationen über Wirtschafts- und Beschäftigungstrends in mehr als 80 Ländern.

Electronic Recruiting Exchange (ERE)

www.ere.net

Eine der ausführlichsten und weitreichenden Ressourcen für Recruiting-Fachwissen. Die täglichen ERE-Kolumnen sind informativ, unterhaltsam und relevant für alle, die im Recruiting tätig sind. ERE veranstaltet auch Messen zum Thema Humanressourcen.

Eurostat

http://epp.eurostat.ec.europa.eu/

Das Statistikbüro der EU veröffentlicht ausführliche Arbeitsmarktinformationen über die europäischen Märkte.

Human Capital Institute

www.humancapitalinstitute.org

Eine Mitgliederorganisation, Thinktank und Weiterbildungsinstitut für Personalprofis.

Interbiznet

www.interbiznet.com

Interbiznet ist ein Onlineguide zum Thema Recruiting und bietet Recruiting-Kritik. Günder John Sumser bietet profunde Erkenntnisse über Recruiting-Technologien und strategisches Recruiting. Sein E-Mail-Newsletter Electronic Recruiting News ist eine Pflichtlektüre für alle Brancheninsider.

Monster Intelligence

http://intelligence.monster.com

Monster Intelligence ist die Forschungssparte von Monster.com. Auf dieser Website finden Sie ausführliche Berichte über eine Vielzahl von Themen über Recruiting und das Management der hoch qualifizierten Fachkräfte von heute. Viele dieser Berichte bilden den Forschungshintergrund dieses Buches, und werden immer wieder aktualisiert. Außerdem finden Sie auf der Website kostenfreie Webinars zu Themen wie Masseneinstellung, Aufbau und Management einer Arbeitgebermarke, Sozialleistungen, Mitarbeiterengagement und Gewinnung von Spitzenkräften. Viele Berichte und Webinars entstehen in Kooperation mit anderen führenden Human-Resources-Organisationen, zum Beispiel das Human Capital Institute und DDI, Inc.

http://hiring.monster.com

Dies ist der Abschnitt von Monster.com, der sich ausschließlich an Arbeitgeber richtet.

National Human Resources Association

www.humanresources.org

Ein US-Verband aus angeschlossenen Mitgliedsgruppen, die für Human-Resources-Praktiken werben.

The Occupational Outlook Handbook

www.bls.gov/oco

Zwei Websites des US-Arbeitsministeriums enthalten ein breites Spektrum an Ratschlägen und Empfehlungen, Informationen und Statistiken, einschließlich Stellenbeschreibungen und Daten über Trends zu Angebot und Nachfrage im US-Arbeitsmarkt. Nichtamerikanische Arbeitsmarktstatistiken befinden sich unter www.bls.gov/fls/

Society for Human Resource Management (SHRM)

www.shrm.org

Die Gesellschaft Society for Human Resource Management (SHRM) ist die weltgrößte Organisation für Human-Resources-Management und zählt Mitglieder in mehr als 100 Ländern. Ihre Website bietet vielfältige Informationen, Ressourcen und Untersuchungsergebnisse (einige Ressourcen sind nur Mitgliedern zugänglich). SHRM veröffentlicht außerdem das Magazin HR Magazine für Personalprofis.

The Wall Street Journal Online

www.wsj.com (Mitgliedschaft erforderlich)

Exzellente Asien- und Europa-Sektionen mit Originalberichten und -daten.

Workforce Management

http://workforce.com

Bietet Inhalte aus dem Magazin *Workforce Management*, Untersuchungen und mehreren hilfreichen E-Mail-Newslettern.

Literatur

Nicht alle der folgenden Bücher fokussieren ausschließlich auf Recruiting, aber passen thematisch gut zu den in diesem Buch vorgestellten Themen.

Buckingham, Marcus und Curt Coffman. First, Break All the Rules: What the World's Greatest Managers Do Differently. New York: Simon & Schuster, 1999.

Cappelli, Peter. The New Deal at Work. Boston: Harvard Business School Press, 1999.

Collins, Jim. Good to Great. New York: Harper Business, 2001.

Fisher, Roger; Richard Ury und Bruce Patton. Getting to Yes: Negotiating Agreement Without Giving In, 2. Auflage. Boston: Houghton Mifflin, 1992.

Fitz-Enz, Jac. How to Measure Human Resources Management, 3. Auflage. New York: McGraw-Hill, 2001.

Huselid, Mark; Brian Becker und Richard Beatty. The Workforce Scorecard. Boston: Harvard Business School Press, 2005.

Kaye, Beverly und Sharon Jordan-Evans. Love 'em or Lose 'em: Getting Good People to Stay. San Francisco: Barrett & Koehler Publishers, Inc., 1999. Beverly Kaye ist Gründerin und CEO von Career Systems International, www.careersystemsintl.com. Sharon Jordan-Evans ist Präsidentin der Jordan Evans Group, www.jeg.com.

Losey, Mike; Sue Melsinger und Dave Ulrich (Hrsg.). The Future of Human Resource Management. Hoboken, NJ: John Wiley & Sons, 2005.

Martin, Carole. Boost Your Hiring IQ. New York: McGraw-Hill, 2007.

Michaels, Ed; Helen Handfield-Jones und Beth Axelrod (McKinsey & Co.). The War for Talent. Boston: Harvard Business School Press, 2001.

Taylor, Jeff und Doug Hardy. Monster Careers: Networking. New York: Penguin, 2005.

Taylor, Jeff und Doug Hardy. Monster Careers: Interviewing. New York, Penguin, 2006.

Anmerkungen

Kapitel 1

1. Untersuchungen von Monster entnommen. Zu den Gesamtkosten zählen außerdem die Mitarbeiter aus den Bereichen Personal und Recruiting, Technologie, Managementzeit, Mitarbeiterbindungskosten, Recruiting-Boni und andere Kosten, die im direkten Zusammenhang mit der Einstellung und Bindung hoch qualifizierter Mitarbeiter entstehen.

2. Michael Pilot, BLS Monthly Labor Review, Februar 2004. Mehr Interpretationen in Robert J. Grossmans Beitrag „The Truth about the Coming Labor Shortage“, *HR Magazine,* Band 50, Nr. 3, März 2005.

3. National Science Board, Science and Engineering Indicators, 2004. National Science Foundation. Division of Science Resources Statistics, Arlington, VA (NSB 04-01), Mai 2004.

4. McKinsey & Co. „The Emerging Global Labor Market, Part II“, Juni 2005.

5. Michael W. Horrigan, „Employment Projections to 2012: Concepts and Context“, BLS Monthly Labor Review, Februar 2004, S. 14.

6. „Viele qualifizierte Bewerber werden aufgrund fehlender Ausbildungskapazitäten abgelehnt“, BLS OOH 2006-7. http://www.bls.gov/oco/ocos083.htm#outlook. Aufgerufen am 11. September 2007.

7. „Utilities Brace for Worker Shortage“, USA Today, 16. Mai 2007, http://wwwusatoday.com/money/economy/employment/2007-05-16-power-shortage-cover_n.htm.

8. Der Kongress reduzierte die Zahl an amerikanischen H1-B-Visa („Visa für High-tech-Spezialisten“) von 215.000 vor dem 11.

September 2001 auf 66.000, und diese Beschränkung wurde bis heute nicht aufgehoben (die Nachfrage ist leicht drei bis fünfmal so hoch).

9. The New Yorker, 30. April 2007.

10. „China´s Looming Human Talent Shortage" von Diana Farrell und Andrew J. Grant – McKinsey Quarterly, 2005, Nr. 4.

11. James Surowiecki, „It's the Workforce, Stupid!" The New Yorker, 30. April 2007. Surowiecki schrieb: „Zu viele Unternehmen definieren Arbeitskräfte heute nach den Kosten, die sie verursachen, und nicht nach dem Wert, den sie generieren ... Nach dem Downsizing ist es leichter, niedrige Lohnausgaben zu messen als das Geschäft zu messen, das dem Unternehmen durch die Lappen geht, weil es nicht genug Verkäufer hat, oder die neuen Produkte zu erfassen, die das Unternehmen nicht entwickelt, weil seine F&E-Abteilung zu klein ist."

12. Baruch Lev von der Stern School of Business der New York University ist auf diesem Gebiet führend. Die Zitate entstammen The Economist und ITWorld.com.

13. Dem Bureau of Labor Statistics zufolge stieg die Beschäftigungsquote auf über 12 Prozent und die Löhne und Gehälter stiegen um 5 bis 6 Prozent.

Kapitel 2

1. „Your Loyal Workers and How to Keep Them That Way", Monster Intelligence, Herbst 2006, siehe http://intelligence.monster.com/11448_en_US_p1.asp.

2. Aus dem Monster/DDI Selection Forecast, „Slugging Through the War for Talent", Juni 2007, siehe http://intelligence.monster.com/12338_en_US_p1.asp.

3. „Slugging Through the War for Talent".

4. „A Changing Landscape, The Effect of Age, Gender and Ethnicity on Career Decisions", (Webinar) Monster Diversity and Inclusion, http://intelligence.monster.com/10792_en_US_p1.asp.

5. „A Changing Landscape". Dieser Faktor ist für 46 Prozent der Erwerbstätigen ab 50 Jahre und alter wichtig; im Vergleich zu 39 Prozent der Erwerbstätigen zwischen 35 und 49 Jahren und 27 Prozent zwischen 18 und 34 Jahren.

6. „Benefits of the Future: Employer Perspective", Monster Intelligence, 2006, http://intelligence.monster.com/11768_en_US_p1.asp.

Kapitel 3

1. Nonprofit-Organisationen gelingt es besser, ihre Mission zu realisieren.

2. Peter F. Drucker, The Essential Drucker, New York: HarperCollins, 2003.

Kapitel 4

1. Als dieses Buch in Druck ging, gründete Dan Hilbert (mit Unterstützung von Risikokapitalgebern) Orca Eyes, Inc., ein Unternehmen, das Software zur strategischen Performance-Optimierung der Belegschaft herstellt und vertreibt und Beratungsleistungen anbietet.

2. Dafür gibt es zahlreiche Modelle unterschiedlichster Komplexitätsstufen. Die Working Group on Evidence-Based Human Resources des Conference Board, Kenexa Workforce Intelligence und die Society for Human Resource Management sind gute Adressen, um neueste Informationen über Modellierung zu finden. Auch Monster Intelligence bietet auf seiner Website http://intelligence.monster.com Informationen zu diesem Thema.

Kapitel 5

3. „Employer Branding Survey 2003", *The Economist*/TMP Worldwide, Mai 2003. Präsentation, Folie 17.
4. Von dem Institut Great Place to Work Institute, „Best Small and Medium Companies to Work for in America", http://www.greatplacetowork.com/best/list-sme-2007.htm.
5. Siehe http://www.eileenfisher.com/.
6. Siehe http://www.intuit.com/careers/culture.jthml.
7. „Cisco's Connections", U.S. News and World Report, http://www.usnews.com/usnews/biztech/articles/060626/26best.htm (Aufgerufen am 26. Juni 2006).

Kapitel 6

1. „Using Branding to Attract Talent", McKinsey Quarterly, 2005, Nr. 3.

Kapitel 7

1. Es ist hier nicht unsere Absicht, Internet-Recruiting zu verkaufen, sondern es als Medium zu beschreiben. Recruiter und Vorgesetzte in ihrer Rolle als Hiringmanager entwerfen zunächst eine Strategie und entscheiden dann über die Taktiken, zum Beispiel, welche Kanäle sie benutzen.
2. Monster Intelligence Survey, 2007.

Kapitel 8

1. „Google Anwer to Filling Job is an Algorithm", *New York Times*, 3. Januar 2007.
2. Monster Careers: Interviewing enthält mehr als 500 unterschiedliche Fragen für Bewerbungsgespräche, Analysen und Musterantworten sowie Beschreibungen der wichtigsten Gesprächsstile.

3. Eine exzellente Quelle ist hier das Buch *How Would You Move Mt. Fuji?* Von William Poundstone, New York: Little, Brown and Co., 2003.

4. ERE Newsletter, 19. Februar 2007.

Kapitel 9

1. Monster-Webinar, „The Five Stages of New Hire Orientation and On-boarding", November 2006, http://intelligence.monster.com/11128_en_US_p1.asp.

2. Aus dem Monster/DDI Selection Forecast, „Slugging Through the War for Talent", Juni 2007. http://intelligence.monster.com/12338_en_US_p1.asp.

3. „Slugging Through the War for Talent".

4. Einen detaillierteren, aber trotzdem einfachen Kalkulator für die Fluktuationskosten finden Sie auf der Website des US-Arbeitsministeriums: www.dol.gov/cfbci/turnover.htm

5. Yves Lermusiaux, Strategic Talent Management: Calculating the High Cost of Employee Turnover, 2007; http://www.taleo.com/research/articles/strategic/calculating-the-high-cost-employee-turnover-15.html (aufgerufen am 4. Mai 2007).

6. Tug of War: Exploiting the Benefit Opportunity Gaps, Monster Intelligence, Frühjahr 2007.

7. Tug of War.

8. Diese Personalmanager sagen, Manager, deren Mitarbeiterbindungsquoten zu niedrig sind, könnten leistungsabhängige Vergütungsbestandteile oder einen Teil ihres Bonus einbüßen. In extremen Fällen können schlechte Mitarbeiterbindungsquoten sogar ein Kündigungsgrund sein.

9. Monster Intelligence, „Retention Strategies for 2006 and Beyond", Winter 2006.

10. Diese und andere Daten sind dem Monster-Webinar „The Five Stages of New Hire Orientation and On-boarding" entnommen, November 2006.
http://intelligence.monster.com/11128_en_US_p1.asp.

11. Fallstudie des Gewerkschaftskongresses, 15. Oktober 2005, http://www.tuc.org.uk/work_life/tuc-10980-f0.cfm. European Industrial Relations Observatory online: http://www.eurofound.europa.eu/eiro/2006(08/articles/it0608019i.html.

Kapitel 10

1. Manpower, „Talent Shortage Survey 2007 Global Results", S. 2.

2. „After Complaints, Dell to Stop Routing Support Calls to India", Wall Street Journal, 24. November 2003. Siehe auch: „New Economy; Companies Sending Work Abroad are Learning Cultural Sensitivity – to their American Customers", New York Times, 8. Dezember 2003.

Kapitel 11

1. „A Changing Landscape: The Effect of Race, Gender and Ethnicity on Career Decisions". Copyright Monster Diversity and Inclusion, 2006. Siehe auch: „Bridging the Gap: Diverse Job Seekers, Employers and the Internet" von Monster in Zusammenarbeit mit Diversity Best Practices, Inc.

2. McKinsey & Co., „The Emerging Global Labor Market Part II – The Supply of Offshore Talent in Services", Juni 2005.

Über die Autoren

Steve Pogorzelski

Steve Pogorzelski bekleidet seit neun Jahren bei Monster maßgebliche Führungspositionen. Als Executive Vice President Global Sales & Customer Development ist Steve für Verkauf und Kundenentwicklung in mehr als 40 Ländern verantwortlich. Davor war er unter anderem President von Monster North America und für Verkauf, Marketing, Kundenservice und Monster Government Solutions verantwortlich. Daneben verantwortete er auch für andere Monster-Tochterfirmen in Nordamerika, darunter FastWeb, Making It Count, MonsterTrak und Military Advantage.

Steve Pogorzelski brachte bei Monster 16 Jahre Agenturerfahrung auf dem Gebiet Recruitment-Werbung ein, die er in den unterschiedlichsten Funktionsbereichen gesammelt hatte. Vor seiner Tätigkeit bei Monster war er Senior Vice President of Sales & Marketing bei TMP Worldwide (heute Monster Worldwide), der Muttergesellschaft von Monster. In dieser Position war Pogorzelski für die die Entwicklung des Agenturgeschäfts in neun Ländern auf drei Kontinenten verantwortlich. Pogorzelski kam im Dezember 1998 zu Monster, nachdem er zuvor sieben Jahre bei TMP gearbeitet hatte.

Steve Pogorzelski hält einen Abschluss als B.A. in Journalismus/Werbung der Universität von Wisconsin. Er verfügt über 23 Jahre Erfahrung auf dem Gebiet Recruitment-Werbung aus den unterschiedlichsten Funktionsbereichen. Darüber hinaus ist er Vorstandsmitglied bei Management Leadership for Tomorrow, Goodwill Industries, Heart of a Champion und ehemaliges Mitglied des National Board of Directors der Employment Management Association. Pogorzelski ist monatlicher Gast bei CNBCs Programm Squawk Box und bei Bloomberg Television. Er wird in der nationalen und lokalen Presse häufig zu arbeitsmarktrelevanten Themen zitiert.

Jesse Harriott, Ph.D.

Dr. Harriott ist Vice President von Global Monster Insights. Er hat Monster Intelligence aufgebaut, die Forschungssparte von Monster, die sich auf den Markt für Humankapital konzentriert, und diese Sparte zu Monster Insights entwickelt, Monsters internationalem Forschungszweig. Gobal Monster Insights bietet bahnbrechende Informationen und maßgeschneiderte Marktanalysen, um den Kunden von Monster dabei zu helfen, fundierte Entscheidungen über die dringlichsten Fragen auf dem Gebiet Human Resources zu treffen. Darüber hinaus entwickelte Dr. Harriott den Monster Employment Index – der erste Maßstab für Online-Recruiting-Aktivitäten –, der inzwischen in den USA und in Europa erstellt und jeden Monat von Millionen Menschen, darunter zahlreichen Regierungsbehörden beobachtet wird.

Vor seiner Tätigkeit bei Monster war Dr. Harriott Director of Market Research & Consulting bei Gomez, Inc., wo er die Sparten leitete, die 60 Prozent des Unternehmensumsatzes erwirtschafteten. Vor Gomez, Inc. war Dr. Harriott Gründer und President von IMA, Inc. einem erstklassigen Anbieter für Internetrecherchen, sowie Director of Research Consulting für das PR-Unternehmen Lipman Hearne. Außerdem lehrte er Internetmarketing und Marketingrecherche an der Universität von Chicago, der National-Louis University und der DePaul University. Dr. Harriott hält einen Abschluss als M.A. in Experimentalpsychologie der DePaul University, an der er auch auf diesem Gebiet promovierte. Er ist in verschiedenen Medien aufgetreten, darunter CNBC, The Wall Street Journal, New York Times, CBS Radio, Bloomberg Television und Reuters.

Doug Hardy

Doug Hardy war Chefredakteur bei Monster und leitet derzeit das Publikationsprogramm von Monster für Arbeitgeber und Stellensuchende. Zusammen mit Monster-Gründer Jeff Taylor ist er Co-Autor von drei Büchern aus der Serie Monster Careers. Außerdem ist er Co-Autor (mit Mark Kantrowitz der Monster-Tochter Fastweb.com) von Fastweb College Gold, einem Leitfaden für die Gewinnung finanzieller Unterstützung für Studenten. Als zertifizierter Coach für berufliche Neuorientierung hält Hardy Präsentationen und führt Workshops zu karrierebezogenen Themen bei Organisationen wie The Omega Institute, privaten Organisationen für Stellensuchende und Colleges durch. Hardy ist für Zeitungen, Magazine, TV- und Radioprogramme im ganzen Land ein nachgefragter Interviewpartner zu Beschäftigungsthemen. Zu seinen jüngstem Beiträgen und Auftritten gehören unter anderem *The Washington Post, The New York Post*, Boston.com, The Tucker Carlson Show und nationale Radiosender.

Vor seiner Tätigkeit bei Monster leitete Hardy Buch-, Zeitschriften- und Web-Publishing-Verlage von Medienkonzernen wie Random House, Inc., *The New York Times Magazine Co.* und AT&T New Media in New York und Boston.

Stichwortverzeichnis